Introduction à la commande des robots humanoïdes

De la modélisation à la génération du mouvement

Springer
Paris
Berlin
Heidelberg
New York
Hong Kong
Londres
Milan
Tokyo

Shuuji Kajita
Hirohisa Hirukawa
Kensuke Harada
Kazuhito Yokoi

Introduction à la commande des robots humanoïdes

De la modélisation à la génération du mouvement

Traduit et adapté du japonais

par Sophie Sakka

Springer

Ouvrage traduit et adapté par

Sophie Sakka
Laboratoire de mécanique des solides
SP2 MI, Téléport 2, BP 30179
Boulevard Marie et Pierre Curie
86962 Chasseneuil Cedex

ISBN : 978-2-287-87715-5 Springer Paris Berlin Heidelberg New York

Titre original :
Humanoid Robot

Publié par Ohmsha, Ltd
3-1 Kanda Nishikicho, Chiyodaku
Tokyo, Japon

Imprimé en France
Springer-Verlag France est membre du groupe Springer Science + Business Media

Maquette de couverture : Jean-François MONTMARCHÉ
Illustration de couverture : Le robot humanoïde HRP-2

Préface

Nourris de science-fiction, de l'espoir d'un monde meilleur et d'un futur improbable, les acteurs de la *robotique humanoïde* ont des motivations qui semblent sorties tout droit d'un rêve. Quel défi de se mesurer à l'un des systèmes biologiques les plus complexes que nous connaissons : l'être humain ! Marcher comme lui, sentir et s'exprimer comme lui... autant de challenges scientifiques et technologiques qui commencent à voir le jour.

Mais pourquoi vouloir copier l'Homme ? Les programmes télévisés suggèrent en permanence que les robots ne seraient bons qu'à faire la guerre, et il existe tellement de films pessimistes sur le devenir de « l'Homme face à la Machine » que nous devrions avoir perdu depuis longtemps l'envie de conduire un tel programme jusqu'à son terme. En 1921, même le créateur du mot *robot*, Karel Čapek, mettait en scène dans un de ses textes la fin de l'humanité au profit des robots humanoïdes[1] ! Mais pourquoi ceux-ci ne pourraient-ils pas aussi réaliser nos besoins ? Des besoins chargés d'espoirs comme, par exemple, réparer nos fonctions biologiques défaillantes par des mécanismes efficaces. Y a-t-il plus beau cadeau que des jambes pour une personne amputée ? Qu'un moyen de communiquer avec des proches pour une personne consciente mais immobilisée ? Parmi les aspects positifs de l'existence de tels « robotismes », on pourrait aussi citer leur utilisation pour la réalisation de travaux dangereux : manipulation de produits nocifs, évolution dans un environnement agressif, etc. Augmenter le confort humain, sa sécurité et son autonomie : telles sont les possibilités qu'ouvre la robotique humanoïde et tels sont ses objectifs.

En raison de sa culture, le Japon est sans doute le pays le plus adapté à la réalisation de robots humanoïdes. Le robot y est considéré comme une « machine pour distraire l'homme » : c'est un jouet à part entière qui a sa place dans la société[2]. À l'inverse, nos cultures nous renvoient une image très négative, mauvaise par essence, de ces machines et rendent tabou leur réalisation[3]. Ce livre expose ce qui a été fait dans le domaine de la robotique humanoïde au Japon depuis les années 1970, et en résume les résultats positifs. Un robot humanoïde est un robot inspiré de l'homme. Il pourrait donc n'être qu'un œil artificiel qui s'inspire du système de vision humain. Mais les robots humanoïdes auxquels nous nous intéressons dans ce livre ont une forme qui s'inspire de celle du corps humain, et leurs mouvements rappellerons ceux des humains.

La première étape de réalisation d'un humanoïde est la mise en place d'un mécanisme de forme humaine, mécanisme équipé de capteurs, de moteurs et de capacités informatiques qu'il faut ensuite animer dans un esprit d'imitation. Ensuite, pour que le robot évolue au quotidien, il faut générer un mécanisme pour le mouvement de la marche, qui est le déplacement de base. Réaliser un

---

[1] Voir sa pièce de théâtre *R.U.R. (Rossum's Universal Robots)*, où apparaît pour la première fois le mot « robot », du tchèque *robota* : travailler

[2] Voir par exemple, l'article d'Yves Eudes, « Mon ami robot », paru dans *Le Monde*, le 2 août 2005.

[3] Philippe Breton, dans son livre *À l'image de l'Homme*, Paris, Seuil, 1996, propose une excellent synthèse sur les créatures artificielles à travers les arts écrits et visuels.

mouvement apparemment aussi simple s'avère en fait d'une complexité extrême, et un éclaircissement conceptuel est ici nécessaire pour bien comprendre de quoi nous voulons parler : lorsque nous disons « marcher », nous entendons « avancer par appuis successifs des pieds sur le sol, sur un sol irrégulier et peut-être en pente, comportant des obstacles et des inconnues, tout en conservant notre équilibre vertical ». Or, le robot brut que vous récupérez est semblable à une casserole articulée. Vous aurez beau transmettre cette définition à votre casserole – aussi articulée et élaborée soit-elle –, elle ne marchera pas si elle ne la « comprend » pas. Il faut donc traduire cette définition en un langage qui soit « compris » par le robot, et qui lui permette de bouger comme nous le désirons. L'objectif de ce livre est d'offrir au lecteur les clés du langage du mouvement humanoïde. Il offre une grammaire et un vocabulaire, ponctués d'exemples et d'exercices pour en faciliter l'accès. Il prend pour principal exemple le robot HRP-2, « le premier robot de taille humaine capable de tomber... et de se relever » et sur lequel ont travaillé les auteurs de ce livre[4]. Mais il propose aussi une approche générale claire qui permettra à tout curieux de l'univers humanoïde de générer les mouvements de son propre robot.

Le passage entre la théorie et la pratique n'est pas toujours évident, surtout pour des structures aussi complexes que les robots humanoïdes. Outre les connaissances mathématiques indispensables à la représentation du mouvement humanoïde, cet ouvrage offre l'ensemble des algorithmes et des codes de programmation sous Matlab qui permettront une visualisation concrète et une meilleure compréhension des concepts abordés. Ainsi, même s'il semble difficile au premier abord, sa lecture pas à pas est d'un confort tout à fait appréciable.

Sophie SAKKA
Avril 2008

[4]Un exemplaire du HRP-2 a été acquis par le CNRS en 2005 dans le cadre d'une collaboration franco-japonaise. Il est actuellement dans les locaux du LAAS (Laboratoire d'Architecture et d'Analyse des Systèmes) à Toulouse.

Le mot des auteurs

Les robots humanoïdes que nous pouvons voir à la télévision et dans les expositions peuvent marcher et réaliser des danses spectaculaires comme s'ils étaient dotés d'une âme. Beaucoup de gens s'interrogent : « Incroyable ! Mais comment fait-on cela ? » Le premier objectif de ce livre est de répondre à cette question. Nous y présentons les théories et les technologies actuelles, notamment celles utilisées pour commander notre robot humanoïde HRP-2. Des approches semblables ont été mises en place pour d'autres robots célèbres, comme ASIMO de Honda et QRIO de Sony.

Si vous ne faites que survoler ce livre, il peut sembler difficile d'approche car rempli d'équations. Nous savons que ce critère est rédhibitoire pour beaucoup de lecteurs allergiques aux mathématiques... Pour adoucir cette impression et permettre de visualiser les phénomènes décrits par les équations, nous avons inséré autant d'illustrations que possible. Mais la base mathématique proposée doit être perçue comme *une composition musicale* indispensable pour générer des comportements capables d'impressionner l'auditeur lambda. Si vous êtes intrigué par les robots humanoïdes, ce livre vous permettra de soulever le voile de connaissances technologiques et scientifiques maintenant communément utilisées dans notre société moderne.

Le premier chapitre a été écrit par Hirohisa Hirukawa, directeur du Groupe de recherche en robotique humanoïde[5] de l'Institut de recherche sur les systèmes intelligents[6] de l'AIST[7]. Le chapitre 3 a été écrit par Kensuke Harada et Shuuji Kajita, chercheurs du HRG. Le chapitre 5 a été écrit par Kazuhito Yokoi, directeur du Groupe de recherche contrôle des comportements autonomes de l'ISRI. Les chapitres 2, 4 et 6 ont été écrits par Shuuji Kajita.

Nous n'aurions pas pu publier ce livre sans l'aide de beaucoup d'autres personnes. Nous remercions tout d'abord Tadahiro Kawada, Takakatsu Isozumi et les autres ingénieurs de Kawada Industries, Inc., qui ont réalisé la conception mécanique et construit d'extraordinaires mécanismes dont le HRP-2. Nous désirons aussi remercier Token Okano et Yuichiro Kawasumi de General Robotix, Inc. (GRX), qui nous ont apporté une aide quotidienne à la maintenance de notre robot. Nous remercions enfin Kenji Kaneko, Fumio Kanehiro, Kiyoshi Fujiwara, Hajime Saito et Mitsuharu Morisawa du HRG d'avoir mis à notre disposition les résultats de leurs travaux.

Le contenu de ce livre se nourrit des recherches menées par tous les membres du HRG, dont ces derniers cités. Ils ont fourni un grand nombre de conseils qui nous ont servi pour établir l'ébauche de ce document. Haruhisa Kurokawa, directeur du Groupe de recherche conception des systèmes distribués de l'ISRI, nous a offert de nombreux conseils pour la finalisation cette ébauche. Takashi Nagasaki, étudiant de l'université de Tsukuba, a corrigé de nombreuses erreurs. Les auteurs doivent la valeur de ce livre à la participation de toutes ces per-

[5]Humanoid Robotics research Group, HRG.

[6]Intelligent Systems Research Institute, ISRI.

[7]National Institute of Advanced Industrial Science and Technology, Japon.

sonnes. Il va de soi que nous sommes totalement responsables de toute erreur résiduelle.

Finalement, nous désirons remercier Shigeoki Hirai, actuel directeur de la recherche de l'ISRI, et Kazuo Tanie, son prédécesseur. Nous n'aurions pas pu mener cet ouvrage à son terme sans leur direction efficace.

Pour les auteurs, Shuuji KAJITA
Décembre 2004

Sommaire

Table des illustrations

Liste des tableaux

Chapitre 1

Introduction

Un robot humanoïde est un robot de forme humaine. La plupart des robots de science-fiction que nous voyons sur les écrans sont dotés d'une apparence humaine ; c'est pourquoi, pour beaucoup de gens, le robot humanoïde est *le* robot par défaut. Du point de vue de la robotique, il est difficile d'affirmer qu'un robot créé effectuer les tâches de l'homme doive absolument être de forme humaine. Les avions, par exemple, n'ont pas l'apparence des oiseaux. Plus généralement, les tâches auxquelles un certain robot est destiné déterminent sa forme idéale.

Il faut donc se demander ce que l'on attend d'un robot pour pouvoir en déterminer l'apparence la plus adaptée. L'automobile a constitué l'industrie la plus lourde du XXe siècle parce qu'elle satisfaisait le mieux le désir des hommes de se déplacer librement sur des grandes distances, de manière autonome, et à des vitesses « raisonnables ». De la même manière, nous devons nous demander quels désirs le robot doit-il satisfaire. Nous désirons que les robots réalisent les tâches qui nous ennuient, et qu'ils soient en même temps des compagnons aimables dotés de capacités de communication. Pour satisfaire convenablement ces fonctions, les caractéristiques des robots humanoïdes pourraient être les suivantes : 1/ les robots humanoïdes doivent pouvoir travailler dans l'environnement humain tel qu'il est ; 2/ les robots humanoïdes doivent pouvoir utiliser les outils des humains tels qu'ils sont ; 3/ les robots humanoïdes doivent être de forme humaine.

Considérons la première caractéristique : l'environnement physique de la société moderne est conçu pour les humains. Par exemple, la largeur d'un couloir, la hauteur sous plafond ou la position d'une main courante sont déterminées par rapport à la taille humaine moyenne et à notre manière de nous déplacer. Si l'apparence du robot, ainsi que sa manière de se déplacer, sont similaires à celles de l'homme, il n'est pas nécessaire de modifier l'environnement pour qu'il puisse y évoluer. En revanche, dans le cas d'un robot à roues, un sol irrégulier doit être aplani, un passage étroit doit être élargi et un ascenseur est nécessaire pour changer d'altitude. L'avantage des robots humanoïdes, dans ce cas, est économique puisque il n'est pas nécessaire de modifier l'environnement pour l'utiliser.

La deuxième caractéristique est du même ordre : l'homme a conçu la plupart des outils qu'il a créés pour son propre usage. Par exemple, la forme et la taille d'une chaise ont été déterminées de manière à ce que nous puissions nous asseoir dessus, et dans le cas des tables, afin que nous puissions manger dessus. La géométrie de l'habitacle d'une voiture est conçue pour faciliter l'accès à l'ensemble des commandes de conduite du véhicule. De même pour la forme d'outils, comme un tournevis ou des ciseaux, destinée à des mains pourvues de doigts. Un robot humanoïde doit pouvoir utiliser ces mêmes outils avec une dextérité au moins semblable à celle de l'homme, sans besoin de les modifier. Encore une fois, l'avantage économique est énorme, puisque l'usage d'outils communs ne nécessite pas la fabrication d'instruments spécifiques.

Une approche semblable est développée dans le roman *Les Cavernes d'acier* d'Isaac Asimov : un célèbre professeur y explique pourquoi les robots doivent être de forme humaine avec des motivations semblables à celles que nous venons de citer. Pour être honnête, il nous faudrait des années pour atteindre ces objectifs. Le fait qu'ils aient été mentionnés dans un roman écrit en 1954 est impressionnant.

La troisième caractéristique nécessite quelques explications. Il est très facile de personnifier un robot lorsqu'il a une apparence humaine. Plus la forme robotique s'éloigne de la forme humaine, moins les humains associent son comportement à celui d'un être humain. Il est amusant de voir un bipède humanoïde danser, mais beaucoup moins spectaculaire de regarder un robot à roues effectuer la même danse. La forme humaine du robot est très importante pour que la machine soit perçue comme un véritable compagnon, avec lequel nous puissions avoir envie de communiquer. C'est cette troisième caractéristique qui explique pourquoi les robots de science fiction ont tous l'apparence humaine.

Intéressons-nous à l'histoire des robots humanoïdes réels. Pour commencer, considérons WABOT-1 (figure 1.1), développé en 1973 par Ichiro Kato et al. de l'université de Waseda au Japon. Il semble raisonnable de considérer WABOT-1 comme *le premier robot humanoïde*, même si la technologie utilisée lors de sa conception était alors imparfaite : il peut marcher, reconnaître des objets qu'il visionne et les manipuler avec ses deux mains, comprendre un langage parlé et s'exprimer grâce à une voix artificielle. L'équipe de Ichiro Kato a par la suite développé WABOT-2 en 1984. Outre les précédentes possibilités, WABOT-2 pouvait aussi jouer du piano (figure 1.1) [40]. Il a fait une étonnante démonstration de cette capacité lors de l'exposition Tsukuba Science Expo'85 au Japon.

Mais c'est en 1996, par la révélation époustouflante du robot humanoïde P2 de Honda, que l'époque des humanoïdes a réellement commencé. Honda a lancé dans le secret absolu un projet confidentiel *Robot humanoïde* en 1986, juste une année après le concert de piano de WABOT-2. P2, 180 cm et 210 kg, est le premier robot humanoïde qui peut marcher sur ses deux jambes de manière stable, et dont l'instrumentation (dont ordinateur et batteries) est totalement

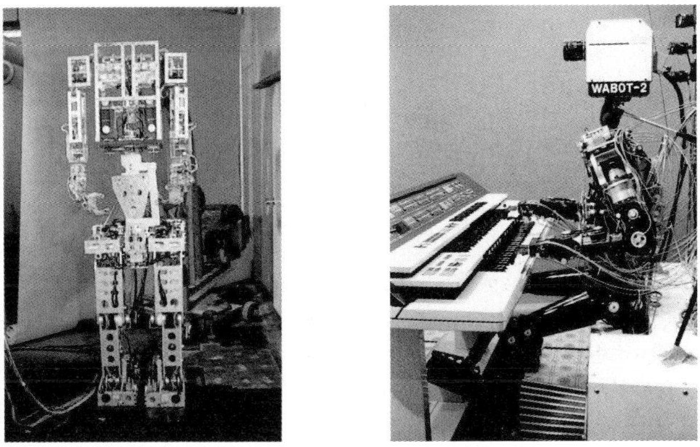

WABOT-1 (1973) WABOT-2 (1984)

Figure 1.1 – Les robots humanoïdes de l'université de Waseda (autorisation de l'Institut de robotique humanoïde, université de Waseda).

embarquée. Honda a ensuite présenté P3 en 1997, 160 cm de hauteur pour 130 kg, puis ASIMO en 2000, qui mesurait 120 cm pour 43 kg. Les photos de P2, P3 et ASIMO sont présentées sur la figure 1.2.

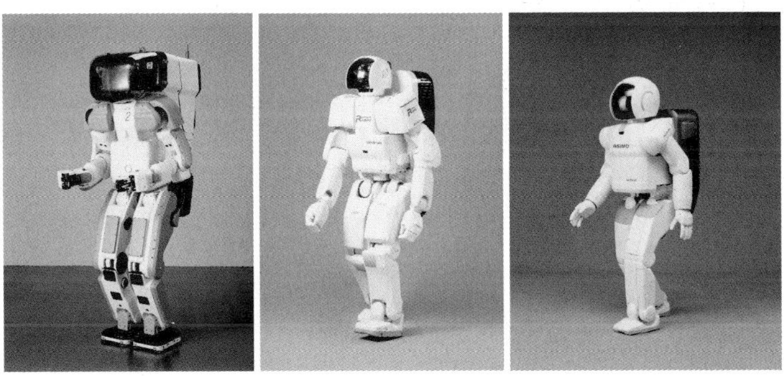

P2 (1996) P3 (1997) ASIMO (2000)

Figure 1.2 – Les robots humanoïdes de Honda (autorisation de Honda).

Avant l'apparition publique du robot P2, la majorité de la communauté robotique se montrait pessimiste sur le développement d'un robot humanoïde bipède pouvant marcher de manière stable. C'est pourquoi les chercheurs ont été ébahi par la démonstration de Honda. Quelles sont donc les différences majeures entre les humanoïdes « classiques » développés dans le monde de la recherche, et ce robot P2 ? Nous allons expliquer les deux plus fondamentales.

Examinons dans un premier temps les différences de conception du mécanisme. La plupart des robots humanoïdes réalisés par les universités étaient développés par des étudiants de troisième cycle ou par des petites compagnies d'usinage. Les liaisons mécaniques du robot étaient alors conçues par cintrage ou coupure, et la rigidité de la structure était insuffisante. Les mécanismes de réduction étaient sollicités par des engrenages grossiers avec beaucoup de jeu. À l'inverse, Honda a conçu des mécanismes rigides et légers sur mesure, utilisant toutes les techniques modernes de la CAO. Il était évident que c'était la meilleure approche, mais les universités ne possédaient pas les moyens de réaliser de tels mécanismes. Le robot humanoïde de Honda utilise des moteurs Harmonic Drive sans jeu. Or les moteurs Harmonic Drive conventionnels ne peuvent pas générer un couple suffisant pour la marche bipède. Honda a alors développé des moteurs spécifiques dotés d'une bonne capacité en couple. Après la révélation du P2, la plupart des autres humanoïdes ont acquis des configurations semblables.

Examinons maintenant les capteurs utilisés. La marche bipède est instable à cause des perturbations, c'est-à-dire à cause des erreurs qui existent entre le modèle théorique et la réalité. Ainsi, la marche réalisée est instable « naturellement » même si le modèle de marche (théorique) est stable. Étant donné cette observation, il est nécessaire de stabiliser la marche théorique lors de sa réalisation pratique par une boucle de retour dans la commande. Grâce à des capteurs judicieusement choisis, cette boucle permet d'obtenir des informations sur l'état du système pendant son évolution dans l'espace. Dans le cas des laboratoires universitaires, les besoins en capteurs étaient négligés, empêchant la stabilisation des robots. Honda a alors pourvu ses robots humanoïdes d'accéléromètres et de gyroscopes de très bonne qualité qui permettaient de déterminer les accélérations linéaires et angulaires du corps du robot, ainsi que de capteurs d'efforts 6 axes pour déterminer les forces et moments aux points de contact entre les pieds et le sol.

L'objectif de ce livre est d'offrir un bagage théorique qui permette de comprendre comment développer un environnement logiciel pour contrôler la structure robotique complexe que constitue un robot humanoïde.

Le chapitre 2 décrit la cinématique de ces robots. Une représentation de leurs mouvements y est expliquée, basée sur la description des rotations dans l'espace en trois dimensions, des vitesses angulaires et de la relation entre les dérivées des matrices de rotation et des vitesses angulaires. Nous expliquons comment trouver la position et l'orientation d'un segment comme la main ou le pied à partir des angles articulaires. Cette méthode est appelée cinématique directe. Par la suite, nous expliquons comment déterminer les angles articulaires à partir d'une position et d'une orientation désirées d'un segment donné. Ce calcul est l'inverse du précédent, et la méthode est appelée cinématique inverse.

Un exemple de problème de cinématique inverse est illustré par la figure 1.3 : lorsque le robot est dans une configuration connue, comme celle illustrée par la figure 1.3(a), le problème consiste à « trouver l'ensemble des angles articulaires permettant d'obtenir la configuration de la figure 1.3(b), sachant que le pied droit est levé de 0.3 m et orienté de 20° autour de l'axe y » ? D'une manière générale, la position et l'orientation d'un segment sont liées à la configuration

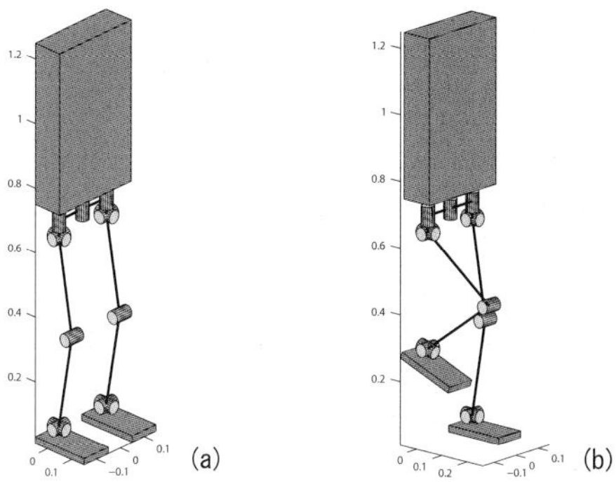

Figure 1.3 – Exemple de cinématique inverse pour un robot bipède : (a) configuration initiale ; (b) configuration avec le pied droit levé de 0.3 m et orienté de 20° autour de l'axe y.

par des équations non linéaires, car la plupart des articulations des robots sont des rotations. Le problème de la cinématique inverse peut être résolu en trouvant les solutions de ces équations non linéaires de manière analytique. Il est cependant particulièrement ardu de déterminer par cette méthode la solution d'un système possédant de nombreuses variables et un grand nombre de Bézout, même si le paramétrage des rotations est effectué de manière algébrique. Quoi qu'il en soit, la relation entre les dérivées de la position et de l'orientation d'un segment, et celles des angles articulaires, peut être représentée par des équations linéaires. Ainsi, le problème de la cinématique inverse peut être résolu par la détermination des solutions d'un système d'équations linéaires, puis en intégrant ces solutions. La matrice des coefficients du système d'équations linéaires est appelée « Jacobienne des vitesses ». Elle représente un concept important dans beaucoup de domaines, la robotique comprise. Tous ces points sont développés dans le chapitre 2.

Le chapitre 3 présente le concept du ZMP (*Zero Moment Point*), qui joue un rôle prépondérant dans la commande pour conserver l'équilibre en position verticale des robots humanoïdes lorsqu'ils se déplacent dans leur environnement : si le robot tombe, la semelle du pied de support perd le contact avec le sol. La méthode du ZMP, proposée par Vukobratović et al., est un critère qui permet de déterminer si le contact entre la semelle et le sol peut ou non être conservé, et ce sans passer par la résolution des équations du mouvement. Pour un système immobile, le contact est conservé lorsque la projection de son centre de masse sur le sol est un point contenu dans la zone de contact entre le système et le sol (principe de projection). Le concept du ZMP appliqué à un système en mouvement est illustré sur la figure 1.4.

Le ZMP peut être considéré comme l'extension dynamique du principe de projection. Il est utilisé pour planifier des modèles de mouvements qui permettent au robot de marcher tout en conservant le contact entre la semelle du pied de support et le sol. La plupart des modèles de marche utilisés par

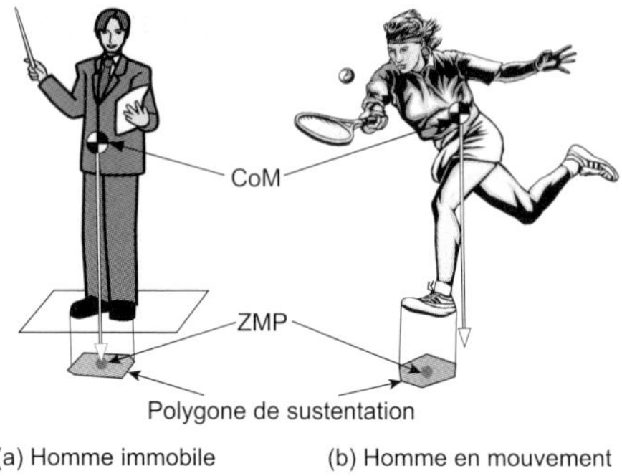

Figure 1.4 – Centre de masse, ZMP et polygone de sustentation.

les robots humanoïdes depuis l'apparition du P2 de Honda sont générés en s'appuyant sur ce principe.

Le robot a des chances de ne pas tomber même en cas de perte de contact entre sa semelle et le sol. Il peut continuer de marcher ou se tenir debout en contrôlant le mouvement de balancier de la jambe libre et en modifiant les positions de reprise de contact. Le critère du ZMP offre une condition non nécessaire mais suffisante pour assurer l'équilibre vertical et prévenir la chute. Il est cependant limité à la marche sur sol plat horizontal : il ne peut pas juger rigoureusement, par exemple, de la conservation de l'équilibre lors d'une marche sur sol irrégulier ou lors d'une montée d'escaliers. Si le robot se déplace en s'aidant d'une main courante, l'équilibre peut être stable, mais le ZMP ne permet pas de définir, dans ces conditions, comment améliorer cette stabilité, ou quelle est sa qualité. Il y a eu de nombreuses tentatives pour étendre les possibilités offertes par le critère du ZMP, mais l'établissement d'un ZMP universel et rigoureux est un problème toujours d'actualité. Le chapitre 3 présente le concept du ZMP, la relation entre les forces de contact pied-sol et le ZMP, la perception du ZMP, ainsi qu'un algorithme permettant de calculer le ZMP en utilisant la dynamique directe des robots humanoïdes précédemment expliquée.

Le chapitre 4 explique comment générer et contrôler concrètement un modèle de marche pour des robots bipèdes. En général, les modèles de marche sont d'abord planifiés pour faire marcher les robots sans perturbation (approche théorique), puis une boucle de retour est ajoutée pour stabiliser les mouvements (réalisation pratique). Différentes méthodes ont été proposées pour générer des modèles de marche ; celle que nous détaillons associe le robot en équilibre sur un pied à un pendule inversé comme illustré sur la figure 1.5. La marche est alors une succession de mouvements de pendules inversés. Les variables contrôlées sont les forces de contact avec le sol et la longueur du pendule. Une autre méthode génère un modèle en considérant le ZMP comme un critère de définition de la stabilité du contact.

Le chapitre 4 commence par présenter la méthode du pendule inversé en deux dimensions, puis l'étend au cas en trois dimensions illustré sur la figure 1.5.

L'approche est ensuite appliquée à la génération de modèles pour les mouvements de systèmes multicorps.

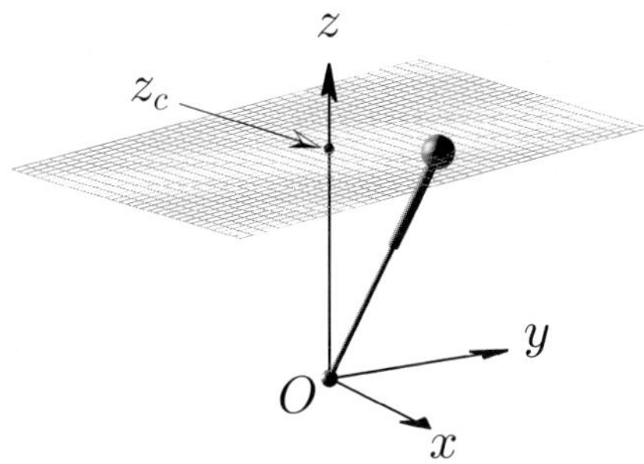

Figure 1.5 – Concept du pendule inversé en trois dimensions. Les mouvements du centre de masse sont contraints à se déplacer dans un plan donné en contrôlant les forces de contact avec le sol et la longueur du pendule. L'orientation du plan est indépendante des mouvements du centre de masse.

On décrira aussi la méthode basée sur le ZMP : la relation entre les dérivées des coordonnées généralisées (les angles articulaires) et le ZMP mène à un système d'équations différentielles non linéaires. Elles sont appelées équations du ZMP. Il est alors difficile, à cause de la non linéarité, de déterminer les trajectoires généralisées correspondant à une trajectoire du ZMP donnée. Les équations du ZMP sont donc simplifiées sous plusieurs hypothèses, et leurs solutions obtenues par un algorithme de récursion. Par cette pratique, un modèle de marche ne peut être généré que hors ligne, c'est-à-dire calculée entièrement à l'avance puis envoyée au robot. ceci est problématique pour une interaction rapide entre le robot et son environnement. Parmi les recherches pour pallier ce défaut, Honda a développé une méthode pour générer le modèle de marche en temps réel, et l'a appliqué à ASIMO. Un autre algorithme temps réel a été mis en place par Nishiwaki et al., afin de résoudre les équations en contraignant les mouvements du bassin sur un plan horizontal. Kajita et al. ont résolu le système d'équations linéarisées en temps réel par précontrôle et l'ont appliqué au robot humanoïde HRP-2. Cette dernière approche est expliquée dans le chapitre 4.

Même si le modèle du mouvement est planifié consciencieusement pour fournir une locomotion stable, un robot humanoïde risque fortement de tomber à cause des incertitudes dues aux irrégularités du sol, à la faible rigidité du mécanisme, et au jeu dans les réducteurs. Pour parer ces incertitudes, l'état du robot est établi grâce à des capteurs : accéléromètre et gyroscope pour mesurer les accélérations linéaires et angulaires du corps, et capteurs d'efforts aux pieds pour calculer les efforts de contact entre les pieds et le sol. Les mouvements sont alors stabilisés par un retour sur la commande. Les configurations actuelles des retours sont des combinaisons entre le contrôle de l'orientation du corps, le contrôle du centre de masse, le contrôle compliant du contact au niveau des pieds, le contrôle des forces d'impacts lors de la reprise de contact pied-sol, et ainsi de suite. Un réglage subtil et adapté des boucles de retour de la commande est devenu possible depuis les grands progrès réalisés dans la conception des structures dont nous avons parlé plus avant. Le chapitre survole les principes de fonctionnement des contrôleurs à boucles de retour. La figure 1.6 montre les mouvements des pieds du robot humanoïde HRP-2 en train de marcher sur un sol irrégulier dont la hauteur maximale des irrégularités est 2 cm, et l'inclinaison maximale des pentes est 5 %. Dans ce cas, un retour d'informations sur la commande est absolument nécessaire.

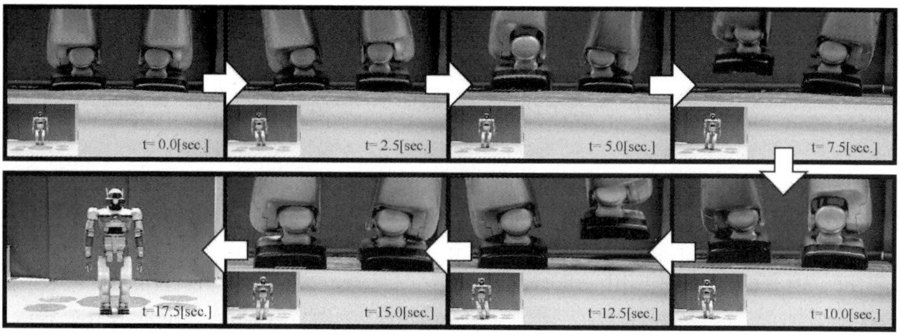

Figure 1.6 – Mouvements des pieds du HRP-2 marchant sur sol irrégulier.

Le chapitre 5 explique comment réaliser un modèle de comportement utilisant les mouvements de l'ensemble du corps du robot, et non seulement des jambes comme dans le cas de la locomotion bipède. Les robots humanoïdes peuvent réaliser de nombreux mouvements autres que la locomotion, comme se coucher, se lever, porter un objet, se déplacer dans des endroits étroits, danser. L'AIST a réalisé le premier robot humanoïde de taille humaine et pouvant s'allonger et se relever. Ce mouvement est illustré par la figure 1.7.

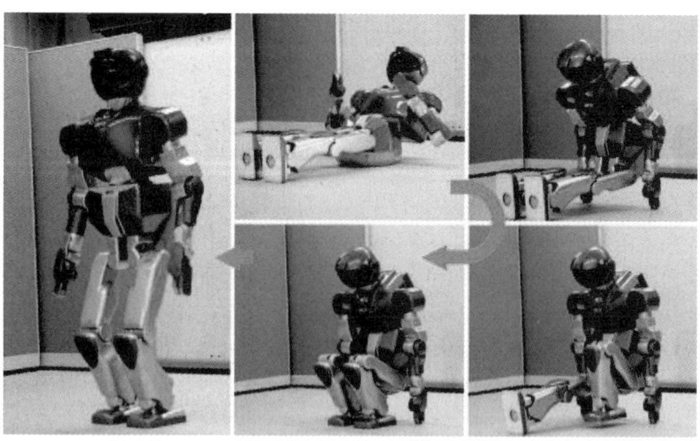

Figure 1.7 – Le robot humanoïde HRP-2P en train de se lever à partir de la position allongée sur le sol.

Ce chapitre passe en revue différentes façons de générer et contrôler les mouvements de l'ensemble du corps. Certaines méthodes de génération de mouvements y sont grossièrement décrites, dont les approches basées sur la capture de mouvements humains, celles utilisant une interface graphique, ou celles recherchant l'espace des configurations des robots. Toutes ces méthodes génèrent des mouvements sans considérer ni la dynamique propre, ni la stabilité des interactions entre le robot et son environnement. De ce fait, les mouvements proposés ne sont pas, dans la plupart des cas, réalisables par un robot réel, et provoquent sa chute. De plus, une configuration capturée sur un humain n'est pas automatiquement identique à celle que le robot réel peut réaliser. Différentes méthodes ont été proposées pour résoudre ces problèmes, dont la mise en place de filtres dynamiques et l'utilisation de retours d'informations dans la boucle de commande. Le chapitre inclut la description des méthodes utilisant la téléopération.

Bien que les robots puissent monter et descendre des escaliers, monter des marches de grandes dimensions et se déplacer dans des espaces étroits, il y a un grand risque de chutes liées à une position du centre de masse trop élevée pour des semelles de petites tailles. Les avantages d'une telle structure doivent encore être améliorés et les inconvénients combattus pour que leur utilisation soit envisageable dans une société humaine. L'AIST a donc réalisé un mouvement de chute sur le dos pour un robot humanoïde de taille humaine en février 2003. Le mouvement généré est celui de l'Ukemi au judo, qui minimise l'endommagement du corps lorsqu'un combattant est projeté au sol par son adversaire. Pour le moment, ce mouvement de chute ne peut être réalisé que sur le dos. Sony a réalisé une grande variété de modèles de chutes pour QRIO, mais QRIO est beaucoup plus petit qu'un être humain. Les forces d'impacts au moment de la prise de contact entre le corps et le sol sont liées à la taille du robot, et les conséquences sur la solidité nécessaire de la structure pour faire face à un tel choc, lorsqu'on s'intéresse à des robots de taille humaine, sont très grandes. Le chapitre 5 se penche sur le problème de la génération du mouvement de chute ainsi que celui consistant à s'allonger et à se relever.

Le chapitre 6 présente l'algorithme permettant d'effectuer la simulation dynamique des robots humanoïdes. On utilise la dynamique directe pour obtenir les nouvelles coordonnées généralisées du robot à partir de l'état donné du système et des forces généralisées. La dynamique inverse consiste à déterminer les forces généralisées pour atteindre un état donné du système. Ce chapitre concentre l'attention sur la dynamique directe, en commençant par la rotation d'un corps rigide dans l'espace hors gravité. Un exemple de rotation simulée est donné par la figure 1.8.

Nous exposons ensuite le problème de dynamique directe dans le cas de systèmes multicorps où les corps sont liés par des articulations comme dans le cas des robots. Cette partie peut éclairer le lecteur qui désire réaliser la simulation dynamique d'un robot humanoïde. L'approche est basée sur les équations de Newton-Euler. Des algorithmes très efficaces ont été mis en place pour résoudre ces équations dans les années 1980. Nous présentons ici l'algorithme de

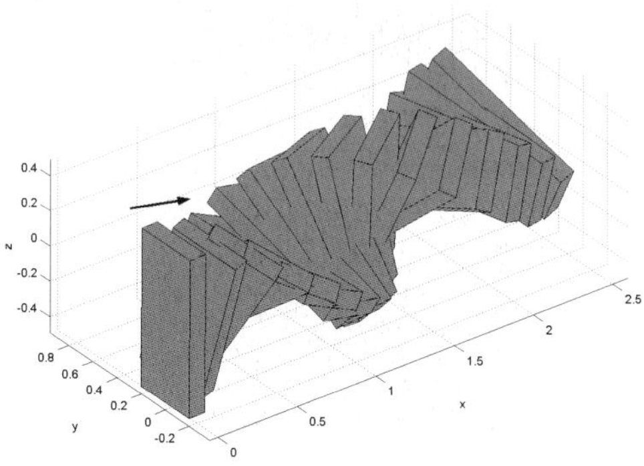

Figure 1.8 – Simulation d'un mouvement de corps rigide dans l'espace sans gravité.

Featherstone comme exemple de résolution numérique.

Ces quelques paragraphes présentaient le contenu de ce livre. Son objectif est de jeter les bases théoriques pour la compréhension et le développement d'un environnement logiciel pour la génération et la réalisation pratique de nombreux mouvements pour les robots humanoïdes. Dans ce qui suit, nous exposons quelques perspectives pour les futurs développements en matière de robotique humanoïde. Un robot humanoïde peut être perçu comme une plate-forme d'intégration pour de nombreuses technologies robotiques, puisqu'il a deux bras, deux jambes et des capteurs autorisant l'acquisition du son et de l'image. Quoi qu'il en soit, les ressources informatiques hardware actuelles, ainsi que le nombre de capteurs intégrés, sont encore très limités du fait du peu d'espace disponible dans le corps du robot. Ces deux caractéristiques nécessitent de miniaturiser davantage les composants pour être résolues. Par la suite, plus d'intelligence pourra être embarquée sur la plate-forme, et l'attention des chercheurs pourra glisser des problèmes de génération du mouvement vers l'intelligence et les applications qui en découlent.

Le METI (ministère japonais de l'Économie, du Commerce et de l'Industrie) a réalisé, de 1998 à 2002, un grand projet humanoïde (« Humanoid Robotics Project », HRP). Le directeur de ce projet était Hirochika Inoue de l'université de Tokyo. Le projet HRP a mis en place les technologies fondamentales de la robotique humanoïde et en a exploré les applications.

La première caractéristique des robots humanoïdes est que « les robots humanoïdes peuvent travailler dans l'environnement humain tel qu'il est ». Des travaux de maintenance dans une usine ont été étudiés comme exemple d'illustration de cette première caractéristique. Dans ce cadre, le robot humanoïde HRP-1 a pu exécuter un certain nombre de tâches industrielles dans une maquette d'atelier d'usine pourvue d'escaliers, de rampes et de fossés. La figure 1.9 montre une photo du HRP-1 en train de descendre un escalier dans cette maquette.

Figure 1.9 – Descente d'escaliers par HRP-1.

Figure 1.10 – HRP-1S conduisant une pelleteuse par téléopération.

La deuxième caractéristique stipule qu'« un robot humanoïde peut utiliser des outils conçus pour les humains tels qu'ils sont ». La conduite d'un véhicule industriel par un humanoïde a été mise en place à titre d'exemple d'application. L'idée consiste à réaliser un système de téléopération pour un véhicule industriel. Le robot conduit le véhicule sous les indications d'un opérateur humain distant de l'action. Des techniques similaires pourraient être utilisées dans le cadre d'opérations de sauvetage. La figure 1.10 montre une photo prise lors de la conduite d'une pelleteuse par le HRP-1S par téléopération. HRP-1S porte une combinaison étanche lui permettant de travailler en extérieur même par temps de pluie.

La troisième caractéristique dit qu'« un robot humanoïde est de forme humaine », et une application triviale de cette caractéristique est le divertissement. ASIMO de Honda et QRIO de Sony sont apparus dans de nombreuses publicités commerciales, et une danse japonaise traditionnelle a été imitée par le HRP-2 pour effectuer une archive digitale d'une danse culturelle traditionnelle. Une autre application possible est l'utilisation de l'humanoïde comme simulateur humain pour l'évaluation d'outils destinés à l'homme, comme l'habitacle d'un véhicule ou des appareils de détente.

La robotique humanoïde est dans sa première vie depuis 1996, et faire réaliser par un robot humanoïde des produits intéressants sans que cela tourne au cauchemar est toujours très difficile[1]. Puisque la robotique humanoïde requiert un investissement de grande envergure, il est nécessaire de mettre en place de nouvelles applications dans ce domaine tous les 5 ans pour prolonger les efforts. Si nous visons à la réalisation d'un robot humanoïde dont les possibilités sont comparables à celles de l'homme, nous aurions probablement besoin d'un siècle de plus. Au moins 10 ans seraient nécessaires juste pour réaliser un humanoïde autonome. À partir de ce point de vue, nous aimerions proposer un objectif pour 2010 : un robot humanoïde capable de marcher dans notre environnement quotidien, de monter et descendre des escaliers et échelles, planifier ses itinéraires de manière autonome, tomber sans dommages sérieux, se relever de lui-même, enjamber des petits obstacles, se déplacer dans un environnement encombré, ouvrir et fermer des portes, et manipuler des objets avec une main tout en maintenant son équilibre de l'autre. Ce serait un robot humanoïde capable d'aller à n'importe quel endroit familier à l'homme. Une fois les problèmes de mobilité résolus, les applications possibles devraient contenir des tâches de maintenance sur sites industriels et la manipulation d'objets dangereux. Parmi ces objectifs, assurer une chute sans dommages sérieux est l'un des plus difficiles. Même si une commande très évoluée est réalisée lors de la chute, le mécanisme actuel du robot est trop fragile pour lui permettre de conserver sa mobilité par la suite. Ce problème particulier demande encore de nombreuses études avant d'être résolu.

Nous proposons les développements de robots humanoïdes autonomes afin qu'ils puissent exécuter seuls des tâches simples habituellement réalisées par l'homme. Dans cet objectif, l'intégration d'un système de vision en trois dimensions est nécessaire pour déterminer la forme, la position et l'orientation d'un objet. L'intégration d'une main habile est nécessaire pour manipuler toutes sortes d'objets ; elle doit être dotée de capteurs d'efforts pouvant à tout instant fournir des informations sur l'état de l'objet manipulé, planifier le mouvement, etc. À ce moment-là, les applications pourront inclure des tâches d'assemblage de structures mécaniques et des tâches de manipulations irrégulières. Une fois ces applications réalisées, il sera possible de construire plus de mille copies du robot et nous pourrons affirmer être sortis de la « période de cauchemar » de la robotique humanoïde.

Comme objectif pour l'année 2020, nous proposons le développement d'un robot humanoïde qui puisse travailler en coopération avec des humains et partager un environnement de travail avec eux. L'objectif final du projet HRP sera

[1]La plupart des grandes innovations ont dû passer par des périodes de cauchemar entre la recherche fondamentale et l'industrialisation, pendant lesquelles les nouvelles technologies ont été durement critiquées. Ces critiques se sont aussi adressées à la CAD et aux robots industriels. Pour Hiroyuki Yoshikawa, cette « période de cauchemar » est une étape fondamentale de la réalisation d'une innovation.

atteint dès que l'objectif 2020 sera validé. Pour cela, les robots humanoïdes devront être dotés d'une intelligence de sécurité et d'une grande autonomie. La partie sécurité est très difficile à réaliser car manipulation et mobilité nécessitent une grande puissance. On peut comprendre ce problème plus concrètement en se rappelant que même des humains peuvent blesser leurs voisins lorsqu'ils partagent des petits espaces de travail. Les robots devraient être plus sûrs que les humains pour être acceptés dans la société, à cause de leur plus grande puissance. De grands efforts sont faits dans ce but, comme la minimisation de la puissance nécessaire à un déplacement donné, ou l'habillage par un matériau souple. Mais ces efforts sont encore insuffisants, et des technologies plus sophistiquées sont nécessaires comme l'observation de l'environnement en temps réel et une commande en sécurité pour les bras et les jambes. À partir du moment où l'intelligence de sécurité est intégrée aux comportements des robots, des applications telles que les services d'assistance et de soins aux humains peuvent être envisagées pour un robot comme HRP. La réalisation d'un tel projet est très difficile, d'autant que la taille du marché devrait être agrandie du fait que ce robot pourrait être utilisé dans nos maisons. « Un robot humanoïde dans chaque foyer » ne sera peut-être plus une utopie une fois la mission accomplie.

Il sera très difficile d'atteindre l'objectif de 2020 à partir des connaissances de 2005. Il n'y a pas de carte permettant de se déplacer jusqu'aux objectifs mentionnés : dans les circonstances actuelles, celui de 2020 n'est qu'un rêve. Ce livre permettra à d'avantages de gens de prendre connaissance des fondements de la technologie existante en robotique humanoïde et de contribuer aux développements dans ce domaine. Le fait de savoir que le plus gros du travail est à venir peut être perçu comme une motivation supplémentaire pour les ingénieurs et les scientifiques. Le développement de l'automobile a permis le remplacement du cheval, celui de l'humanoïde permettra peut-être de remplacer l'homme dans la réalisation des tâches les plus dures. Nous espérons que ce livre augmentera le nombre de nos collègues et ainsi nous permettra d'atteindre ensemble les objectifs proposés.

Chapitre 2

Cinématique

La théorie qui analyse la relation entre la configuration (position et orientation) d'un segment et les angles articulaires est appelée **cinématique**. La cinématique est à la base de la représentation du mouvement robotique, et est aussi utilisée pour les représentations graphiques logicielles. Dans les deux cas, la définition complète du mouvement d'un objet dans l'espace nécessite des algorithmes fondés sur des fonctions mathématiques.

2.1 Transformation des coordonnées

La figure 2.1(a) montre une photo du robot humanoïde HRP-2 développé au cours du Projet HRP (Humanoid Robotics Project) [28]. Ce robot mesure 154 cm et pèse 54 kg batteries comprises. Il peut marcher environ une heure par l'usage de ses seules batteries. Le HRP-2 possède 30 articulations qui peuvent être contrôlées indépendamment les unes des autres. La figure 2.1(b) montre le nom de chaque segment et leur référence dans le système de coordonnées locales.

2.1.1 Référentiel du monde

Lorsque l'on cherche à contrôler les mouvements d'un tel robot, un point fondamental est de pouvoir définir précisément la position et l'orientation de chaque segment. Pour ce faire, nous définissons un point placé directement sous le robot dans sa position initiale[1] comme illustré sur la figure 2.2. En utilisant ce point comme origine, nous définissons un repère fixe de la manière suivante : l'axe x est orienté vers l'avant, l'axe y vers la gauche et l'axe z vers le haut.

Nous noterons ce système de coordonnées de référence Σ_W, et utiliserons par la suite cette notation pour décrire le monde dans lequel le robot évolue. De

[1]En fait, il s'agit de l'intersection entre la droite verticale qui passe par le repère lié à la hanche (« WAIST ») et le sol.

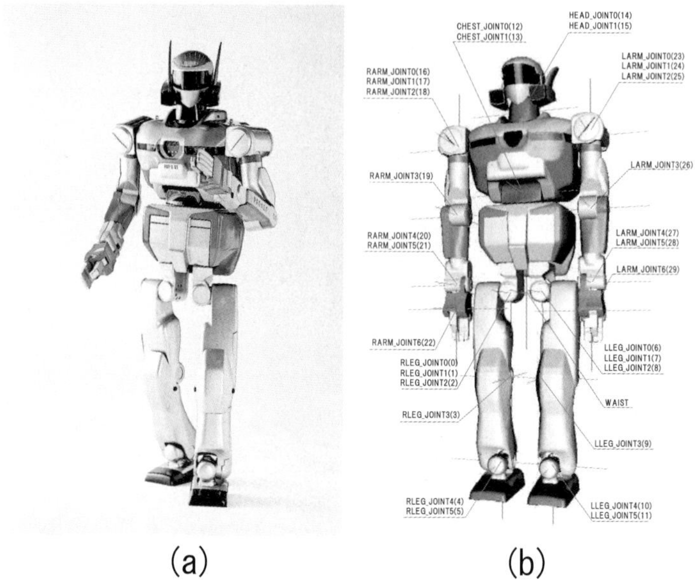

Figure 2.1 – (a) Le robot humanoïde HRP-2 ; (b) nomenclature des segments et coordonnées locales.

telles coordonnées sont appelées **coordonnées du monde**, exprimées dans le référentiel (système de coordonnées de référence) du monde. En utilisant un système de coordonnées commun pour décrire le robot et les objets qui l'entourent, il devient très simple de savoir si le robot peut saisir un objet ou s'il va entrer en collision avec un obstacle.

Les positions exprimées dans le référentiel du monde sont appelées **positions absolues**. La position de la main, lorsque le robot est dans la configuration de la figure 2.2, peut être décrite en utilisant le vecteur de dimension 3 suivant :

$$\boldsymbol{p}_h = \begin{bmatrix} p_{hx} \\ p_{hy} \\ p_{hz} \end{bmatrix}.$$

L'orientation exprimée dans le référentiel du monde est appelée **orientation absolue**. De la même manière, une vitesse exprimée dans le référentiel du monde est appelée **vitesse absolue**.

2.1.2 Coordonnées locales et transformations homogènes

Regardons comment la position $\boldsymbol{p}_h$ de l'extrémité du bras est modifiée par la rotation de l'articulation de l'épaule du robot. À partir de l'observation de la figure 2.3(a), on peut voir que la position de l'épaule est définie par le vecteur $\boldsymbol{p}_a$, et le vecteur $\boldsymbol{r}$ décrit la position de la main par rapport à l'épaule. On a

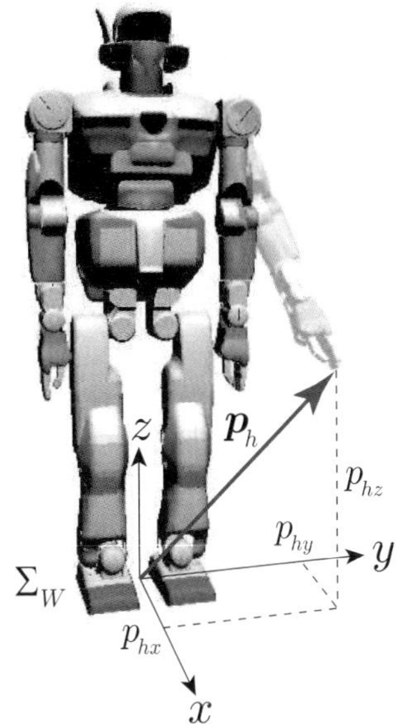

Figure 2.2 – Origine du référentiel du monde défini directement sous le robot dans sa position initiale. $\boldsymbol{p}_h$ est la position du bout de la main dans le référentiel du monde, aussi appelée position absolue.

donc la relation vectorielle :

$$\boldsymbol{p}_h = \boldsymbol{p}_a + \boldsymbol{r}$$

Lorsque le bras est dans la configuration présentée à la figure 2.3(b), la position de la main par rapport à l'épaule est alors représentée par le vecteur $\boldsymbol{r}'$, et la position absolue de la main est exprimée par la relation

$$\boldsymbol{p}_h = \boldsymbol{p}_a + \boldsymbol{r}' \tag{2.1}$$

Le vecteur $\boldsymbol{p}_a$, qui définit la position de l'épaule, est le même que précédemment. Le vecteur définissant la position de l'extrémité de la main tourne de $\boldsymbol{r}$ à $\boldsymbol{r}'$.

Nous allons introduire un **système local de coordonnées** Σ_a attaché à l'épaule gauche comme montré sur la figure 2.3. Contrairement au système du monde qui est fixé sur le sol, le système local « bouge » avec le segment auquel il est lié.

Le système local de coordonnées Σ_a est défini en utilisant l'origine du segment constituant l'épaule et les vecteurs unitaires dans la direction des axes de référence x, y et z. En configuration initiale, c'est-à-dire lorsque la main est dirigée vers le bas (figure 2.3(a)), les trois vecteurs unitaires $\boldsymbol{e}_{ax}$, $\boldsymbol{e}_{ay}$ et $\boldsymbol{e}_{az}$ sont parallèles à x, y et z. Lorsque le robot lève le bras, Σ_a tourne autour de son axe de rotation $\boldsymbol{e}_{ax}$ de ϕ degrés, comme illustré par la figure 2.3(b).

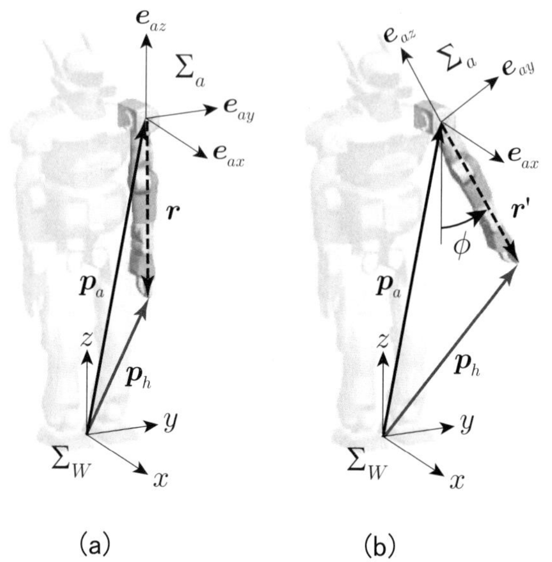

Figure 2.3 – Référentiel du monde Σ_W et système de coordonnées local d'un bras Σ_a. (a) Position initiale : Σ_W et Σ_a sont parallèles ; (b) Σ_a suit le mouvement de rotation du bras.

La relation entre ϕ, angle de rotation du bras, et Σ_a, est décrite par les équations suivantes :

$$\boldsymbol{e}_{ax} = \begin{bmatrix} 1 \\ 0 \\ 0 \end{bmatrix} \qquad \boldsymbol{e}_{ay} = \begin{bmatrix} 0 \\ \cos\phi \\ \sin\phi \end{bmatrix} \qquad \boldsymbol{e}_{az} = \begin{bmatrix} 0 \\ -\sin\phi \\ \cos\phi \end{bmatrix} \tag{2.2}$$

Elle exprime une rotation autour de l'axe x : seuls $\boldsymbol{e}_{ay}$ et $\boldsymbol{e}_{az}$ sont modifiés, et $\boldsymbol{e}_{ax}$ reste parallèle à x. Cette rotation est représentée par une matrice 3×3, notée $\boldsymbol{R}_a$, de la manière suivante :

$$\boldsymbol{R}_a \equiv [\boldsymbol{e}_{ax}\ \boldsymbol{e}_{ay}\ \boldsymbol{e}_{az}] \tag{2.3}$$

Nous pouvons décrire la relation entre $\boldsymbol{r}$ et $\boldsymbol{r}'$ de la figure 2.3 par le biais de la matrice $\boldsymbol{R}_a$:

$$\boldsymbol{r}' = \boldsymbol{R}_a \boldsymbol{r}. \tag{2.4}$$

En d'autres termes, la multiplication par la matrice $\boldsymbol{R}_a$ permet d'obtenir les nouvelles coordonnées absolues du vecteur après la rotation. Nous entrerons davantage dans les détails de cette notion au paragraphe 2.2. Pour le moment, définissons la position ${}^a\boldsymbol{p}_h$ de l'extrémité de la main dans le système local de coordonnées Σ_a. L'indice a en haut à gauche indique que ces coordonnées sont exprimées dans le repère Σ_a. À partir de la figure 2.3(a), nous obtenons

$${}^a\boldsymbol{p}_h = \boldsymbol{r}, \tag{2.5}$$

Sur l'exemple de la figure 2.3, Σ_a et le bras gauche bougent d'un seul bloc. Le vecteur ${}^a\boldsymbol{p}_h$ est donc constant dans le repère local Σ_a. Pour décrire la position de la main gauche, nous considérons les deux vecteurs positions suivants :

- Position de la main $\boldsymbol{p}_h$ dans le repère du monde Σ_W.
- Position de la main ${}^a\boldsymbol{p}_h$ dans le repère local Σ_a.

La relation entre ces deux vecteurs est obtenue à partir des équations (2.1), (2.4) et (2.5) :

$$\boldsymbol{p}_h = \boldsymbol{p}_a + \boldsymbol{R}_a\, {}^a\boldsymbol{p}_h \tag{2.6}$$

Sous forme matricielle, l'équation 2.6 s'écrit

$$\begin{bmatrix} \boldsymbol{p}_h \\ 1 \end{bmatrix} = \begin{bmatrix} \boldsymbol{R}_a & \boldsymbol{p}_a \\ 0\,0\,0 & 1 \end{bmatrix} \begin{bmatrix} {}^a\boldsymbol{p}_h \\ 1 \end{bmatrix} \tag{2.7}$$

Les 0 et 1 qui apparaissent dans les matrices assurent l'homogénéité des dimensions par rapport à celles de l'équation 2.6. La matrice 4×4 du terme de droite, notée

$$\boldsymbol{T}_a \equiv \begin{bmatrix} \boldsymbol{R}_a & \boldsymbol{p}_a \\ 0\,0\,0 & 1 \end{bmatrix},$$

provient de la composition du vecteur position $\boldsymbol{p}_a$ et de la matrice de rotation $\boldsymbol{R}_a$. Cette matrice est appelée **matrice de transformation homogène**[2]. La transformation homogène $\boldsymbol{T}_a$ convertit une représentation des points d'un repère local dans le repère du monde.

$$\begin{bmatrix} \boldsymbol{p} \\ 1 \end{bmatrix} = \boldsymbol{T}_a \begin{bmatrix} {}^a\boldsymbol{p} \\ 1 \end{bmatrix}$$

Dans cette relation, ${}^a\boldsymbol{p}$ peut représenter n'importe quel point du bras gauche. La position et l'orientation du bras sont donc inclues dans la représentation $\boldsymbol{T}_a$. En d'autres termes : **la transformation homogène comprend une description de la position et de l'orientation du bras dans son ensemble**.

2.1.3 Transformation d'un repère local à un autre

Il est possible de définir un système local de coordonnées en mouvement dans un autre système local de coordonnées. Sur la figure 2.4(a), nous illustrons le repère local Σ_b de parent Σ_a. Les mouvements de Σ_b sont liés à ceux de l'avant-bras. L'origine de Σ_b est définie de telle manière que ses axes sont superposés à ceux de Σ_a lorsque le bras est tendu (configuration initiale). Soient θ, paramètre de rotation entre Σ_b et Σ_a, et ${}^a\boldsymbol{e}_{bx}$, ${}^a\boldsymbol{e}_{by}$ et ${}^a\boldsymbol{e}_{bz}$ les trois vecteurs

[2] La même matrice est appelée **matrice de transformation affine** en CAO. La différence vient du fait qu'en CAO, la transformation affine n'associe pas systématiquement la matrice $\boldsymbol{R}_a$ à une matrice de rotation (voir chapitre 2.2). Elle peut comporter des facteurs d'échelle ou des décompositions.

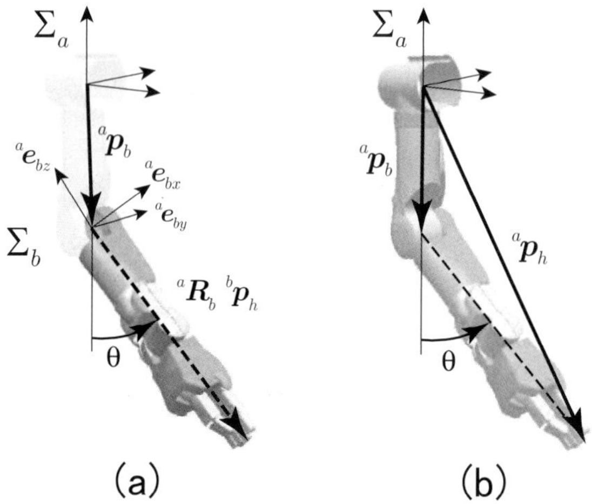

Figure 2.4 – Repère local du bras Σ_a et repère local de l'avant-bras Σ_b.

unitaires de Σ_b. Selon nos observations précédentes, nous pouvons exprimer les coordonnées de ${}^a\boldsymbol{e}_{bx}$, ${}^a\boldsymbol{e}_{by}$ et ${}^a\boldsymbol{e}_{bz}$ en fonction de θ :

$$ {}^a\boldsymbol{e}_{bx} = \begin{bmatrix} \cos\theta \\ 0 \\ \sin\theta \end{bmatrix}, \quad {}^a\boldsymbol{e}_{by} = \begin{bmatrix} 0 \\ 1 \\ 0 \end{bmatrix}, \quad {}^a\boldsymbol{e}_{bz} = \begin{bmatrix} -\sin\theta \\ 0 \\ \cos\theta \end{bmatrix} \tag{2.8} $$

Le coude tourne autour de l'axe y, ce qui ne modifie que les vecteurs ${}^a\boldsymbol{e}_{bx}$ et ${}^a\boldsymbol{e}_{bz}$. De plus, ces vecteurs sont définis dans le repère local Σ_a : leurs notations portent donc l'indice a en haut à gauche. La matrice ${}^a\boldsymbol{R}_b$ est définie comme une composition des trois vecteurs unitaires :

$$ {}^a\boldsymbol{R}_b \equiv [{}^a\boldsymbol{e}_{bx}\;{}^a\boldsymbol{e}_{by}\;{}^a\boldsymbol{e}_{bz}] \tag{2.9} $$

La conversion de ${}^b\boldsymbol{p}_h$ (de la figure 2.4(a)), exprimé dans le repère Σ_b, en ${}^a\boldsymbol{p}_h$ (de la figure 2.4(b)) dans le repère Σ_a, s'écrit

$$ \begin{bmatrix} {}^a\boldsymbol{p}_h \\ 1 \end{bmatrix} = {}^a\boldsymbol{T}_b \begin{bmatrix} {}^b\boldsymbol{p}_h \\ 1 \end{bmatrix} \tag{2.10} $$

où ${}^a\boldsymbol{T}_b$ représente la transformation homogène de Σ_a à Σ_b :

$$ {}^a\boldsymbol{T}_b \equiv \begin{bmatrix} {}^a\boldsymbol{R}_b & {}^a\boldsymbol{p}_b \\ 0\,0\,0 & 1 \end{bmatrix} $$

Dans cette matrice homogène, ${}^a\boldsymbol{p}_b$ est l'origine du repère local Σ_b vue du repère local Σ_a.

Le report de l'expression (2.10) dans (2.7) nous offre une relation qui permet de convertir la position d'un point définie dans Σ_b en une position exprimée dans le repère du monde :

$$\begin{bmatrix} \boldsymbol{p}_h \\ 1 \end{bmatrix} = \boldsymbol{T}_a \, {}^a\boldsymbol{T}_b \begin{bmatrix} {}^b\boldsymbol{p}_h \\ 1 \end{bmatrix} \tag{2.11}$$

Le produit des transformations homogènes du terme de droite de cette équation fait apparaître une relation entre matrices homogènes :

$$\boldsymbol{T}_b \equiv \boldsymbol{T}_a \, {}^a\boldsymbol{T}_b$$

La matrice $\boldsymbol{T}_b$ est aussi une transformation homogène qui représente les mouvements de Σ_b dans le référentiel du monde, c'est-à-dire qui représente la position et l'orientation de l'avant-bras dans le repère de référence fixe Σ_W. $\boldsymbol{T}_a$ quantifie la rotation de l'épaule, ${}^a\boldsymbol{T}_b$ quantifie la rotation du coude par rapport à l'épaule. $\boldsymbol{T}_b$ décrit la rotation du coude dans le monde et dépend donc des deux paramètres précédents.

2.1.4 Transformations le long d'une chaîne cinématique

Ce que nous avons observé précédemment dans les cas particuliers peut être généralisé : soit un mécanisme connectant N systèmes locaux de coordonnées, notés de Σ_1 à Σ_N. Un tel système est appelé « chaîne cinématique ». Soit ${}^i\boldsymbol{T}_{i+1}$, la transformation homogène qui décrit le passage d'un système local Σ_i à son voisin Σ_{i+1}. Par un procédé identique au précédent, appliqué à l'ensemble des corps constituant la chaîne, nous obtenons la relation

$$\boldsymbol{T}_N = \boldsymbol{T}_1 \, {}^1\boldsymbol{T}_2 \, {}^2\boldsymbol{T}_3 \ldots {}^{N-1}\boldsymbol{T}_N \tag{2.12}$$

$\boldsymbol{T}_N$ est une transformation homogène qui décrit la position et l'orientation du N-ième corps dans le repère du monde. Si on ajoute un corps à cette chaîne, il suffit de multiplier par la matrice de transformation homogène locale ${}^N\boldsymbol{T}_{N+1}$ dans le membre de droite pour connaître sa représentation $\boldsymbol{T}_{N+1}$ dans le référentiel du monde.

Cette méthode de multiplication des matrices de transformations homogènes est connue sous l'appellation de **loi des chaînes**. La loi des chaînes permet de calculer sans trop de complications la dynamique d'un bras constitué de plusieurs corps.

2.2 Caractéristiques d'une rotation

La partie précédente traitait de la description de la rotation des segments du robot par le biais de matrices 3×3, appelées **matrices de rotation**. Ces matrices décrivent l'orientation des segments et quantifient leur rotation. Dans cette partie, nous allons décrire les caractéristiques d'une rotation dans l'espace à trois dimensions par l'utilisation des matrices de rotation. Pour simplifier les explications, nous limiterons les cas à des rotations autour de l'origine du repère du monde.

2.2.1 Notations de roulis, tangage et lacet

Les trois rotations de base autour des axes x, y et z qui permettent de décrire la rotation d'un corps dans l'espace sont respectivement appelées roulis, tangage et lacet (figure 2.5).

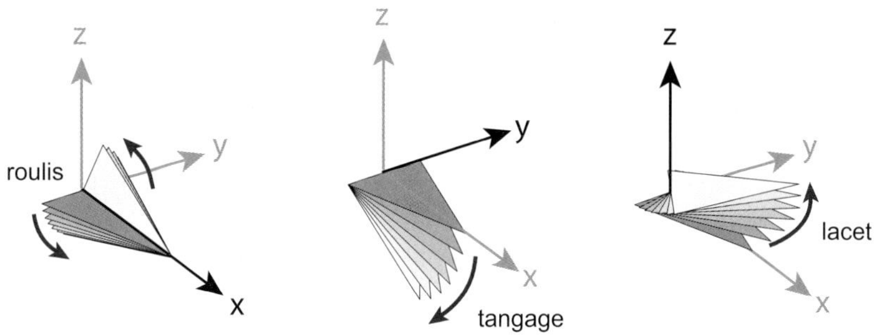

Figure 2.5 – Roulis, tangage et lacet autour des axes x, y et z. L'illustration montre la rotation d'un triangle par sauts de $\pi/18$ et jusqu'à $+\pi/3$ rad.

Les notations usuelles de ces rotations et de leurs paramètres caractéristiques associés sont résumées dans le tableau suivant :

Axe de rotation	Nom	Notation
Axe x	Roulis	ϕ
Axe y	Tangage	θ
Axe z	Lacet	ψ

Pour représenter le roulis, tangage et lacet d'un objet selon un angle donné, on utilise trois matrices de rotation, chacune décrivant une rotation élémentaire :

$$\boldsymbol{R}_x(\phi) = \begin{bmatrix} 1 & 0 & 0 \\ 0 & \cos\phi & -\sin\phi \\ 0 & \sin\phi & \cos\phi \end{bmatrix}$$

$$\boldsymbol{R}_y(\theta) = \begin{bmatrix} \cos\theta & 0 & \sin\theta \\ 0 & 1 & 0 \\ -\sin\theta & 0 & \cos\theta \end{bmatrix}$$

$$\boldsymbol{R}_z(\psi) = \begin{bmatrix} \cos\psi & -\sin\psi & 0 \\ \sin\psi & \cos\psi & 0 \\ 0 & 0 & 1 \end{bmatrix}$$

Si un point $\boldsymbol{p}$ connu est soumis au roulis, tangage et lacet autour de l'origine, il se déplacera au point $\boldsymbol{p}'$ calculé par la relation

$$\boldsymbol{p}' = \boldsymbol{R}_z(\psi)\boldsymbol{R}_y(\theta)\boldsymbol{R}_x(\phi)\,\boldsymbol{p},$$

ou encore

$$\boldsymbol{p}' = \boldsymbol{R}_{rpy}(\phi, \theta, \psi)\,\boldsymbol{p},$$

en utilisant une matrice unique $\boldsymbol{R}_{rpy}(\phi, \theta, \psi)$ groupant les trois rotations élémentaires et telle que

$$\begin{aligned} \boldsymbol{R}_{rpy}(\phi,\theta,\psi) &\equiv \boldsymbol{R}_z(\psi)\boldsymbol{R}_y(\theta)\boldsymbol{R}_x(\phi) \\ &= \begin{bmatrix} c_\psi c_\theta & -s_\psi c_\phi + c_\psi s_\theta s_\phi & s_\psi s_\phi + c_\psi s_\theta c_\phi \\ s_\psi c_\theta & c_\psi c_\phi + s_\psi s_\theta s_\phi & -c_\psi s_\phi + s_\psi s_\theta c_\phi \\ -s_\theta & c_\theta s_\phi & c_\theta c_\phi \end{bmatrix} \end{aligned} \quad (2.13)$$

avec $c_\psi = \cos\psi$ et $s_\psi = \sin\psi$.

La matrice $\boldsymbol{R}_{rpy}(\phi, \theta, \psi)$ est aussi une matrice de rotation[3] ; on considère qu'elle peut représenter toute rotation de l'espace tridimensionnel. Cette représentation est appelée notation roulis-tangage-lacet, mais on peut aussi y référer comme la notation z-y-x des angles d'Euler. La notation roulis-tangage-lacet est facile à comprendre car elle est intuitive. Elle est souvent utilisée pour représenter une rotation nautique, aérienne ou robotique.

2.2.2 Signification des matrices de rotation

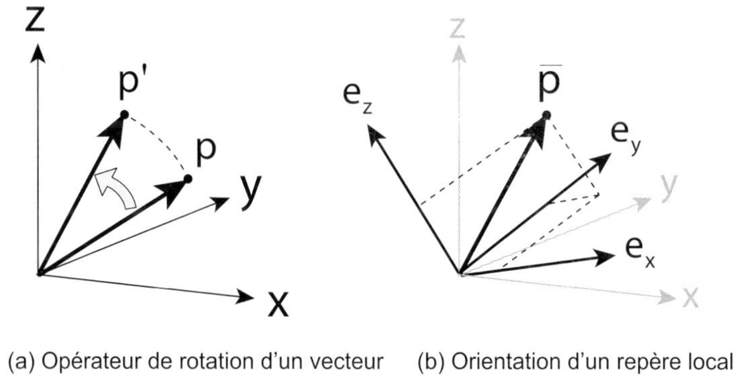

Figure 2.6 – Deux manières d'interpréter les matrices de rotation.

Il existe deux manières d'interpréter les matrices de rotation. L'une est de les voir comme **un opérateur autorisant la rotation des vecteurs**. La figure 2.6(a) montre le point localisé par un vecteur $\boldsymbol{p}$ subissant une rotation par une matrice $\boldsymbol{R}$ jusqu'à un vecteur $\boldsymbol{p}'$. Ainsi,

$$\boldsymbol{p}' = \boldsymbol{R}\boldsymbol{p}$$

où $\boldsymbol{p}$ et $\boldsymbol{p}'$ sont exprimés dans le même repère.

La seconde manière d'interpréter $\boldsymbol{R}$ est de la voir comme **l'orientation d'un système local de coordonnées**. Dans ce cas, on a

$$\boldsymbol{R} \equiv [\boldsymbol{e}_x \ \boldsymbol{e}_y \ \boldsymbol{e}_z], \quad (2.14)$$

[3]L'indice *rpy* est mis pour *roll* (roulis), *pitch* (tangage) et *yaw* (lacet).

et le point précédent, exprimé dans le repère du monde, serait

$$\boldsymbol{p} = \boldsymbol{R}\bar{\boldsymbol{p}}$$

Il faut porter une attention particulière au fait que dans ce cas, nous avons uniquement modifié notre manière de percevoir le point : il n'y a aucune notion de mouvement dans cette interprétation.

Pour savoir quelle interprétation est utilisée, il suffit de vérifier si le point existe dans le même système de coordonnées avant et après les calculs.

2.2.3 Inversion d'une matrice de rotation

Soit un système local de coordonnées défini par les vecteurs unitaires $\boldsymbol{e}_x$, $\boldsymbol{e}_y$ et $\boldsymbol{e}_z$, et une matrice de rotation caractérisant son mouvement. Comme les vecteurs unitaires sont orthogonaux entre eux, on peut écrire

$$\boldsymbol{e}_i^T \boldsymbol{e}_j = \begin{cases} 1 & (i = j) \\ 0 & (i \neq j) \end{cases}$$

où $\boldsymbol{e}_i^T \boldsymbol{e}_j$ est le produit scalaire des vecteurs $\boldsymbol{e}_i$ et $\boldsymbol{e}_j$. Si nous calculons le produit de la matrice de rotation $\boldsymbol{R}$ et de sa transposée $\boldsymbol{R}^T$, nous obtenons

$$\begin{aligned} \boldsymbol{R}^T \boldsymbol{R} &= \begin{bmatrix} \boldsymbol{e}_x^T \\ \boldsymbol{e}_y^T \\ \boldsymbol{e}_z^T \end{bmatrix} [\boldsymbol{e}_x \, \boldsymbol{e}_y \, \boldsymbol{e}_z] = \begin{bmatrix} \boldsymbol{e}_x^T \boldsymbol{e}_x & \boldsymbol{e}_x^T \boldsymbol{e}_y & \boldsymbol{e}_x^T \boldsymbol{e}_z \\ \boldsymbol{e}_y^T \boldsymbol{e}_x & \boldsymbol{e}_y^T \boldsymbol{e}_y & \boldsymbol{e}_y^T \boldsymbol{e}_z \\ \boldsymbol{e}_z^T \boldsymbol{e}_x & \boldsymbol{e}_z^T \boldsymbol{e}_y & \boldsymbol{e}_z^T \boldsymbol{e}_z \end{bmatrix} \\ &= \begin{bmatrix} 1 & 0 & 0 \\ 0 & 1 & 0 \\ 0 & 0 & 1 \end{bmatrix} = \boldsymbol{E} \end{aligned}$$

où $\boldsymbol{E}$ est une matrice identité 3×3. À partir de ce calcul, on peut affirmer en toute sécurité que $\boldsymbol{R}^T \boldsymbol{R} = \boldsymbol{E}$. Si on multiplie à droite les deux membres de l'équation par $\boldsymbol{R}^{-1}$, nous obtenons

$$\boldsymbol{R}^T = \boldsymbol{R}^{-1} \tag{2.15}$$

Cela montre que la transposée d'une matrice de rotation est égale à son inverse. Des matrices dotées d'une telle caractéristique sont dites **orthogonales**.

2.2.4 Vecteur vitesse angulaire

Nous allons expliquer une méthode qui peut être utilisée pour paramétrer la vitesse de rotation dans l'espace à trois dimensions. Un exemple très simple, que nous allons commenter, est illustré sur la figure 2.7 qui montre un cylindre de révolution tournant autour de l'axe z à la vitesse de 1 rad/s. La vitesse de rotation de cet objet est décrite par un vecteur appelé **vecteur vitesse angulaire**, et noté

$$\boldsymbol{\omega} = \begin{bmatrix} 0 \\ 0 \\ 1 \end{bmatrix} \tag{2.16}$$

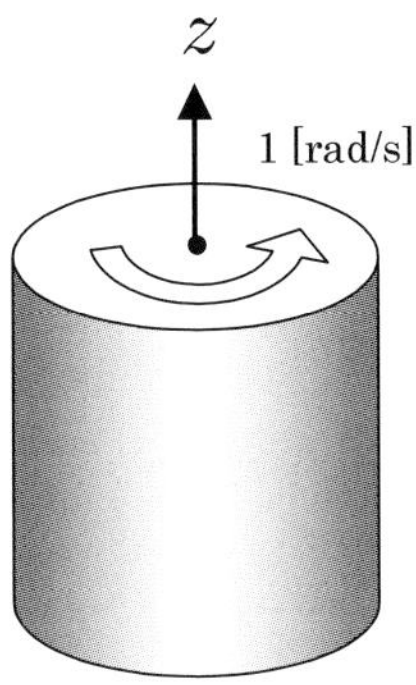

Figure 2.7 – Un cylindre de révolution animé d'une vitesse de rotation de 1 rad/s autour de son axe z. Le vecteur rotation associé est $[0\ 0\ 1]^T$ rad/s.

$\boldsymbol{\omega}$ contient la quantification, en rad/s, de la vitesse de rotation autour des axes x, y et z. Ce vecteur présente les caractéristiques suivantes :

$\boldsymbol{\omega}$ peut être calculé par un produit vecteur unitaire × scalaire

Soient $\boldsymbol{a}$ le vecteur unitaire porté par l'axe de rotation de l'objet, et $\dot{q}$ un scalaire représentant la vitesse de rotation. Alors, le vecteur vitesse de rotation est le produit de la vitesse de rotation par le vecteur unitaire porté par l'axe de la rotation.

$$\boldsymbol{\omega} = \boldsymbol{a}\dot{q} \tag{2.17}$$

$\boldsymbol{\omega}$ décrit la vitesse de tous les points constituant l'objet en rotation

Soit $\boldsymbol{p}$ le vecteur position associé au point p sur la surface de l'objet en rotation (figure 2.8). L'origine de $\boldsymbol{p}$ est placée en n'importe quel point de l'axe de rotation. Dans ce cas, la vitesse du point p est donnée par $\boldsymbol{\omega} \times \boldsymbol{p}$. L'opérateur × est appelé **produit vectoriel** : en considérant deux vecteurs, $\boldsymbol{\omega}$ et $\boldsymbol{p}$, nous obtenons un nouveau vecteur $\boldsymbol{v}$ par l'opérateur produit vectoriel, dont les caractéristiques sont :

$$|\boldsymbol{v}| = |\boldsymbol{\omega}||\boldsymbol{p}| \sin\theta$$
$$(\boldsymbol{v} \perp \boldsymbol{\omega}) \cap (\boldsymbol{v} \perp \boldsymbol{p})$$

Il existe deux vecteurs qui satisfont ces conditions. De ce fait, le produit vectoriel est orienté positivement selon le sens orthogonal direct. Cela s'écrit

$$\boldsymbol{v} = \boldsymbol{\omega} \times \boldsymbol{p} \tag{2.18}$$

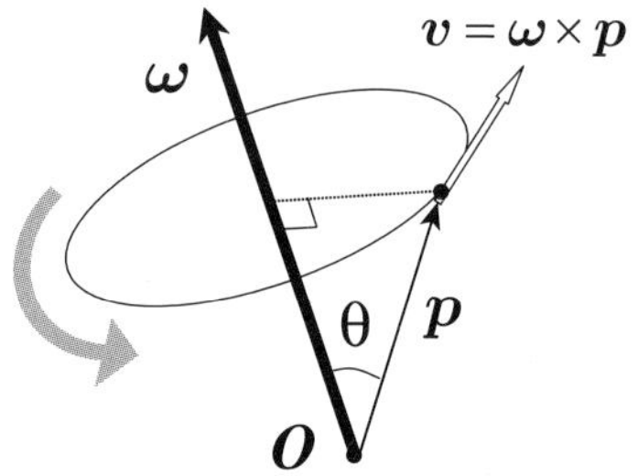

Figure 2.8 – Définition du produit vectoriel. $\boldsymbol{v} = \boldsymbol{\omega} \times \boldsymbol{p}$ représente la vitesse d'un point sur le cercle. $\boldsymbol{v}$ est perpendiculaire aux deux vecteurs $\boldsymbol{\omega}$ et $\boldsymbol{p}$.

Et cette opération est appelée « produit vectoriel de $\boldsymbol{\omega}$ par $\boldsymbol{p}$ ». Lorsqu'on connaît les composantes de $\boldsymbol{\omega}$ et $\boldsymbol{p}$, le vecteur résultant du produit vectoriel est

$$\boldsymbol{\omega} \times \boldsymbol{p} = \begin{bmatrix} \omega_x \\ \omega_y \\ \omega_z \end{bmatrix} \times \begin{bmatrix} p_x \\ p_y \\ p_z \end{bmatrix} \equiv \begin{bmatrix} \omega_y p_z - \omega_z p_y \\ \omega_z p_x - \omega_x p_z \\ \omega_x p_y - \omega_y p_x \end{bmatrix} \tag{2.19}$$

Ce calcul permet de vérifier que le vecteur résultant a bien les dimensions d'une vitesse linéaire[4]. L'équation ci-dessous donne un « sens physique » au vecteur vitesse angulaire :

$$\text{Champ de Vitesses} = \boldsymbol{\omega} \times (\text{Champ de Positions})$$

où « Champ de Vitesses » et « Champ de Positions » sont des **champs de vecteurs** : ce sont des constructions qui associent un vecteur à chaque point de l'espace Euclidien, ou plus généralement à une variété différentielle. Les champs de vecteurs sont souvent utilisés en physique pour modéliser, par exemple, la vitesse et la direction d'un fluide en mouvement dans l'espace, ou la valeur et la direction d'une force, comme la force magnétique ou gravitationnelle qui évolue point par point. Nous avons utilisé la relation ci-dessus pour visualiser la vitesse linéaire des points répartis sur la surface d'un ballon de rugby tournant à une vitesse angulaire $\boldsymbol{\omega}$ autour de son axe principal. Le champ des vitesses résultant est illustré par la figure 2.9.

Pour un tel objet, la vitesse peut avoir différentes normes et orientations, selon la position du point d'application du vecteur sur la surface. Le vecteur vitesse de rotation représente cette notion par l'utilisation de ses trois composantes[5].

[4]L'opérateur *produit vectoriel* sera utilisé pour les calculs ultérieurs de moments des efforts extérieurs ou cinétiques. C'est un opérateur important qui définit aussi un repère orthonormé $(\boldsymbol{x}, \boldsymbol{y}, \boldsymbol{z})$ par $\boldsymbol{z} = \boldsymbol{x} \times \boldsymbol{y}$. C'est sur cet opérateur que se basent les règles de la main droite et

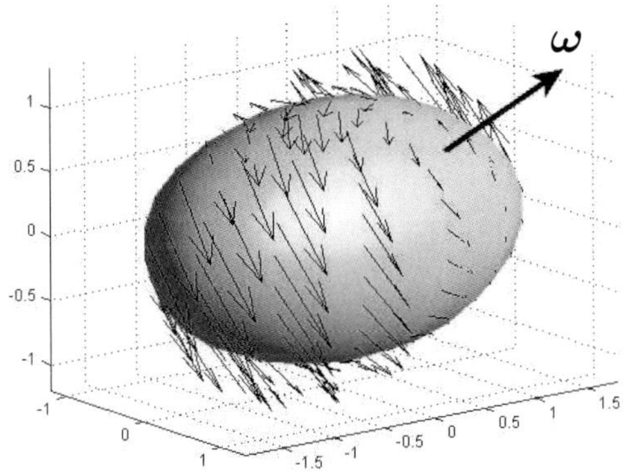

Figure 2.9 – Champ des vitesses sur la surface extérieure d'un ballon de rugby. L'objet tourne autour de son axe selon un vecteur vitesse de rotation $\boldsymbol{\omega}$. Les vitesses résultantes sont représentées par les flèches fines dont les longueurs varient avec les amplitudes des vitesses correspondantes.

$\boldsymbol{\omega}$ peut aussi subir une rotation

Multiplions les deux côtés de l'équation 2.17 par la matrice de rotation $\boldsymbol{R}$:

$$\boldsymbol{R\omega} = \boldsymbol{Ra}\dot{q} \tag{2.20}$$

Si nous introduisons $\boldsymbol{\omega}'$ et $\boldsymbol{a}'$ tels que

$$\boldsymbol{\omega}' = \boldsymbol{R\omega}, \quad \boldsymbol{a}' = \boldsymbol{Ra}$$

l'équation 2.20 devient

$$\boldsymbol{\omega}' = \boldsymbol{a}'\dot{q}$$

Cette relation répond à la définition donnée par l'équation 2.17, donc on peut dire que $\boldsymbol{\omega}'$ est un nouveau vecteur vitesse de rotation porté par l'axe $\boldsymbol{a}'$. Le vecteur vitesse angulaire peut donc être directement transformé par le biais d'une matrice de rotation $\boldsymbol{R}$.

Il en va de même pour l'ensemble des vecteurs qui caractérisent le mouvement de l'objet si nous effectuons une rotation simultanée du vecteur vitesse

de la main gauche de Fleming.

[5]Pour être mathématiquement rigoureux en terme de nomenclature, le « vecteur » vitesse de rotation est appelé pseudo-vecteur, et n'est pas associé aux vecteurs classiques [4]. Un pseudo-vecteur répond différemment à une inversion du système de coordonnées, et pose donc un problème en physique théorique moderne. Dans le cadre d'utilisation de notre travail, il n'y a aucun problème à le traiter comme un vecteur normal. Le moment des efforts extérieurs ou le moment cinétique que nous manipulerons par la suite seront aussi représentés par des pseudo-vecteurs.

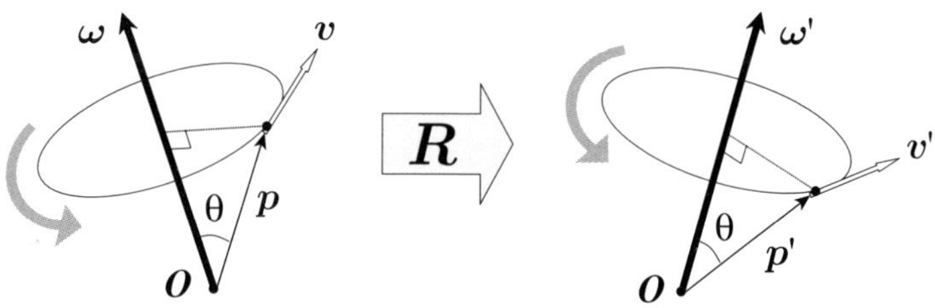

Figure 2.10 – Rotation du vecteur vitesse angulaire, du vecteur position et du vecteur vitesse linéaire en utilisant une matrice de rotation $\boldsymbol{R}$. La relation entre ces trois vecteurs n'est pas modifiée après la transformation.

de rotation $\boldsymbol{\omega}$, du vecteur position $\boldsymbol{p}$ et du vecteur vitesse linéaire $\boldsymbol{v}$ grâce à la matrice $\boldsymbol{R}$. De la même manière, introduisons les vecteurs $\boldsymbol{\omega}'$, $\boldsymbol{p}'$ et $\boldsymbol{v}'$ tels que

$$\boldsymbol{\omega}' = \boldsymbol{R}\boldsymbol{\omega}, \quad \boldsymbol{p}' = \boldsymbol{R}\boldsymbol{p}, \quad \boldsymbol{v}' = \boldsymbol{R}\boldsymbol{v}$$

À partir de la définition du produit vectoriel, les relations suivantes restent valables avant et après la transformation :

$$\begin{aligned} \boldsymbol{v} &= \boldsymbol{\omega} \times \boldsymbol{p} \\ \boldsymbol{v}' &= \boldsymbol{\omega}' \times \boldsymbol{p}' \end{aligned}$$

On en déduit la propriété de distribution suivante :

$$\boldsymbol{R}(\boldsymbol{\omega} \times \boldsymbol{p}) = (\boldsymbol{R}\boldsymbol{\omega}) \times (\boldsymbol{R}\boldsymbol{p}) \tag{2.21}$$

2.2.5 Matrice et vecteur vitesse de rotation

Dans la partie 2.2.2, nous avons vu que la matrice de rotation $\boldsymbol{R}$ exprime la relation entre un système local de coordonnées et le système du monde :

$$\boldsymbol{p} = \boldsymbol{R}\bar{\boldsymbol{p}} \tag{2.22}$$

Si nous dérivons cette équation par rapport au temps, nous obtenons la vitesse du point considéré dans le référentiel du monde. La position du point $\bar{\boldsymbol{p}}$ ne varie pas dans le repère local. On a donc

$$\dot{\boldsymbol{p}} = \dot{\boldsymbol{R}}\bar{\boldsymbol{p}} \tag{2.23}$$

Remplaçons $\bar{\boldsymbol{p}}$ par sa valeur donnée par la relation $\bar{\boldsymbol{p}} = \boldsymbol{R}^T\boldsymbol{p}$. On obtient

$$\dot{\boldsymbol{p}} = \dot{\boldsymbol{R}}\boldsymbol{R}^T\boldsymbol{p} \tag{2.24}$$

Cette équation peut être utilisée pour calculer le champ de vitesses d'un corps solide : du chapitre précédent, nous savons que $\dot{\boldsymbol{p}} = \boldsymbol{\omega} \times \boldsymbol{p}$. On peut donc extraire la relation suivante

$$\boldsymbol{\omega} \times \boldsymbol{p} = \dot{\boldsymbol{R}}\boldsymbol{R}^T\boldsymbol{p} \tag{2.25}$$

Rappelons ici que le produit vectoriel est calculé selon la définition donnée à l'équation 2.19,

$$\boldsymbol{\omega} \times \boldsymbol{p} = \begin{bmatrix} \omega_x \\ \omega_y \\ \omega_z \end{bmatrix} \times \begin{bmatrix} p_x \\ p_y \\ p_z \end{bmatrix} = \begin{bmatrix} \omega_y p_z - \omega_z p_y \\ \omega_z p_x - \omega_x p_z \\ \omega_x p_y - \omega_y p_x \end{bmatrix} \tag{2.26}$$

Le résultat du produit vectoriel peut donc aussi provenir du produit d'une matrice 3×3 notée $\boldsymbol{S}$ par un vecteur, tel que

$$\boldsymbol{\omega} \times \boldsymbol{p} = \begin{bmatrix} 0 & -\omega_z & \omega_y \\ \omega_z & 0 & -\omega_x \\ -\omega_y & \omega_x & 0 \end{bmatrix} \begin{bmatrix} p_x \\ p_y \\ p_z \end{bmatrix} \equiv \boldsymbol{Sp} \tag{2.27}$$

La matrice S possède une caractéristique intéressante : si nous la transposons, nous obtenons une matrice identique au signe près. De telles matrices sont dites **antisymétriques**.

$$\boldsymbol{S}^T = -\boldsymbol{S} \tag{2.28}$$

En comparant les équations 2.25 et 2.27, nous pouvons voir par identification que le produit matriciel $\dot{\boldsymbol{R}}\boldsymbol{R}^T$ produit une matrice antisymétrique. Démontrons ce fait : premièrement, la transposée d'une matrice de rotation est égale à son inverse. On peut donc écrire

$$\boldsymbol{R}\boldsymbol{R}^T = \boldsymbol{E} \tag{2.29}$$

De plus, en considérant la dérivée par rapport au temps de cette équation[6], nous obtenons

$$\begin{aligned} \dot{\boldsymbol{R}}\boldsymbol{R}^T + \boldsymbol{R}\dot{\boldsymbol{R}}^T &= \boldsymbol{0} \\ (\dot{\boldsymbol{R}}\boldsymbol{R}^T)^T &= -\dot{\boldsymbol{R}}\boldsymbol{R}^T \end{aligned}$$

Cela est une preuve suffisante pour affirmer que le produit $\dot{\boldsymbol{R}}\boldsymbol{R}^T$ résulte en une matrice antisymétrique.

Dans ce livre, nous ferons référence à des vecteurs de dimension 3 extraits de matrices antisymétriques, comme par exemple l'opération $\vee$. La construction d'une matrice antisymétrique de rang 3 à partir d'un vecteur sera notée $\wedge$. Ces notations seront utilisées de la manière suivante :

$$\begin{bmatrix} 0 & -\omega_z & \omega_y \\ \omega_z & 0 & -\omega_x \\ -\omega_y & \omega_x & 0 \end{bmatrix}^{\vee} = \begin{bmatrix} \omega_x \\ \omega_y \\ \omega_z \end{bmatrix}$$

$$\begin{bmatrix} \omega_x \\ \omega_y \\ \omega_z \end{bmatrix}^{\wedge} = \begin{bmatrix} 0 & -\omega_z & \omega_y \\ \omega_z & 0 & -\omega_x \\ -\omega_y & \omega_x & 0 \end{bmatrix}$$

[6]La dérivée d'une matrice consiste à dériver terme à terme toutes ses composantes.

Le produit vectoriel peut donc utiliser la notation suivante :

$$\boldsymbol{\omega} \times \boldsymbol{p} = (\boldsymbol{\omega}^\wedge)\boldsymbol{p}$$

Pour faciliter la lecture des équations, le symbole $\wedge$ sera placé sur les variables concernées[7] :

$$\boldsymbol{\omega} \times \boldsymbol{p} = \widehat{\boldsymbol{\omega}}\boldsymbol{p}$$

En utilisant ces méthodes de calcul, nous pouvons exprimer la relation entre la matrice de rotation et le vecteur vitesse de rotation, à partir de l'équation 2.25 :

$$\widehat{\omega} = \dot{\boldsymbol{R}}\boldsymbol{R}^T. \tag{2.30}$$

ou encore

$$\boldsymbol{\omega} = (\dot{\boldsymbol{R}}\boldsymbol{R}^T)^\vee \tag{2.31}$$

2.2.6 Intégration du vecteur vitesse de rotation

Pour obtenir une matrice de rotation à partir du vecteur vitesse de rotation, nous devons intégrer ce dernier. Pour cela, remarquons dans un premier temps qu'en multipliant les deux membres de l'équation 2.30 par $\boldsymbol{R}$ à droite, nous obtenons l'équation suivante :

$$\dot{\boldsymbol{R}} = \widehat{\boldsymbol{\omega}}\boldsymbol{R} \tag{2.32}$$

Cette équation est importante car elle exprime la relation entre les vecteurs vitesses de rotation et les matrices de rotation. Nous y référerons sous l'appellation **équation fondamentale du mouvement de rotation**. Cette équation est une équation différentielle par rapport à la variable matricielle $\boldsymbol{R}$. Ceci signifie que son intégration nous permettra d'obtenir une expression de $\boldsymbol{R}$. Fixons la condition initiale à $\boldsymbol{R}(0) = \boldsymbol{E}$. Si la vitesse de rotation est constante, la solution s'écrit

$$\boldsymbol{R}(t) = \boldsymbol{E} + \widehat{\boldsymbol{\omega}}t + \frac{(\widehat{\boldsymbol{\omega}}t)^2}{2!} + \frac{(\widehat{\boldsymbol{\omega}}t)^3}{3!} + \dots \tag{2.33}$$

En réinjectant cette expression dans l'équation 2.32, on retrouve bien l'égalité. Or cette solution est exactement analogue au développement limité de la fonction exponentielle. Nous l'appellerons la **matrice exponentielle**, notée $e^{\widehat{\omega}t}$:

$$e^{\widehat{\omega}t} \equiv \boldsymbol{E} + \widehat{\omega}t + \frac{(\widehat{\omega}t)^2}{2!} + \frac{(\widehat{\omega}t)^3}{3!} + \dots. \tag{2.34}$$

Cette suite infinie peut être simplifiée [52] : dans un premier temps, nous décomposons $\boldsymbol{\omega}$ selon le produit d'un vecteur unitaire par un scalaire.

$$\boldsymbol{\omega} = \boldsymbol{a}\omega, \quad \omega \equiv \|\boldsymbol{\omega}\|, \|\boldsymbol{a}\| = 1$$

[7] De nombreux livres utilisent la notation $[\boldsymbol{\omega}\times]$ à la place de $\widehat{\boldsymbol{\omega}}$ pour signaler un produit vectoriel.

Grâce à la caractéristique $\widehat{\boldsymbol{a}}^3 = -\widehat{\boldsymbol{a}}$ ($\widehat{\boldsymbol{a}}$ est antisymmétrique et ne contient que des 1), tout $\widehat{\boldsymbol{a}}^n$ de puissance supérieure peut être remplacé par $\widehat{\boldsymbol{a}}^2$. De plus, en utilisant les séries de Taylor des fonctions sinus et cosinus, nous obtenons l'équation suivante :

$$e^{\widehat{\omega}t} = \boldsymbol{E} + \widehat{\boldsymbol{a}}\sin(\omega t) + \widehat{\boldsymbol{a}}^2(1 - \cos(\omega t)) \tag{2.35}$$

L'équation 2.35 est appelée **équation de Rodrigues**. Elle permet d'obtenir directement la matrice de rotation à partir d'un vecteur vitesse de rotation constant. Cette équation, ainsi que l'équation fondamentale du mouvement de rotation, constituent les relations les plus importantes de ce livre[8].

L'équation 2.35 peut être considérée comme donnant la rotation ωt rad autour de l'axe défini par le vecteur unitaire $\boldsymbol{a}$. Si on remplace l'angle de rotation par $\theta \equiv \omega t$, nous obtenons la relation

$$e^{\widehat{a}\theta} = \boldsymbol{E} + \widehat{\boldsymbol{a}}\sin\theta + \widehat{\boldsymbol{a}}^2(1 - \cos\theta). \tag{2.36}$$

Cette relation est très utilisée dans les calculs de cinématique.

2.2.7 Matrices logarithmiques

Ayant défini les matrices exponentielles, introduisons leurs inverses : les **matrices logarithmiques**.

$$\ln \boldsymbol{R} = \ln e^{\widehat{\omega}} \equiv \widehat{\boldsymbol{\omega}}. \tag{2.37}$$

Cette relation donne le vecteur vitesse de rotation à partir d'une matrice de rotation donnée. Le vecteur vitesse de rotation, intégré sur une seconde, décrira la rotation identiquement à la matrice de rotation.

$$\boldsymbol{\omega} = (\ln \boldsymbol{R})^\vee$$

Les calculs à effectuer sont détaillés ci-après et le lecteur désireux de connaître le sujet plus en détail peut se référer à [52].

$$(\ln \boldsymbol{R})^\vee = \begin{cases} [0\ 0\ 0]^T & (\text{si } \boldsymbol{R} = \boldsymbol{E}) \\ \frac{\theta}{2\sin\theta}\begin{bmatrix} r_{32} - r_{23} \\ r_{13} - r_{31} \\ r_{21} - r_{12} \end{bmatrix} & (\text{si } \boldsymbol{R} \neq \boldsymbol{E}) \end{cases} \tag{2.38}$$

en posant

$$\boldsymbol{R} = \begin{bmatrix} r_{11} & r_{12} & r_{13} \\ r_{21} & r_{22} & r_{23} \\ r_{31} & r_{32} & r_{33} \end{bmatrix} \quad \text{et} \quad \theta = \cos^{-1}\left(\frac{r_{11} + r_{22} + r_{33} - 1}{2}\right)$$

Par le biais des matrices exponentielles et logarithmiques, nous pouvons effectuer une interpolation entre deux matrices $\boldsymbol{R}_1$ et $\boldsymbol{R}_2$ données de la manière suivante :

[8]On peut remarquer la similitude avec les équations d'Euler qui sont considérées comme faisant partie des trésors de l'humanité

1. établir la matrice de rotation liant les deux matrices : $\boldsymbol{R} = \boldsymbol{R}_1^T \boldsymbol{R}_2$;
2. établir le vecteur vitesse de rotation équivalent à cette matrice de rotation : $\boldsymbol{\omega} = (\ln \boldsymbol{R})^\vee$;
3. le vecteur vitesse de rotation, exprimé dans le référentiel du monde, s'écrit : $\boldsymbol{R}_1\boldsymbol{\omega}$;
4. l'interpolation devient $\boldsymbol{R}(t) = \boldsymbol{R}_1 e^{\widehat{\omega} t}, \quad t \in [0, 1]$.

2.3 Vitesses dans l'espace

Nous allons maintenant étendre notre étude des mouvements de rotation pour y inclure les mouvements de translation. Nous pourrons alors décrire le mouvement complet d'un corps qui se déplace librement dans l'espace tridimensionnel.

2.3.1 Vitesse linéaire et angulaire d'un corps isolé

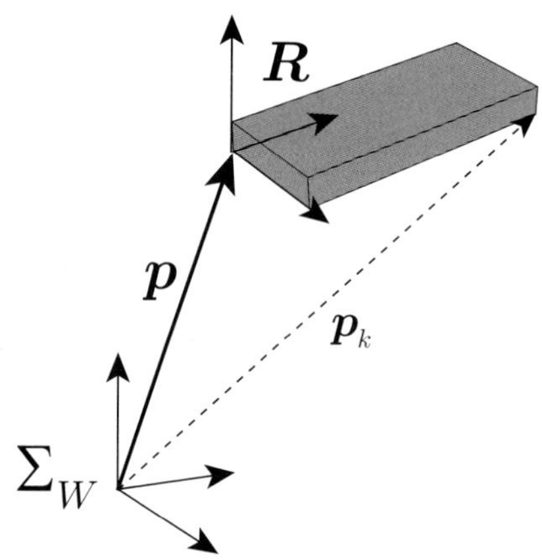

Figure 2.11 – Position et orientation d'un corps dans l'espace.

Comme illustré par la figure 2.11, la position et l'orientation d'un corps rigide dans l'espace peuvent être décrites par la position d'un point de ce corps $\boldsymbol{p}$ et la matrice de rotation $\boldsymbol{R}$. La notation $(\boldsymbol{p}, \boldsymbol{R})$ sous-entend qu'un système local de coordonnées est lié au corps. Considérons un autre point du corps, noté $\bar{\boldsymbol{p}}_k$, et exprimons ses coordonnées dans le référentiel du monde :

$$\boldsymbol{p}_k = \boldsymbol{p} + \boldsymbol{R}\bar{\boldsymbol{p}}_k \tag{2.39}$$

Sous l'hypothèse que ce corps est animé d'un mouvement libre dans l'espace, c'est-à-dire un mouvement combinant une rotation et une translation, la vitesse du point $\boldsymbol{p}_k$ peut être obtenue par dérivation de l'équation précédente :

$$\begin{aligned}\dot{\boldsymbol{p}}_k &= \dot{\boldsymbol{p}} + \dot{\boldsymbol{R}}\bar{\boldsymbol{p}}_k \\ &= \boldsymbol{v} + \widehat{\omega}\boldsymbol{R}\bar{\boldsymbol{p}}_k \\ &= \boldsymbol{v} + \boldsymbol{\omega} \times (\boldsymbol{R}\bar{\boldsymbol{p}}_k). \end{aligned} \quad (2.40)$$

où les vecteurs $\boldsymbol{v}$ et $\boldsymbol{\omega}$ sont définis par :

$$\boldsymbol{v} \equiv \dot{\boldsymbol{p}} \quad (2.41)$$

$$\boldsymbol{\omega} \equiv (\dot{\boldsymbol{R}}\boldsymbol{R}^T)^\vee \quad (2.42)$$

En reportant l'expression 2.39 dans l'équation 2.40, nous obtenons la vitesse d'un point $\boldsymbol{p}_k$ quelconque appartenant au corps en mouvement :

$$\dot{\boldsymbol{p}}_k = \boldsymbol{v} + \boldsymbol{\omega} \times (\boldsymbol{p}_k - \boldsymbol{p}) \quad (2.43)$$

En conclusion :

> Le mouvement d'un corps dans l'espace tridimensionnel est décrit par un vecteur de dimension 6, $[v_x\ v_y\ v_z\ \omega_x\ \omega_y\ \omega_z]^T$, qui est une combinaison de son vecteur vitesse linéaire $\boldsymbol{v}$ et de son vecteur vitesse de rotation $\boldsymbol{\omega}$.

Dans tout ce qui suit, nous référerons au vecteur vitesse linéaire des corps par la **vitesse de translation** ou **vitesse linéaire** et nous la noterons $\boldsymbol{v}$. Le vecteur vitesse de rotation sera appelé **vitesse de rotation** et noté $\boldsymbol{\omega}$.

2.3.2 Vitesses de translation et de rotation de deux corps

Considérons deux corps en mouvement libre dans l'espace. Notons les coordonnées locales (connues) de ces deux corps comme suit :

$$\boldsymbol{T}_1 = \begin{bmatrix} \boldsymbol{R}_1 & \boldsymbol{p}_1 \\ 0\,0\,0 & 1 \end{bmatrix} \quad (2.44)$$

$${}^1\boldsymbol{T}_2 = \begin{bmatrix} \boldsymbol{R}_d & \boldsymbol{p}_d \\ 0\,0\,0 & 1 \end{bmatrix} \quad (2.45)$$

À partir de l'expression de ${}^1\boldsymbol{T}_2$, la position et l'orientation du second corps peuvent être obtenues relativement aux coordonnées du premier corps. Soit,

$$\begin{aligned}\boldsymbol{T}_2 &= \boldsymbol{T}_1\,{}^1\boldsymbol{T}_2 \\ &= \begin{bmatrix} \boldsymbol{R}_1 & \boldsymbol{p}_1 \\ 0\,0\,0 & 1 \end{bmatrix}\begin{bmatrix} \boldsymbol{R}_d & \boldsymbol{p}_d \\ 0\,0\,0 & 1 \end{bmatrix} \\ &= \begin{bmatrix} (\boldsymbol{R}_1\boldsymbol{R}_d) & (\boldsymbol{p}_1 + \boldsymbol{R}_1\boldsymbol{p}_d) \\ 0\,0\,0 & 1 \end{bmatrix} \end{aligned} \quad (2.46)$$

Prenons un moment pour réfléchir à l'équation 2.21 du chapitre 2.2.4.

$$\boldsymbol{R}(\boldsymbol{\omega} \times \boldsymbol{p}) = (\boldsymbol{R\omega}) \times (\boldsymbol{Rp}) \qquad \text{(a)}$$

Le membre de gauche peut être récrit de la manière suivante :

$$\begin{aligned} \boldsymbol{R}(\boldsymbol{\omega} \times \boldsymbol{p}) &= \boldsymbol{R}\widehat{\boldsymbol{\omega}}\boldsymbol{p} \\ &= \boldsymbol{R}\widehat{\boldsymbol{\omega}}\boldsymbol{R}^T\boldsymbol{Rp} \\ &= (\boldsymbol{R}\widehat{\boldsymbol{\omega}}\boldsymbol{R}^T)(\boldsymbol{Rp}) \qquad \text{(b)} \end{aligned}$$

En comparant l'équation (a) et l'équation (b), nous pouvons voir que

$$(\boldsymbol{R\omega})^\wedge = \boldsymbol{R}\widehat{\boldsymbol{\omega}}\boldsymbol{R}^T$$

Figure 2.12 – Transformation de coordonnées et vecteur vitesse de rotation.

La position et l'orientation du deuxième corps, exprimées dans le référentiel du monde, s'écrivent

$$\begin{aligned} \boldsymbol{p}_2 &= \boldsymbol{p}_1 + \boldsymbol{R}_1\boldsymbol{p}_d && (2.47) \\ \boldsymbol{R}_2 &= \boldsymbol{R}_1\boldsymbol{R}_d. && (2.48) \end{aligned}$$

La vitesse de translation du second corps peut être obtenue en dérivant l'équation 2.47 :

$$\begin{aligned} \boldsymbol{v}_2 &= \frac{d}{dt}(\boldsymbol{p}_1 + \boldsymbol{R}_1\boldsymbol{p}_d) \\ &= \dot{\boldsymbol{p}}_1 + \dot{\boldsymbol{R}}_1\boldsymbol{p}_d + \boldsymbol{R}_1\dot{\boldsymbol{p}}_d \\ &= \boldsymbol{v}_1 + \widehat{\boldsymbol{\omega}}_1\boldsymbol{R}_1\boldsymbol{p}_d + \boldsymbol{R}_1\boldsymbol{v}_d \\ &= \boldsymbol{v}_1 + \boldsymbol{\omega}_1 \times (\boldsymbol{R}_1\boldsymbol{p}_d) + \boldsymbol{R}_1\boldsymbol{v}_d \end{aligned}$$

où $\boldsymbol{v}_1 \equiv \dot{\boldsymbol{p}}_1$ et $\boldsymbol{v}_d \equiv \dot{\boldsymbol{p}}_d$. En utilisant l'équation 2.47 et en réarrangeant ses éléments, nous obtenons la relation suivante :

$$\boldsymbol{v}_2 = \boldsymbol{v}_1 + \boldsymbol{R}_1\boldsymbol{v}_d + \boldsymbol{\omega}_1 \times (\boldsymbol{p}_2 - \boldsymbol{p}_1). \qquad (2.49)$$

La vitesse de rotation du second corps est obtenue en utilisant l'équation 2.48 :

$$\begin{aligned} \widehat{\boldsymbol{\omega}}_2 &= \dot{\boldsymbol{R}}_2\boldsymbol{R}_2^T \\ &= \frac{d}{dt}(\boldsymbol{R}_1\boldsymbol{R}_d)\boldsymbol{R}_2^T \\ &= (\dot{\boldsymbol{R}}_1\boldsymbol{R}_d + \boldsymbol{R}_1\dot{\boldsymbol{R}}_d)\boldsymbol{R}_2^T \\ &= (\widehat{\boldsymbol{\omega}}_1\boldsymbol{R}_1\boldsymbol{R}_d + \boldsymbol{R}_1\widehat{\boldsymbol{\omega}}_d\boldsymbol{R}_d)\boldsymbol{R}_2^T \\ &= \widehat{\boldsymbol{\omega}}_1 + \boldsymbol{R}_1\widehat{\boldsymbol{\omega}}_d\boldsymbol{R}_d\boldsymbol{R}_d^T\boldsymbol{R}_1^T \\ &= \widehat{\boldsymbol{\omega}}_1 + \boldsymbol{R}_1\widehat{\boldsymbol{\omega}}_d\boldsymbol{R}_1^T \end{aligned}$$

où $\boldsymbol{\omega}_1 \equiv (\dot{\boldsymbol{R}}_1\boldsymbol{R}_1^T)^\vee$ et $\boldsymbol{\omega}_d \equiv (\dot{\boldsymbol{R}}_d\boldsymbol{R}_d^T)^\vee$. Le petit calcul de la figure 2.12 nous permet d'établir la relation $(\boldsymbol{R\omega})^\wedge = \boldsymbol{R}\widehat{\boldsymbol{\omega}}\boldsymbol{R}^T$. Finalement, nous obtenons

$$\widehat{\boldsymbol{\omega}}_2 = \widehat{\boldsymbol{\omega}}_1 + (\boldsymbol{R}_1\boldsymbol{\omega}_d)^\wedge$$

En appliquant l'opérateur $\vee$ aux deux membres de cette équation, nous obtenons

$$\boldsymbol{\omega}_2 = \boldsymbol{\omega}_1 + \boldsymbol{R}_1\boldsymbol{\omega}_d, \tag{2.50}$$

En résumé, nous avons commencé par définir la position et l'orientation du corps 1 et du corps 2 comme étant $(\boldsymbol{p}_1, \boldsymbol{R}_1)$ et $(\boldsymbol{p}_2, \boldsymbol{R}_2)$ respectivement. La vitesse absolue du corps 1 étant notée $(\boldsymbol{v}_1, \boldsymbol{\omega}_1)$ et la vitesse relative du corps 2 par rapport au corps 1 $(\boldsymbol{v}_d, \boldsymbol{\omega}_d)$, la vitesse absolue du corps 2 est donnée par la relation[9]

$$\boldsymbol{v}_2 = \boldsymbol{v}_1 + \boldsymbol{R}_1\boldsymbol{v}_d + \boldsymbol{\omega}_1 \times (\boldsymbol{p}_2 - \boldsymbol{p}_1) \tag{2.51}$$

$$\boldsymbol{\omega}_2 = \boldsymbol{\omega}_1 + \boldsymbol{R}_1\boldsymbol{\omega}_d. \tag{2.52}$$

où $\boldsymbol{R}_1\boldsymbol{v}_d$ et $\boldsymbol{R}_1\boldsymbol{\omega}_d$ représentent les vitesses relatives respectivement linéaire et angulaire entre les corps exprimées dans le référentiel du monde. Si nous les remplaçons en utilisant ${}^W\boldsymbol{v}_d, {}^W\boldsymbol{\omega}_d$, nous obtenons alors

$$\boldsymbol{v}_2 = \boldsymbol{v}_1 + {}^W\boldsymbol{v}_d + \boldsymbol{\omega}_1 \times (\boldsymbol{p}_2 - \boldsymbol{p}_1) \tag{2.53}$$

$$\boldsymbol{\omega}_2 = \boldsymbol{\omega}_1 + {}^W\boldsymbol{\omega}_d, \tag{2.54}$$

En conséquence, si nous faisons abstraction de l'influence de la vitesse de rotation dans le troisième terme de l'équation 2.53, nous pouvons dire que la vitesse du corps dans le référentiel du monde est simplement une somme. La figure 2.13 propose une illustration visuelle de la signification physique de l'équation 2.54.

2.4 Structure et programmation

2.4.1 Représentation structurelle

Une représentation structurelle de robot humanoïde est une décomposition du système selon un nombre de corps lié à un nombre d'articulations. Deux exemples de représentations sont donnés sur la figure 2.14. La différence entre ces représentations réside dans la manière d'associer les corps et les liaisons : en (a), les articulations proches du tronc sont liées aux membres. Il n'y a aucune liaison attachée au tronc. En (b), par contre, les articulations les plus proches du tronc sont associées à celui-ci. Par cette association, la quantité d'articulations liées à un corps diffère selon le corps considéré. Afin de réaliser une simulation, la première représentation est plus facile à programmer puisque la représentation

[9] Les vitesses de translation et de rotation des corps ont été combinées dans un vecteur à 6 composantes et appelé « vitesse »

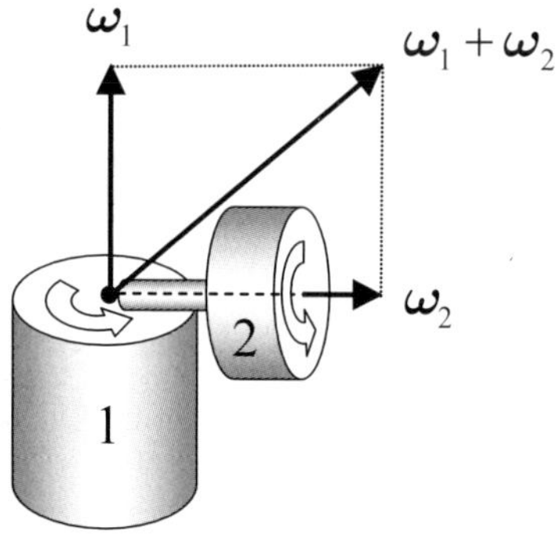

Figure 2.13 – La somme des vecteurs vitesses de rotation : le corps 1 tourne selon ω_1, et le corps 2 tourne selon ω_2 relativement au corps 1. La vitesse de rotation du corps 2 dans le référentiel du monde est $\omega_1 + \omega_2$.

de tous les segments (1 corps + 1 articulation) est la même, sauf pour le tronc. Le même algorithme peut donc effectuer les calculs pour tous les segments. Un autre avantage est que dans la première représentation, il est très facile d'ajouter des nouveaux segments sans modification de la représentation initiale. La seconde approche modélise les segments différemment ; aussi un ajout de segment nécessite-t-il une modification de la précédente représentation. Ce dont on doit se rappeler, c'est que cette décomposition du robot est nécessaire d'une manière générale. Dans la réalité, il n'est pas nécessaire, et parfois impossible, de diviser le robot aussi proprement que suivant les exemples de la figure 2.14.

En liant les corps entre eux selon une combinaison adaptée, on obtient une composition formant un robot humanoïde. Une structure hiérarchique commune à ces robots est présentée sur la figure 2.15. Cette organisation hiérarchique particulière est appelée **structure arborescente** par analogie avec la forme d'un arbre[10]. On pourrait associer cette structure à un arbre généalogique dont les descendants possèdent des ancêtres communs, les extrémités représentant les derniers descendants. Lorsqu'on mentionnera les segments dans la suite du livre, nous utiliserons les notations *R* (pour *Right* : droit) ou *L* (pour *Left* : gauche) en préfixe pour distinguer le côté du robot dont nous parlons. Ainsi, par exemple, les segments du bras droit seront notés *RARM* et ceux du côté gauche *LARM*.

Une autre méthode arborescente pour décrire les connections d'un robot humanoïde est présentée sur la figure 2.16. Chaque segment possède deux branches descendantes. Celle de gauche conduit à un enfant, et celle de droite à une sœur[11]. Par exemple, si vous désirez connaître la branche sœur de RARM,

[10]Une structure dont les « branches » distribuent d'autres « branches » de plus en plus petites.

[11]Le mot « frère » est souvent préféré, mais d'après l'auteur qui a introduit cette nomenclature, les frères n'ont pas d'enfants, contrairement aux sœurs.

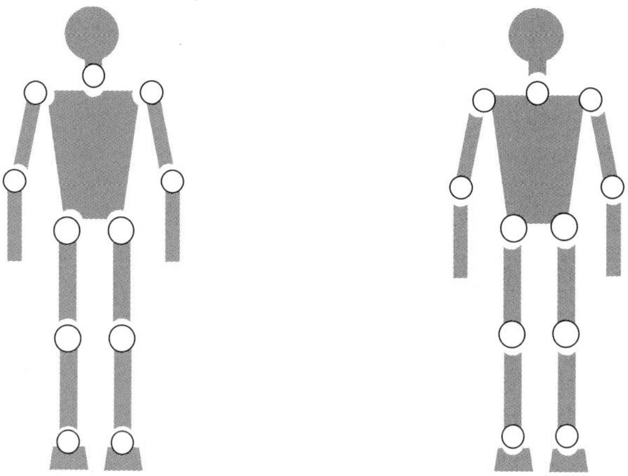

(a) Deux types de segments (b) Trois types de segments

Figure 2.14 – Décomposition d'un humanoïde en segments : en (a), tous les corps excepté le tronc sont liés à une seule articulation ; en (b), la quantité d'articulations liées à chaque corps diffère selon le segment considéré. La première représentation est plus facile à programmer.

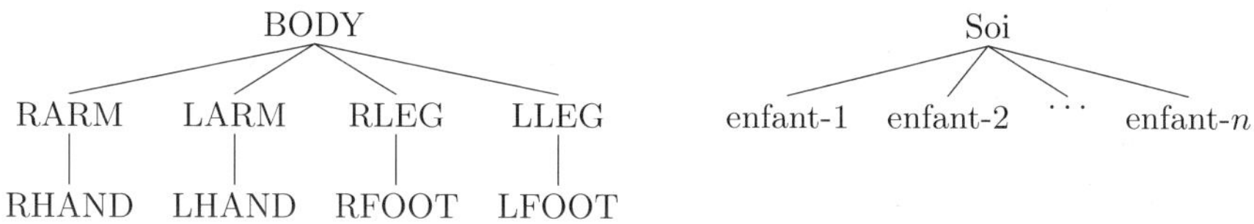

Figure 2.15 – Représentation arborescente des connections pour un robot humanoïde, méthode 1.

il suffit de regarder les branches droites inférieures pour obtenir « LARM », « RLEG » et « LLEG ». Le parent de RARM est placé à l'extrémité supérieure de la branche, *BODY*, et son enfant est dans la branche inférieure gauche : « RHAND ». Les segments n'ayant pas d'enfant ou de sœur affichent un « 0 » dans l'arborescence. Donc, bien que l'allure de cette structure ait une apparence différente de celle de la figure 2.15, les informations récupérables sont exactement identiques. La différence entre ces deux représentations réside encore une fois dans la facilité ou la difficulté de les programmer, comme nous allons le voir dans ce qui suit.

2.4.2 Programmation par récursion

Comment donc, concrètement, réaliser un programme à partir d'une structure arborescente ? En guise de préparation, établissons une liste des informations de la figure 2.16. Nous commençons par ID 1, représentant la base de

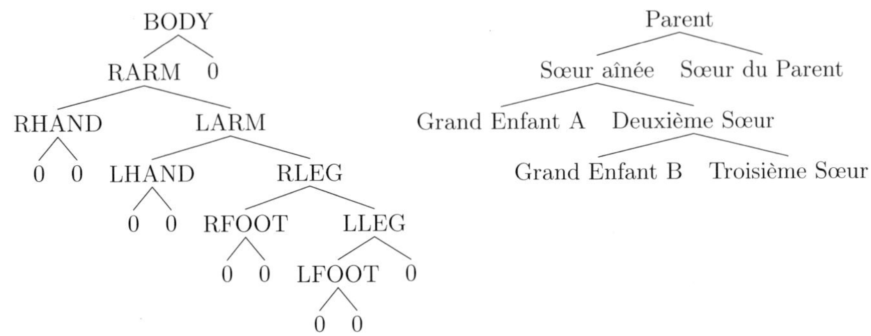

Figure 2.16 – Représentation arborescente des connections pour un robot humanoïde, méthode 2.

l'arborescence, et l'associons à un segment du robot. Par la suite, chaque segment aura une ID (identité) attitrée qui permettra de le repérer et le manipuler. Par exemple :

ID	nom	sœur	enfant
1	BODY	0	2
2	RARM	4	3
3	RHAND	0	0
4	LARM	6	5
5	LHAND	0	0
6	RLEG	8	7
7	RFOOT	0	0
8	LLEG	0	9
9	LFOOT	0	0

Voici comment il faut s'y prendre pour entrer ces informations sous Matlab[12] :

```
>> global uLINK
>> uLINK(1).name = 'BODY';
>> uLINK(1).sister = 0;
>> uLINK(1).child = 2;
```

Le signe >> ci-dessus est l'invite de Matlab. `uLINK` est le nom d'une classe utilisée dans ce livre, qui comprend la plupart des valeurs utilisées pour les calculs. Dans l'exemple ci-dessus, nous ne renseignons que les champs `name`

[12]Dans ce livre, nous utiliserons Matlab comme environnement de programmation. C'est un produit de MathWorks qui permet d'effectuer des calculs matriciels de manière interactive. L'algorithme en lui-même ne dépend pas du langage utilisé, donc vous pouvez facilement le programmer dans d'autres langages, comme C++ ou Java.

(nom), `sister` (sœur) et `child` (enfant) de cette classe. Nous déclarons à la première ligne que nous désirons utiliser les variables globales accessibles dans la classe `uLINK`. Dans les trois lignes suivantes, `uLINK(1)` pointe vers la première variable de `uLINK` (ID=1). Les spécifications suivant le point précisent les champs de référence (nom, sœur et enfant). De la même manière, nous pouvons accéder les champs de `uLINK(2)` (ID=2)[13].

```
>> uLINK(1).name                   % Affiche le nom du segment ID=1
ans =
BODY
>> uLINK(uLINK(1).child).name      % Affiche les noms des segments enfants
ans =                              % de BODY
RARM
>> uLINK(uLINK(uLINK(1).child).child).name  % Affiche les noms des segments
ans =                                       % grands-enfants de BODY
RHAND
```

Dans la programmation Matlab, l'omission du point-virgule en fin d'une ligne de commande permet d'afficher le résultat de cette ligne. Cette caractéristique permet de vérifier les résultats ligne par ligne.

La figure 2.17 donne l'exemple d'un petit programme (`PrintLinkName.m`) qui permet d'afficher les noms de tous les segments enregistrés dans la base de données. Ce programme vérifie l'ID fourni à la fonction, affiche le nom du

```
function PrintLinkName(j)
global uLINK                       % Accès aux variables globales de uLINK

if j ~= 0
    fprintf('j=%d : %s\n',j,uLINK(j).name);  % affichage du nom du segment
    PrintLinkName(uLINK(j).child);           % noms des segments enfants
    PrintLinkName(uLINK(j).sister);          % noms des segments soeurs
end
```

Figure 2.17 – `PrintLinkName.m` affiche les noms des segments, de leurs enfants et sœurs pour tous les segments enregistrés dans la base de données.

segment si l'ID ne vaut pas 0, puis exécute la fonction PrintLinkName avec l'ID du segment sœur puis du segment enfant. Après avoir enregistré ce programme dans le fichier `PrintLinkName.m`, vous pouvez l'exécuter en tapant `PrintLinkName(1)` à l'invite de Matlab. Cela affichera l'arborescence descendante du segment « BODY ». Une fonction qui fait appel à elle-même procède

[13]Lorsque le programme devient plus conséquent, il est fortement recommandé de l'enregistrer dans un fichier texte portant l'extension « `.m` », afin de pouvoir l'exécuter directement à l'invite de Matlab.

à un **appel récursif**. À chaque appel récursif, vous descendez un peu plus loin dans l'arborescence jusqu'à arriver à un segment qui ne possède ni enfant ni sœur. Cela stoppe la récursion, et évite de créer une boucle infinie.

Par l'utilisation de la méthode récursive, il est facile de créer une fonction qui donne la masse totale de tous les segments réunis (figure 2.18). Nous considérons ici que le champ de données « m » contenant la masse de chaque segment a été ajouté à la base.

```
function m = TotalMass(j)
global uLINK

if j == 0
  m = 0;
else
  m = uLINK(j).m + TotalMass(uLINK(j).sister) + TotalMass(uLINK(j).child);
end
```

Figure 2.18 – `TotalMass.m` somme les masses de tous les segments.

En appelant cette fonction avec l'ID zéro, elle retournera 0 kg car aucune masse n'est sommée. Si l'ID est différente de 0, le programme effectue la somme des masses des segments dans l'arborescence inférieure. Si vous tapez `TotalMass(1)` à l'invite Matlab, vous obtiendrez la masse totale du robot. Vous pouvez comparer cette méthode de programmation à celle qui consiste à effectuer un compte de tous les segments, puis une boucle de calcul permettant d'effectuer la somme. L'approche montrée ici est bien plus fine, n'est-ce pas ?

2.5 Cinématique d'un robot humanoïde

2.5.1 Création du modèle

Nous allons effectuer la modélisation du système montré à la figure 2.19(a) à 12 degrés de libertés (ddl), qui représente deux jambes. Nous allons définir les noms et ID de chaque segment de cette figure. Si nous utilisons la méthode présentée à la figure 2.14(a) pour décomposer ce système en segments, chaque corps sera associé à une liaison, et nous pourrons donc utiliser une même fonction pour effectuer les calculs sur tous les segments.

Dans un premier temps, définissons les coordonnées locales qui permettront de repérer les positions et orientations de chaque corps. Les origines des repères locaux peuvent être placées n'importe où sur leurs axes de rotation respectifs. Il est cependant fréquent de placer les centres des repères au même point lorsque des axes des liaisons sont concourants. C'est le cas, par exemple, des trois liaisons de la hanche (droite ou gauche), ou des deux liaisons de la cheville.

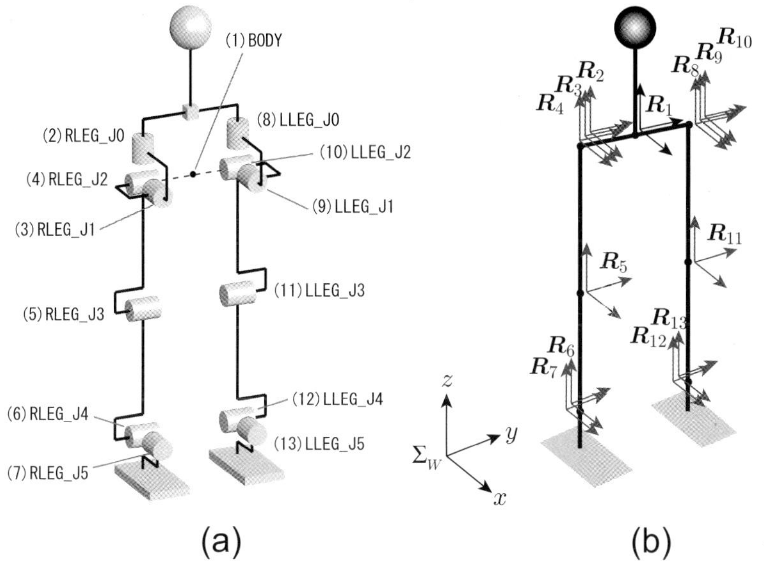

Figure 2.19 – (a) Structure d'un robot bipède à 12 ddl. Les nombres entre parenthèses se rapportent à l'ID du segment ; (b) matrices de rotation décrivant l'orientation relative de chaque corps.

Nous allons aussi déterminer l'orientation de ces repères de manière à ce qu'ils coïncident avec le référentiel du monde lorsque le robot est en configuration initiale, c'est-à-dire comme le montre la figure 2.19(b) :

$$\boldsymbol{R}_1 = \boldsymbol{R}_2 = \ldots = \boldsymbol{R}_{13} = \boldsymbol{E}$$

L'étape suivante consiste à définir les vecteurs $\boldsymbol{a}_i$ portés par les axes de rotation associés à chaque articulation, ainsi que les vecteurs positions relatives $\boldsymbol{b}_j$ de chaque corps j (figure 2.20). Les vecteurs portés par les axes de rotation sont des vecteurs unitaires qui précisent la direction de l'axe de rotation ; ils sont exprimés dans les repères du parent du segment considéré, et le sens positif de rotation est le sens trigonométrique indirect. En prenant l'articulation du genou en exemple, les vecteurs d'axe sont $\boldsymbol{a}_5, \boldsymbol{a}_{11} = [0\ 1\ 0]^T$ (figure 2.20(a)). En tournant cette articulation dans le sens positif, le genou va se plier selon les mêmes caractéristiques que la rotation du genou humain.

Le vecteur position relative $\boldsymbol{b}_j$ indique la position d'un repère local dans le repère parent[14]. Ce vecteur est nul si les deux repères sont superposés. Par

[14]Il existe une méthode très connue pour décrire les positions relatives des repères locaux, appelée méthode de Denavit-Hartenberg (DH) [6]. Nous avons utilisé cette méthode de représentation dans un premier temps, mais elle possède une restriction qui consiste à devoir obligatoirement changer l'orientation d'un axe de rotation en changeant de segment. Cette caractéristique a provoqué l'apparition d'erreurs, et nous avons donc abandonné la représentation DH pour la méthode présentée ici.

exemple dans le cas des chevilles, on a $\boldsymbol{b}_7, \boldsymbol{b}_{13} = \mathbf{0}$.

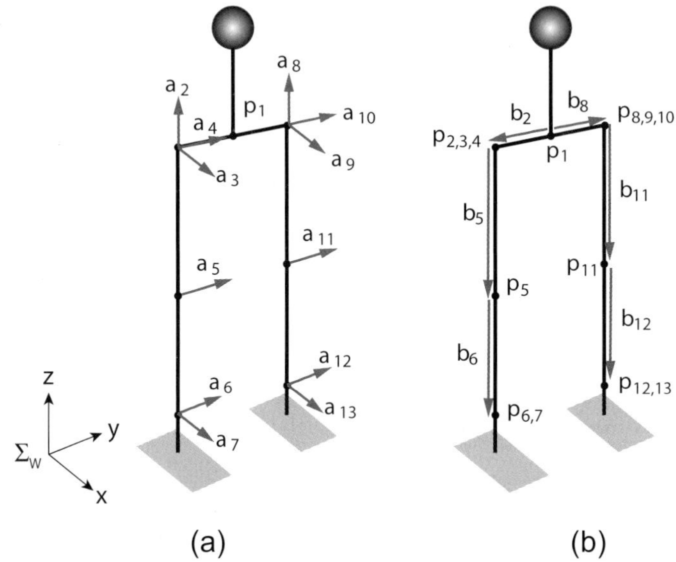

Figure 2.20 – (a) Vecteurs des axes des liaisons $\boldsymbol{a}_j$; (b) vecteurs des positions relatives $\boldsymbol{b}_j$ et origines des repères locaux $\boldsymbol{p}_j$.

La représentation que nous venons de décrire est celle qui sera utilisée dans les algorithmes de calcul de cinématique directe, de Jacobienne des vitesses et de cinématique inverse. Au préalable, nous devons être plus précis dans la description des géométries des segments, des configurations, des vitesses angulaires, etc. La liste complète des paramètres nécessaires pour décrire les segments ainsi que leurs notations est fournie dans le tableau 2.1.

2.5.2 Cinématique directe

La **cinématique directe** fait référence à la méthode qui permet de calculer la position et l'orientation de segments en fonction des valeurs prises par les angles des articulations. Cette connaissance est nécessaire pour calculer, par exemple, la position du centre de gravité du robot, ou lorsqu'on désire juste connaître la configuration actuelle des segments ou détecter des collisions avec l'environnement. La cinématique directe est la base de toute simulation robotique.

La cinématique directe peut être calculée par le biais des règles de chaînes des transformations homogènes. Commençons par calculer la transformation homogène pour un segment tel que celui de la figure 2.21. Nous avons besoin de définir un repère local Σ_j, dont l'origine est placée sur l'axe de rotation de l'articulation. Le vecteur d'axe, exprimé dans le repère du segment parent, est $\boldsymbol{a}_j$ et l'origine de Σ_j est placée à la distance $\boldsymbol{b}_j$ de l'origine du repère parent.

Paramètre	Symbole	champ uLINK
Soi ID	j	-
Sœur ID	-	sister
Enfant ID	-	child
Parent ID	i	mother
Position absolue	$\boldsymbol{p}_j$	p
Orientation absolue	$\boldsymbol{R}_j$	R
Vitesse linéaire absolue	$\boldsymbol{v}_j$	v
Vitesse de rotation absolue	$\boldsymbol{\omega}_j$	w
Angle articulaire	q_j	q
Vitesse articulaire	$\dot{q}_j$	dq
Accélération articulaire	$\ddot{q}_j$	ddq
Vecteur d'axe (repère Parent)	$\boldsymbol{a}_j$	a
Vecteur position relative (repère Parent)	$\boldsymbol{b}_j$	b
Forme (vertex, repère local)	$\bar{\boldsymbol{p}}_j$	vertex
Forme (vertex, connections ponctuelles)	-	face
Masse	m_j	m
Centre de gravité (repère local)	$\bar{\boldsymbol{c}}_j$	c
Moment d'inertie (repère local)	$\bar{\boldsymbol{I}}_j$	I

Table 2.1 – Paramètres des segments.

La variable articulaire est notée q_j et l'orientation du segment lorsque l'angle articulaire est 0, vaut la matrice identité $\boldsymbol{E}$.

La transformation homogène, exprimée dans le repère du segment parent Σ_i, est

$$^i\boldsymbol{T}_j = \begin{bmatrix} e^{\widehat{a}_j q_j} & \boldsymbol{b}_j \\ 0\,0\,0 & 1 \end{bmatrix} \tag{2.55}$$

Considérons maintenant que le repère Σ_i est attaché à un segment en mouvement dans le référentiel du monde (figure 2.22). Nous admettons que la position et l'orientation absolues $(\boldsymbol{p}_i, \boldsymbol{R}_i)$ du parent sont connues. Alors la transformation homogène Σ_i par rapport au référentiel fixe du monde vaut

$$\boldsymbol{T}_i = \begin{bmatrix} \boldsymbol{R}_i & \boldsymbol{p}_i \\ 0\,0\,0 & 1 \end{bmatrix} \tag{2.56}$$

À partir des règles de calcul des transformations en chaîne que nous avons vues précédemment, nous pouvons exprimer la transformation homogène $\boldsymbol{T}_j$ du segment j par rapport au référentiel du monde :

$$\boldsymbol{T}_j = \boldsymbol{T}_i{}^i\boldsymbol{T}_j \tag{2.57}$$

Les équations 2.55, 2.56 et 2.57 nous permettent de connaître la position

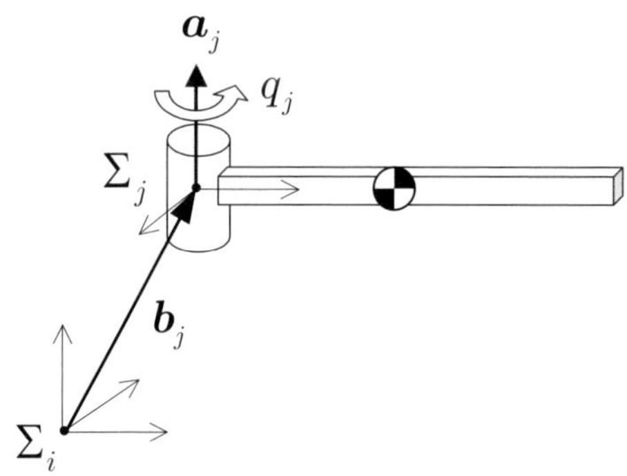

Figure 2.21 – Position et orientation d'un segment. $\boldsymbol{a}_j$ et $\boldsymbol{b}_j$ représentent respectivement l'axe de rotation et l'origine du repère local dans le repère parent.

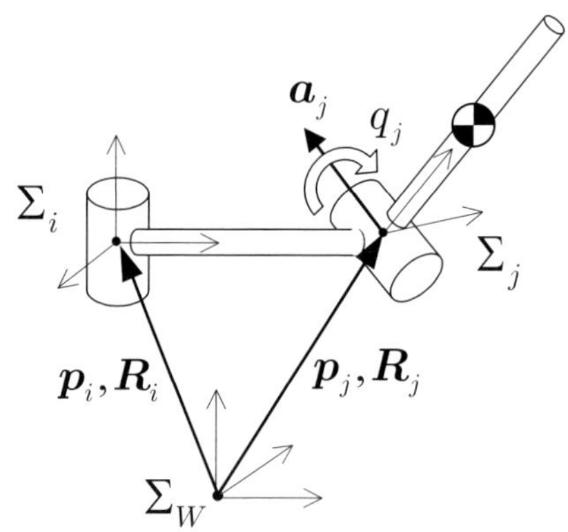

Figure 2.22 – Position relative de deux segments.

absolue ($\boldsymbol{p}_j$) et l'orientation absolue ($\boldsymbol{R}_j$) de Σ_j :

$$\boldsymbol{p}_j = \boldsymbol{p}_i + \boldsymbol{R}_i \boldsymbol{b}_j \tag{2.58}$$

$$\boldsymbol{R}_j = \boldsymbol{R}_i e^{\widehat{a}_j q_j} \tag{2.59}$$

Grâce à ces relations et aux techniques décrites précédemment, un programme très simple (figure 2.23) peut calculer les positions et orientations de tous les segments. Il suffit avant tout de définir les champs position et orientation absolues de la base `uLINK(1).p`, `uLINK(1).R`. En exécutant le programme `ForwardKinematics(1)`, vous obtiendrez positions et orientations de tous les segments constituant le robot.

La figure 2.24 donne un aperçu du bipède à 12 ddl dans différentes configurations utilisant 12 valeurs articulaires aléatoires. Cela illustre la grandeur du champ des possibilités de configuration que possède un mécanisme tel qu'une chaîne cinématique ouverte.

```
function ForwardKinematics(j)
global uLINK

if j == 0 return; end
if j ~= 1
    i = uLINK(j).mother;
    uLINK(j).p = uLINK(i).R * uLINK(j).b + uLINK(i).p;
    uLINK(j).R = uLINK(i).R * Rodrigues(uLINK(j).a, uLINK(j).q);
end
ForwardKinematics(uLINK(j).sister);
ForwardKinematics(uLINK(j).child);
```

Figure 2.23 – `ForwardKinematics.m` calcule la cinématique directe de tous les segments du robot.

2.5.3 Cinématique inverse

Nous allons maintenant rechercher les angles articulaires qui correspondent à la position et à l'orientation d'un segment dans l'espace. Pour cela, nous allons calculer la **cinématique inverse** du système. Par exemple, si vous utilisez un système de vision vous donnant une description géométrique d'escaliers que le robot doit monter, vous aurez besoin de la cinématique inverse pour déterminer la configuration à adopter pour positionner correctement les pieds sur les marches.

La cinématique inverse peut être résolue par une approche analytique ou par une approche numérique. Étudions dans un premier temps l'approche analytique : nous allons pour cela nous concentrer sur la jambe droite du modèle de la figure 2.19. La position et l'orientation du tronc et de la jambe droite sont respectivement $(\boldsymbol{p}_1, \boldsymbol{R}_1)$ et $(\boldsymbol{p}_7, \boldsymbol{R}_7)$. Pour faciliter l'abord des équations, nous introduisons un vecteur $\boldsymbol{D}$ qui joint le référentiel du tronc (la base) et l'extrémité supérieure de la jambe (la hanche). A est la longueur de la cuisse et B celle du tibia (figure 2.25(a)). Avec ces notations, la position absolue de la hanche s'écrit

$$\boldsymbol{p}_2 = \boldsymbol{p}_1 + \boldsymbol{R}_1 \begin{bmatrix} 0 \\ D \\ 0 \end{bmatrix}$$

Calculons maintenant le vecteur position de la hanche dans le repère des chevilles :

$$\boldsymbol{r} = \boldsymbol{R}_7^T(\boldsymbol{p}_2 - \boldsymbol{p}_7) \equiv [r_x \; r_y \; r_z]^T \tag{2.60}$$

Soit C la distance entre la cheville et la hanche :

$$C = \sqrt{r_x^2 + r_y^2 + r_z^2}$$

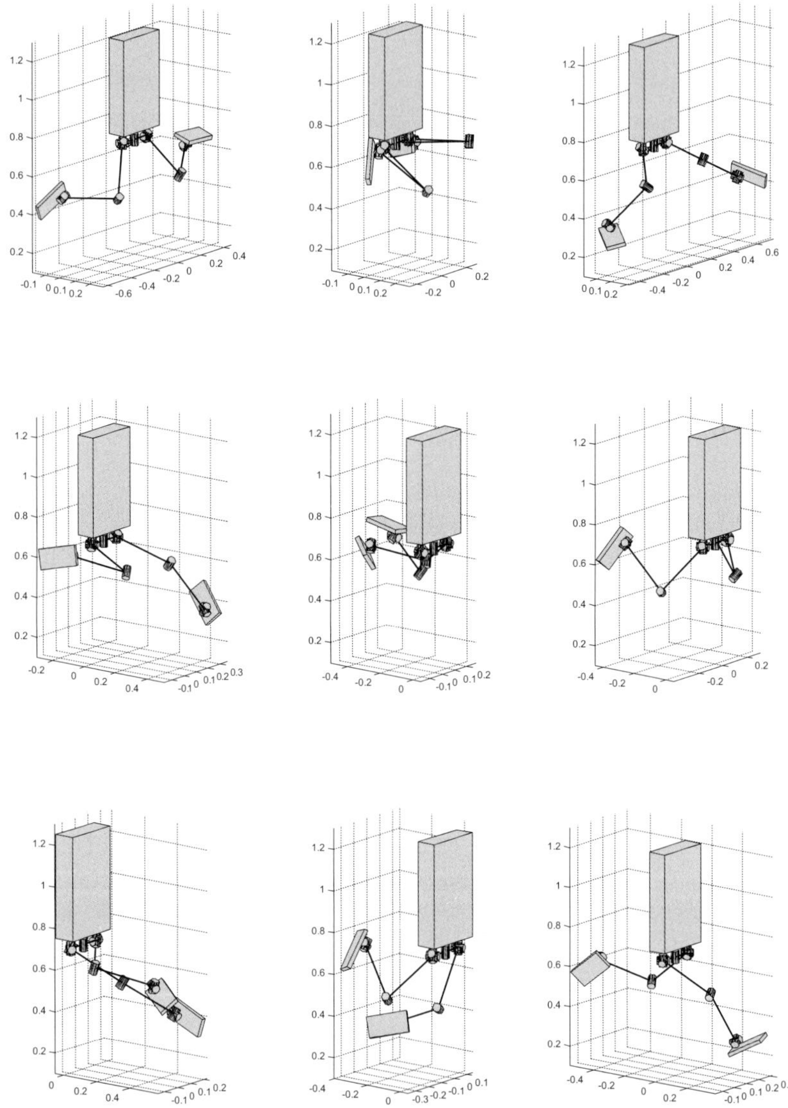

Figure 2.24 – Configurations aléatoires calculées par `ForwardKimematics`. Les angles des genoux sont limités dans $[0,\ \pi]$ rad, les autres articulations sont limitées dans $[-\frac{\pi}{3},\ \frac{\pi}{3}]$ rad.

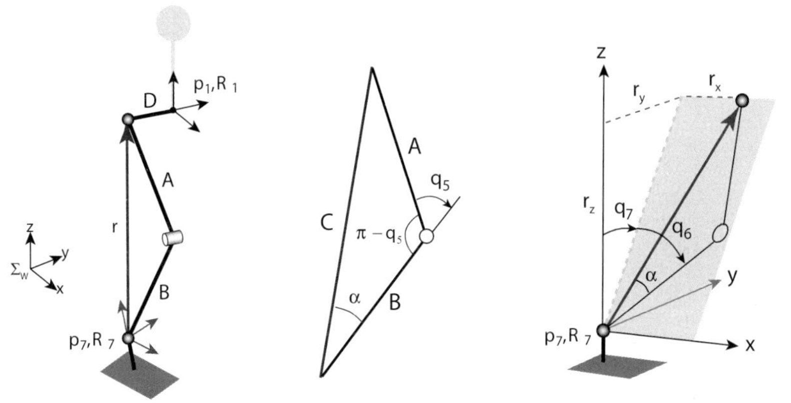

(a) Géométrie de la jambe (b) Angle du genou (c) Angles de la cheville

Figure 2.25 – Calcul de la cinématique inverse des jambes.

La figure 2.25(b) met en évidence le fait que nous pouvons obtenir la valeur de l'angle du genou q_5 grâce au triangle ABC. La **règle du cosinus** fournit

$$C^2 = A^2 + B^2 - 2AB\cos(\pi - q_5)$$

D'où la valeur de l'angle

$$q_5 = -\cos^{-1}\left(\frac{A^2 + B^2 - C^2}{2AB}\right) + \pi$$

Soit α l'angle inférieur du triangle ABC. La **règle du sinus** donne

$$\frac{C}{\sin(\pi - q_5)} = \frac{A}{\sin\alpha}$$

D'où la valeur de α,

$$\alpha = \sin^{-1}\left(\frac{A\sin(\pi - q_5)}{C}\right)$$

Concentrons nous maintenant sur le repère local de la cheville. Le vecteur $\boldsymbol{r}$ décrit sur la figure 2.25(c) permet de calculer le roulis et le lacet au niveau de la cheville :

$$\begin{aligned} q_7 &= \operatorname{atan2}(r_y, r_z) \\ q_6 &= -\operatorname{atan2}\left(r_x, \operatorname{sign}(r_z)\sqrt{r_y^2 + r_z^2}\right) - \alpha \end{aligned}$$

où la fonction atan2 (y, x) fournit l'angle entre le vecteur (x, y) et l'axe x. Cette fonction est prédéfinie dans la plupart des langages de programmation, Matlab y compris. C'est aussi le cas de la fonction sign (x), qui retourne $+1$ si x a une valeur positive et -1 dans le cas contraire.

Il nous reste à calculer le roulis, lacet et tangage du haut de la jambe. La manipulation des équations qui définissent chaque valeur articulaire permet d'obtenir ces valeurs manquante. Par exemple,

$$\boldsymbol{R}_7 = \boldsymbol{R}_1\boldsymbol{R}_z(q_2)\boldsymbol{R}_x(q_3)\boldsymbol{R}_y(q_4)\boldsymbol{R}_y(q_5+q_6)\boldsymbol{R}_x(q_7)$$

permet d'obtenir

$$\boldsymbol{R}_z(q_2)\boldsymbol{R}_x(q_3)\boldsymbol{R}_y(q_4) = \boldsymbol{R}_1^T\boldsymbol{R}_7\boldsymbol{R}_x(q_7)\boldsymbol{R}_y(q_5+q_6)$$

En développant les calculs matriciels pour faire apparaître les angles qui nous intéressent, nous obtenons l'égalité matricielle suivante :

$$\begin{bmatrix} c_2c_4 - s_2s_3s_4 & -s_2c_3 & c_2s_4 + s_2s_3c_4 \\ s_2c_4 + c_2s_3s_4 & c_2c_3 & s_2s_4 - c_2s_3c_4 \\ -c_3s_4 & s_3 & c_3c_4 \end{bmatrix} = \begin{bmatrix} R_{11} & R_{12} & R_{13} \\ R_{21} & R_{22} & R_{23} \\ R_{31} & R_{32} & R_{33} \end{bmatrix}.$$

Pour faciliter la lecture des équations, nous avons utilisé les notations classiques $c_2 \equiv \cos q_2$ et $s_2 \equiv \sin q_2$. L'identification terme à terme fournit les valeurs recherchées :

$$q_2 = \text{atan2}(-R_{12}, R_{22}) \quad (2.61)$$

$$q_3 = \text{atan2}(R_{32}, -R_{12}s_2 + R_{22}c_2) \quad (2.62)$$

$$q_4 = \text{atan2}(-R_{31}, R_{33}) \quad (2.63)$$

Le programme correspondant aux calculs précédents est donné à la figure 2.26[15]. Le même programme est utilisable pour la jambe gauche en changeant le signe de D.

Ce programme ne s'applique qu'à un robot dont l'agencement est similaire à celui de la figure 2.19. Dans le cas par exemple où le système ne possède pas trois axes concourants à la hanche, l'algorithme est totalement différent. Il existe de nombreux algorithmes d'inverse cinématique accessibles dans les livres de mécanique générale, mais la formulation analytique requiert en général de très nombreux et très lourds calculs. Pour cette raison l'approche numérique est classiquement utilisée pour la résolution de la cinématique inverse.

2.5.4 Solution numérique

Le calcul de la cinématique directe (paragraphe 2.5.2) est un jeu d'enfant en comparaison de la résolution analytique de l'inverse cinématique. Il n'est donc pas aberrant d'envisager une méthode qui donne le résultat de la cinématique inverse par une suite d'essais utilisant les calculs de la cinématique directe, comme illustré sur la figure 2.27. Un échantillon algorithmique de cette approche serait le suivant :

[15] Il faut absolument ajouter dans ce programme des tests pour vérifier si les positions demandées n'excèdent pas la longueur de la jambe, ou si les valeurs articulaires proposées sont dans les limites de fonctionnement du robot.

```
function q = IK_leg(Body,D,A,B,Foot)

r = Foot.R' * (Body.p + Body.R * [0 D 0]'- Foot.p);     % base vue de
C = norm(r);                                               la cheville
c5 = (C^2-A^2-B^2)/(2.0*A*B);

if c5 >= 1
    q5 = 0.0;
elseif c5 <= -1
    q5 = pi;
else
    q5 = acos(c5);                                       % tangage genou
end
q6a = asin((A/C)*sin(pi-q5));                            % tangage(1) cheville
q6 = -atan2(r(1),sign(r(3))*sqrt(r(2)^2+r(3)^2))-q6a;   % tangage cheville

q7 = atan2(r(2),r(3));                                   % roulis cheville
if q7 > pi/2                                             % -pi/2<q7<pi/2
    q7=q7-pi;
elseif q7 < -pi/2
    q7=q7+pi;
end

R = Body.R' * Foot.R * Rroll(-q7) * Rpitch(-q6-q5);     % baseZ*baseX*baseY
q2  = atan2(-R(1,2),R(2,2));                             % lacet base
cz = cos(q2); sz = sin(q2);
q3 = atan2(R(3,2),-R(1,2)*sz + R(2,2)*cz);               % roulis base
q4 = atan2( -R(3,1), R(3,3));                            % tangage base

q = [q2 q3 q4 q5 q6 q7]';
```

Figure 2.26 – `IK_leg.m` calcule la solution analytique de la cinématique inverse. PRUDENCE ! Sur un robot réel, il faut en plus constamment vérifier la validité des valeurs articulaires calculées, sous peine d'endommager le robot.

étape 1 : définir la position et l'orientation $(\boldsymbol{p}_B, \boldsymbol{R}_B)$ de la base (la ceinture) ;

étape 2 : définir la position et l'orientation $(\boldsymbol{p}^{ref}, \boldsymbol{R}^{ref})$ du segment cible (le pied droit) ;

étape 3 : définir le vecteur $\boldsymbol{q}$ qui contient les angles articulaires entre la base et la cible ;

étape 4 : calculer la cinématique directe pour obtenir la position et orientation $(\boldsymbol{p}, \boldsymbol{R})$ de la cible ;

étape 5 : calculer la différence entre position et orientation obtenues et désirées de la cible $(\Delta\boldsymbol{p}, \Delta\boldsymbol{R}) = (\boldsymbol{p}^{ref} - \boldsymbol{p}, \boldsymbol{R}^T\boldsymbol{R}^{ref})$;

étape 6 : si $(\Delta\boldsymbol{p}, \Delta\boldsymbol{R})$ sont assez petits, arrêter les calculs ;

étape 7 : si $(\Delta\boldsymbol{p}, \Delta\boldsymbol{R})$ sont trop grands, calculer $\Delta\boldsymbol{q}$ pour réduire les erreurs ;

étape 8 : calculer $\boldsymbol{q} := \boldsymbol{q} + \Delta\boldsymbol{q}$ et retourner à l'**étape 3**.

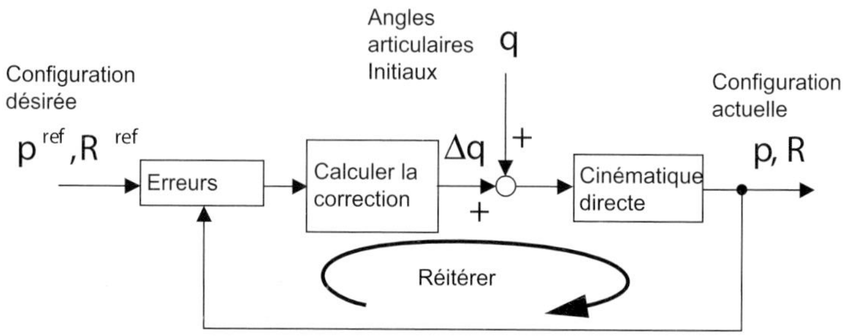

Figure 2.27 – Approche numérique de résolution de l'inverse cinématique : utiliser la cinématique directe pour retrouver les angles corrects par essais successifs.

Il faut surmonter deux difficultés majeures pour implémenter cet algorithme :

1. Que signifie réellement « si les erreurs position et orientation $(\Delta\boldsymbol{p}, \Delta\boldsymbol{R})$ sont assez petites ? » (**étape 5**)
2. Comment calcule-t-on concrètement $\Delta\boldsymbol{q}$ pour réduire les erreurs (**étape 6**) ?

Le premier problème peut être facilement résolu. Un état contenant une erreur 0 est décrit par les équations suivantes :

$$\begin{aligned} \Delta\boldsymbol{p} &= 0 \\ \Delta\boldsymbol{R} &= \boldsymbol{E} \end{aligned}$$

En utilisant cet état comme 0, un exemple de fonction d'évaluation de l'erreur[16] pourrait être

$$err(\Delta\boldsymbol{p}, \Delta\boldsymbol{R}) = \|\Delta\boldsymbol{p}\|^2 + \|\Delta\boldsymbol{\omega}\|^2, \quad (2.64)$$

$$\Delta\boldsymbol{\omega} \equiv (\ln \Delta\boldsymbol{R})^\vee. \quad (2.65)$$

On pourrait arrêter les calculs lorsque la valeur de $err(\Delta\boldsymbol{p}, \Delta\boldsymbol{R})$ devient inférieure à 10^{-6}.

Qu'en est-il du second problème ? L'établissement des valeurs articulaires $\Delta\boldsymbol{q}$ qui diminuent la valeur de $err(\Delta\boldsymbol{p}, \Delta\boldsymbol{R})$ est vraiment nécessaire. Pour cela, on peut avoir recours à l'utilisation de valeurs aléatoires à chaque essai. Si la valeur de l'erreur $err(\Delta\boldsymbol{p}, \Delta\boldsymbol{R})$ obtenue est inférieure, la configuration est conservée et l'opération est réitérée. C'est une méthode par essais successifs qui évalue l'erreur pour conserver ou rejeter le résultat, et qui donne donc une **illusion d'intelligence**[17].

[16] Une fonction plus générale serait $err(\Delta\boldsymbol{p}, \Delta\boldsymbol{R}) = \alpha\|\Delta\boldsymbol{p}\|^2 + \beta\|\Delta\boldsymbol{\omega}\|^2$, où α et β sont des nombres positifs indiquant la précision.

[17] Toute personne qui réfléchit à ce problème peut avoir cette idée. Cependant, il semble que beaucoup de gens pensent être les seuls à l'avoir eu. Y compris l'auteur de ce livre !

Le concept est attirant, mais aucun robot actuel ne l'utilise. Il existe une méthode, dite méthode de Newton-Raphson, beaucoup plus rapide et beaucoup plus précise. Cette méthode commence par considérer ce qu'il advient de la position et de l'orientation $(\delta \boldsymbol{p}, \delta \boldsymbol{\omega})$ lorsque la valeur des angles est modifiée de $\delta \boldsymbol{q}$.

$$\delta \boldsymbol{p} = \boldsymbol{X}_p(\boldsymbol{q}, \delta \boldsymbol{q}) \tag{2.66}$$
$$\delta \boldsymbol{\omega} = \boldsymbol{X}_\omega(\boldsymbol{q}, \delta \boldsymbol{q}) \tag{2.67}$$

$\boldsymbol{X}_p$ et $\boldsymbol{X}_\omega$ sont inconnus, mais lorsque $\delta \boldsymbol{q}$ est petit, on peut considérer qu'ils sont descriptibles par simples additions et multiplications. Si on utilise des matrices, on obtient

$$\begin{bmatrix} \delta \boldsymbol{p} \\ \delta \boldsymbol{\omega} \end{bmatrix} = \begin{bmatrix} J_{11} & J_{12} & J_{13} & J_{14} & J_{15} & J_{16} \\ J_{21} & J_{22} & J_{23} & J_{24} & J_{25} & J_{26} \\ J_{31} & J_{32} & J_{33} & J_{34} & J_{35} & J_{36} \\ J_{41} & J_{42} & J_{43} & J_{44} & J_{45} & J_{46} \\ J_{51} & J_{52} & J_{53} & J_{54} & J_{55} & J_{56} \\ J_{61} & J_{62} & J_{63} & J_{64} & J_{65} & J_{66} \end{bmatrix} \delta \boldsymbol{q} \tag{2.68}$$

où J_{ij} $(i, j = 1 \dots 6)$ sont des constantes qui définissent la position et l'orientation actuelle des segments du robot. Le vecteur $\boldsymbol{q}$ possède 6 composantes car la jambe possède 6 segments. Réduisons l'écriture par l'introduction de la matrice $\boldsymbol{J}$ contenant l'ensemble de ces constantes :

$$\begin{bmatrix} \delta \boldsymbol{p} \\ \delta \boldsymbol{\omega} \end{bmatrix} = \boldsymbol{J} \, \delta \boldsymbol{q} \tag{2.69}$$

La matrice $\boldsymbol{J}$ est appelée **Jacobienne des vitesses**[18]. Lorsque l'équation 2.69 est définie, on peut calculer le rajustement par l'inversion de la matrice $\boldsymbol{J}$.

$$\delta \boldsymbol{q} = \lambda \, \boldsymbol{J}^{-1} \begin{bmatrix} \delta \boldsymbol{p} \\ \delta \boldsymbol{\omega} \end{bmatrix} \tag{2.70}$$

C'est l'équation que nous utiliserons pour calculer les rajustements des positions articulaires. Le paramètre $\lambda \in [0, 1]$ est un coefficient utilisé pour stabiliser le calcul numérique. La figure 2.28 donne un exemple de code de programmation pour calculer l'inverse cinématique sous Matlab. La fonction `CalcJacobian` apparaît à la septième ligne : cette fonction effectue les calculs de Jacobienne. Nous entrerons plus dans les détails dans la partie suivante. La dixième ligne correspond en fait à l'implémentation de l'équation 2.70. L'opérateur \ est une fonction efficace résolvant un système d'équations linéaires sans calculer la matrice inverse.

[18] Cette matrice tient son nom du mathématicien allemand Carl Gustav Jacobi (1804-1851). Lorsque les mathématiciens mentionnent la Jacobienne, il font allusion au déterminant de cette matrice. Lorsque les roboticiens parlent de la Jacobienne, ils font souvent référence à la matrice elle-même.

```
function InverseKinematics(to, Target)
global uLINK

lambda = 0.5;
ForwardKinematics(1);
idx = FindRoute(to);
for n = 1:10
  J   = CalcJacobian(idx);
  err = CalcVWerr(Target, uLINK(to));
  if norm(err) < 1E-6 return, end;
  dq = lambda * (J \ err);
  for nn=1:length(idx)
    j = idx(nn);
    uLINK(j).q = uLINK(j).q + dq(nn);
  end
  ForwardKinematics(1);
end
```

Figure 2.28 – `InverseKinematics.m` calcule la solution numérique de la cinématique inverse.

La fonction `FindRoute` retourne les segments à passer pour atteindre la cible à partir de la base. `CalcVWerr` est une fonction qui calcule la différence en position et en orientation. Le code de ces fonctions est donné à la fin du chapitre.

La figure 2.29 donne un exemple de la cinématique inverse. Nous avons entré, pour cet exemple, la position et l'orientation de la base (le « corps » du robot) et du pied droit, puis du pied gauche. Nous possédons donc maintenant un outil très efficace pour la locomotion bipède. Il faut garder à l'esprit que nous n'avons pas encore considéré les effets dynamiques liés au mouvement du robot, nous ne pouvons donc pas le faire marcher convenablement. En programmant en C/C++, ce calcul peut être réalisé en 0.3 ms. Cette rapidité permet de l'utiliser sur des robots complexes en temps réel.

2.5.5 Jacobienne des vitesses

Nous avons introduit la Jacobienne des vitesses comme un élément liant les petites variations articulaires à leurs effets dans l'espace cartésien. Par le biais de la matrice Jacobienne, il est possible d'accéder aux valeurs des couples articulaires nécessaires pour générer un effort extérieur des mains et des pieds. Cette méthode est très couramment utilisée dans la commande des robots, et il est très rare de lire des articles scientifiques sur le sujet qui ne contiennent pas un calcul de Jacobienne[19].

[19]Le livre du Dr Yoshikawa [90] donne un bon aperçu de l'utilisation de la Jacobienne en robotique.

```
uLINK(BODY).p = [0.0, 0.0, 0.55]';
uLINK(BODY).R = rpy2rot(0.0, 0.0, -10*ToRad);

Rfoot.p = [-0.3, -0.1, 0]';
Rfoot.R = rpy2rot(0, ToRad*20.0,0);
InverseKinematics(RLEG_J5, Rfoot);

Lfoot.p = [ 0.3, 0.1, 0]';
Lfoot.R = rpy2rot(0, -ToRad*30.0,0);
InverseKinematics(LLEG_J5, Lfoot);

DrawAllJoints(1);                    % Visualisation de la configuration
```

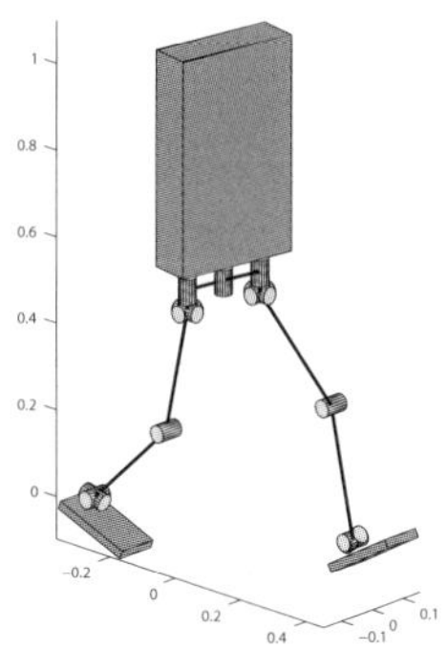

Figure 2.29 – Exemple de code utilisant `InverseKinematics` et résultat du calcul. `rpy2rot()` est l'implémentation sous Matlab de l'équation 2.13.

Nous allons maintenant expliquer la procédure de calcul de la matrice Jacobienne. La figure 2.30 montre une chaîne de N corps flottant dans l'espace. Nous considérons que ces corps sont numérotés de la base (corps 1) à l'extrémité (corps N). Nous considérons aussi que l'effecteur terminal du robot (la main ou le pied) correspond au N-ième corps. Enfin, nous considérons que la cinématique directe a été résolue et que la position et l'orientation de chaque corps sont connues (le j-ième corps est repéré par $\boldsymbol{p}_j$, $\boldsymbol{R}_j$).

Dans cette chaîne de corps, immobilisons toutes les articulations sauf la seconde, et faisons-la varier d'un petit angle δq_2. La position de l'effecteur terminal s'en trouve modifiée de $\delta \boldsymbol{p}_N^{(2)}$, et son orientation de $\delta \boldsymbol{\omega}_N^{(2)}$. Ces deux valeurs peuvent être calculées de la manière suivante :

$$\begin{cases} \delta \boldsymbol{p}_N^{(2)} = {}^W\boldsymbol{a}_2 \times (\boldsymbol{p}_N - \boldsymbol{p}_2)\delta q_2 \\ \delta \boldsymbol{\omega}_N^{(2)} = {}^W\boldsymbol{a}_2 \delta q_2 \end{cases}$$

où ${}^W\boldsymbol{a}_2$ est le vecteur unitaire porté par l'axe de la seconde articulation exprimé

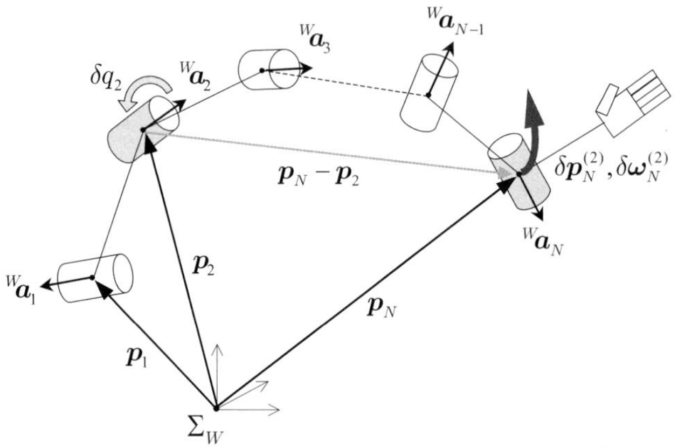

Figure 2.30 – Calcul de la Jacobienne des vitesses : le mouvement de l'effecteur terminal résulte des petites variations des valeurs articulaires.

```
function J = CalcJacobian(idx)
global uLINK

jsize = length(idx);
target = uLINK(idx(end)).p;          % position absolue de la cible
J = zeros(6,jsize);
for n=1:jsize
    j = idx(n);
    a = uLINK(j).R * uLINK(j).a;     % vecteur d'axe (coord. absolues)
    J(:,n) = [cross(a, target - uLINK(j).p) ; a ];
end
```

Figure 2.31 – `CalcJacobian.m` calcule la Jacobienne des vitesses.

dans le référentiel du monde.

$$^W\boldsymbol{a}_2 = \boldsymbol{R}_2\boldsymbol{a}_2$$

On effectue une procédure identique sur tous les corps de 1 à N, et la somme de toutes ces valeurs permet d'obtenir les déplacements résultant des petites modifications pour toutes les articulations.

$$\begin{cases} \delta\boldsymbol{p}_N = \sum_{j=1}^N \delta\boldsymbol{p}_N^{(j)} \\ \delta\boldsymbol{\omega}_N = \sum_{j=1}^N \delta\boldsymbol{\omega}_N^{(j)} \end{cases} \tag{2.71}$$

Nous pouvons récrire l'équation ci-dessus sous sa forme matricielle et obtenons le résultat suivant :

$$\begin{bmatrix} \delta \boldsymbol{p}_N \\ \delta \boldsymbol{\omega}_N \end{bmatrix} = \begin{bmatrix} {}^W\boldsymbol{a}_1 \times (\boldsymbol{p}_N - \boldsymbol{p}_1) & \dots & {}^W\boldsymbol{a}_{N-1} \times (\boldsymbol{p}_N - \boldsymbol{p}_{N-1}) & 0 \\ {}^W\boldsymbol{a}_1 & \dots & {}^W\boldsymbol{a}_{N-1} & {}^W\boldsymbol{a}_N \end{bmatrix} \begin{bmatrix} \delta q_1 \\ \delta q_2 \\ \vdots \\ \delta q_N \end{bmatrix} \tag{2.72}$$

En d'autres termes, la Jacobienne $\boldsymbol{J}$ peut être écrite sous la forme

$$\boldsymbol{J} \equiv \begin{bmatrix} {}^W\boldsymbol{a}_1 \times (\boldsymbol{p}_N - \boldsymbol{p}_1) & {}^W\boldsymbol{a}_2 \times (\boldsymbol{p}_N - \boldsymbol{p}_2) & \dots & {}^W\boldsymbol{a}_{N-1} \times (\boldsymbol{p}_N - \boldsymbol{p}_{N-1}) & 0 \\ {}^W\boldsymbol{a}_1 & {}^W\boldsymbol{a}_2 & \dots & {}^W\boldsymbol{a}_{N-1} & {}^W\boldsymbol{a}_N \end{bmatrix} \tag{2.73}$$

Le code Matlab correspondant à cette procédure est donné à la figure 2.31.

2.5.6 Calcul des vitesses

```
function ForwardVelocity(j)
global uLINK

if j == 0 return; end
if j ~= 1
    i = uLINK(j).mother;
    uLINK(j).v = uLINK(i).v + cross(uLINK(i).w, uLINK(i).R * uLINK(i).b);
    uLINK(j).w = uLINK(i).w + uLINK(j).R * (uLINK(j).a * uLINK(j).dq);
end

ForwardVelocity(uLINK(j).sister);
ForwardVelocity(uLINK(j).child);
```

Figure 2.32 – `ForwardVelocity.m` calcule les vitesses (modèle direct).

Nous pouvons maintenant aussi bien calculer les valeurs articulaires que les vitesses linéaires et angulaires des segments en utilisant les outils que nous avons mis en place. Ce qui suit suppose que les positions et orientations des corps ont déjà été calculées.

Nous connaissons la vitesse $(\boldsymbol{v}_B, \boldsymbol{\omega}_B)$ de la base. Notre objectif consiste à présent à déterminer les vitesses $(\boldsymbol{v}_t, \boldsymbol{\omega}_t)$ du segment cible. Pour ce faire, il nous faut connaître la forme des vitesses angulaires nécessaires pour générer la vitesse désirée de l'organe terminal, connaissant la vitesse de la base. Si nous interprétons les petites variations de l'équation 2.70 comme des vitesses, nous obtenons l'expression

$$\dot{\boldsymbol{q}} = \boldsymbol{J}^{-1} \begin{bmatrix} \boldsymbol{v}_d \\ \boldsymbol{\omega}_d \end{bmatrix} \tag{2.74}$$

où $\dot{\boldsymbol{q}}$ est un vecteur groupant les vitesses articulaires de tous les corps entre la base et la cible. $(\boldsymbol{v}_d,\ \boldsymbol{\omega}_d)$ regroupe les vitesses relatives du segment cible par rapport à la base selon les équations 2.53 et 2.54. On peut voir que

$$\begin{aligned}\boldsymbol{v}_t &= \boldsymbol{v}_B + \boldsymbol{v}_d + \boldsymbol{\omega}_B \times (\boldsymbol{p}_t - \boldsymbol{p}_B) \\ \boldsymbol{\omega}_t &= \boldsymbol{\omega}_B + \boldsymbol{\omega}_d\end{aligned}$$

Les vecteurs $\boldsymbol{p}_B$ et $\boldsymbol{p}_t$ désignent les positions de la base et de la cible respectivement. À partir de cette équation et des suivantes, nous pouvons calculer $(\boldsymbol{v}_d,\ \boldsymbol{\omega}_d)$:

$$\boldsymbol{v}_d = \boldsymbol{v}_t - \boldsymbol{v}_B - \boldsymbol{\omega}_B \times (\boldsymbol{p}_t - \boldsymbol{p}_B) \tag{2.75}$$

$$\boldsymbol{\omega}_d = \boldsymbol{\omega}_t - \boldsymbol{\omega}_B \tag{2.76}$$

Il devient possible d'exprimer les vitesses articulaires $\dot{\boldsymbol{q}}$ à partir des équations 2.74, 2.75 et 2.76.

Nous possédons maintenant les vecteurs vitesses articulaires, et nous allons calculer, à partir de ces valeurs, les vitesses linéaires et angulaires de tous les segments qui composent le robot. Connaître ces vitesses est nécessaire pour calculer le ZMP du chapitre suivant. De la même manière que nous avons calculé la position et l'orientation des corps, nous commençons par calculer les vitesses relatives entre deux corps adjacents. Nous partons du fait que les vitesses linéaires et angulaires du segment parent i sont connues, et que la vitesse articulaire $\dot{q}_j$ du corps j est accessible dans le vecteur $\dot{\boldsymbol{q}}$. Les vitesses linéaires et angulaires du segment j sont obtenues par l'équation suivante :

$$\boldsymbol{v}_j = \boldsymbol{v}_i + \boldsymbol{\omega}_i \times \boldsymbol{R}_i \boldsymbol{b}_j \tag{2.77}$$

$$\boldsymbol{\omega}_j = \boldsymbol{\omega}_i + \boldsymbol{R}_i \boldsymbol{a}_j \dot{q}_j \tag{2.78}$$

La figure 2.32 donne un exemple de code Matlab pour calculer les vitesses de tous les corps utilisant l'équation ci-dessus dans un algorithme récursif.

2.5.7 Singularités

Il existe un problème majeur de la cinématique inverse, lié aux *singularités*. Selon la configuration du robot, il existe des cas où la matrice Jacobienne ne peut pas être inversée. Ces configurations sont appelées configurations singulières. Des exemples sont donnés à la figure 2.33.

Dans le cas d'une configuration singulière, l'équation 2.70 ne peut pas être résolue. Nous ne pouvons donc pas effectuer les calculs décrits dans le chapitre 2.5.4 et obtenir une solution acceptable. Dans ces cas, il devient impossible de déplacer l'organe terminal dont la branche présente une singularité, et le robot est tout simplement impossible à commander.

Commander un robot qui est entré en configuration singulière est un sujet de recherche toujours d'actualité. L'approche couramment utilisée consiste à rester

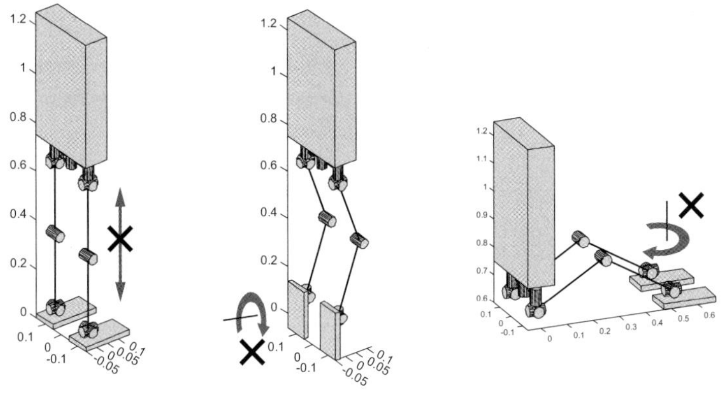

(a) (b) (c)

Figure 2.33 – Exemples de configurations singulières. Pour ces configurations, il existe des directions inaccessibles à l'extrémité du segment (montrées par les flèches). Dans ces cas, la Jacobienne ne peut pas être inversée.

éloigné de ces singularités[20]. La configuration illustrée par la figure 2.33(a) avec les genoux droits, constitue une singularité. Il est donc préférable de commencer un mouvement avec les jambes légèrement pliées.

[20]Cette contrainte est une des raisons majeures pour lesquelles les robots humanoïdes marchent avec les genoux pliés.

2.5.8 Annexes : fonctions supplémentaires

Les fonctions ci-après sont nécessaires dans le paragraphe 2.5.4 pour calculer la solution numérique du problème de cinématique inverse de la figure 2.28.

```
function idx = FindRoute(to)
global uLINK

i = uLINK(to).mother;
if i == 1
    idx = [to];
else
    idx = [FindRoute(i) to];
end
```

Figure 2.34 – `FindRoute.m` trouve un chemin entre la base et la cible.

```
function err = CalcVWerr(Cref, Cnow)

perr = Cref.p - Cnow.p;
Rerr = Cnow.R^-1 * Cref.R;
werr = Cnow.R * rot2omega(Rerr);
err = [perr; werr];
```

Figure 2.35 – `CalcVWerr.m` calcule l'erreur en position et en orientation. `rot2omega()` correspond à l'équation 2.38.

Chapitre 3

Dynamique et ZMP

Le chapitre précédent traitait du problème de la cinématique : nous avons vu comment calculer la position et l'orientation d'un corps en fonction des données articulaires fixées (cinématique directe), et réciproquement (cinématique inverse). Mais lorsque le robot est en mouvement, il faut tenir compte d'autres phénomènes provenant de la *dynamique* du robot. Ces phénomènes peuvent être négligés si les mouvements réalisés sont suffisamment lents, et dans ce cas on parle de déplacements quasi-statiques (le mouvement est conçu comme une succession de configurations fixes). Il est par contre impossible d'ignorer la dynamique du système lorsqu'on traite de mouvements tels que la marche. Ce chapitre a pour objectif d'analyser la dynamique d'un système multicorps, et explique une quantité physique importante en robotique humanoïde : le ZMP.

3.1 ZMP et forces de contact au sol

La base d'un robot industriel est fixée au sol, et le système mécanique est libre de ses mouvements dans la limite de ses capacités articulaires. Le robot humanoïde n'est pas fixé au sol : il est posé, et le contact est effectué par l'intermédiaire de ses semelles. À cause de cette absence de fixation, le robot humanoïde est contraint dans ses déplacements par la tâche difficile de maintenir le contact entre ses semelles et le sol. Nous devons donc, pour un mouvement donné effectué par un robot humanoïde, juger de la possibilité ou de l'impossibilité de maintenir ce contact. Le ZMP est une méthode généralement utilisée dans cet objectif.

3.1.1 Présentation générale du ZMP

Définition du ZMP

En 1972, Miomir Vukobratović et Yu. Stepanenko ont défini le **Zero-Moment Point (ZMP)** au début d'une publication sur la commande des robots humanoïdes[1]. Toutes les discussions sur le ZMP ont commencé à ce moment.

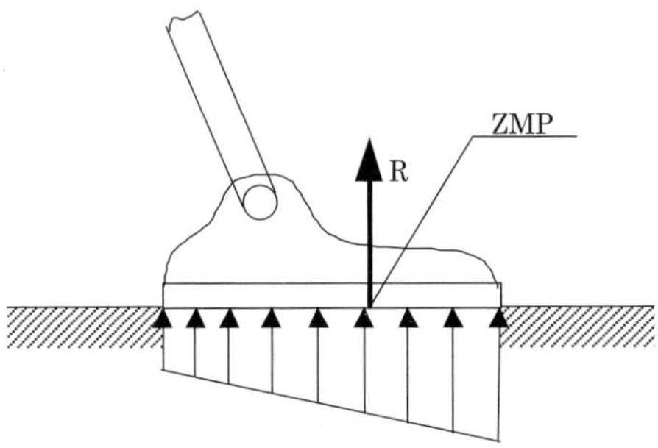

Figure 3.1 – Définition du *Zero Moment Point* (ZMP) [83].

La figure 3.1 montre un exemple de force distribuée sous le pied, caractérisant le contact entre le pied et le sol. Comme le signe de la charge répartie est le même sur toute la surface, on peut l'écrire sous la forme d'une force résultante $\boldsymbol{R}$, dont le point d'application est situé dans les limites de la surface du pied. Ce point définit le Zero-Moment Point, ou ZMP.

ZMP et polygone de sustentation

Un concept important pour la définition du ZMP est le polygone de sustentation. La figure 3.2 illustre deux cas de contact entre les pieds du robot et le sol. Si nous tendons un élastique autour des pieds du robot, au niveau des surfaces de contact, nous obtenons une surface appelée **polygone de sustentation** et qui inclue tous les points de contact. Du point de vue mathématique, le polygone de sustentation est défini comme l'enveloppe convexe de l'ensemble des points de contact entre deux corps. Dans notre cas, l'enveloppe convexe qui nous intéresse est le plus petit ensemble convexe. Une explication plus concrète de ces notions mathématiques est donnée dans les annexes de ce chapitre.

Plutôt que de nous lancer directement dans une analyse mathématique détaillée, commençons par montrer une relation simple et importante entre le ZMP et le polygone de sustentation :

Le ZMP existe toujours
à l'intérieur du polygone de sustentation

Afin de se faire une image concrète de ce qu'est le ZMP, nous montrons sur la figure 3.3 la relation entre le centre de masse (CoM), le ZMP et le polygone de

[1]Cette définition est aussi accessible dans le livre [81] écrit par Vukobratović et al. en 1990.

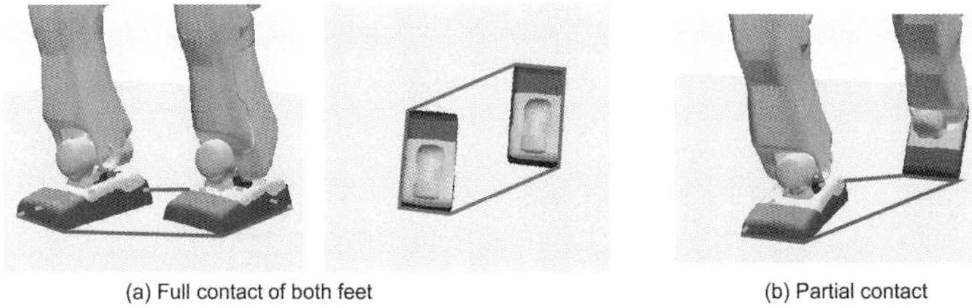

Figure 3.2 – Représentation du polygone de sustentation.

sustentation pour un humain en station verticale. Nous appelons **projection au sol du CoM** le point situé à l'intersection de la ligne de gravité passant par le CoM et le sol. Considérons le cas de la figure 3.3(a), où l'humain se tient immobile. Nous observons alors que le ZMP coïncide avec la projection au sol du CoM. Dans ce cas, un humain peut garder son équilibre à la condition stricte de conserver la projection au sol du CoM à l'intérieur du polygone de sustentation. Si l'humain se déplace de manière dynamique, comme dans le cas de la figure 3.3(b), la projection au sol du CoM peut se trouver à l'extérieur du polygone de sustentation. Par contre, le ZMP n'est jamais défini à l'extérieur du polygone de sustentation. Dans ce qui suit, nous allons expliquer pourquoi.

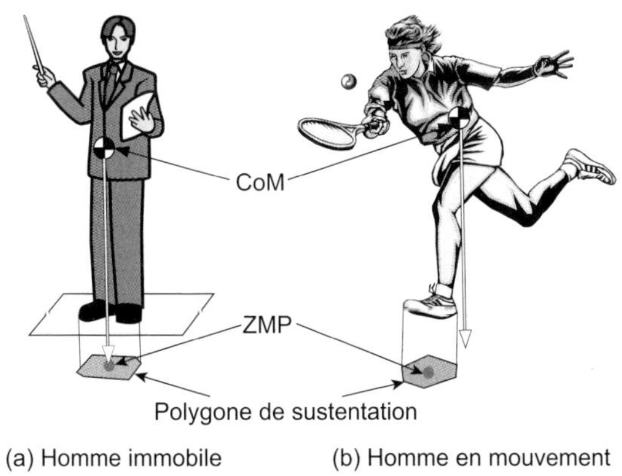

Figure 3.3 – CoM, ZMP et polygone de sustentation.

3.1.2 Analyse en deux dimensions

Calcul du ZMP

La figure 3.1 ne montre que les composantes verticales des forces de réaction au sol, bien que les composantes horizontales existent aussi du fait des frottements entre la semelle et le sol. Sur les figures 3.4(a) et (b), nous montrons

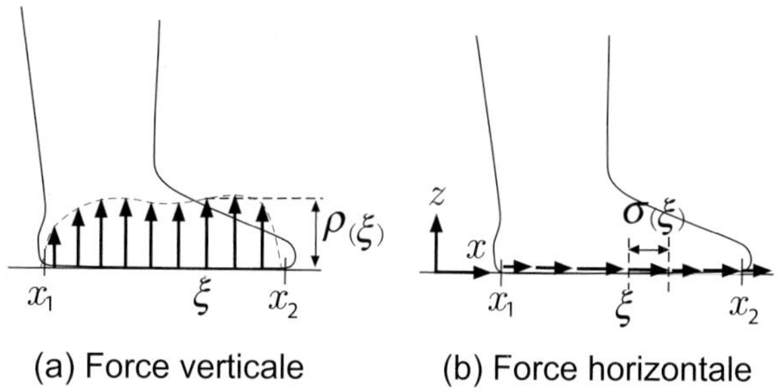

Figure 3.4 – Forces de réaction au sol pour le modèle 2D.

séparément la composante verticale $\rho(\xi)$ et la composante horizontale $\sigma(\xi)$ des forces de réaction du sol par unité de longueur de la semelle. Ces forces jouent simultanément un rôle sur l'équilibre du robot humanoïde.

Remplaçons les forces distribuées agissant sur la surface de contact par une force et un moment équivalent en un point donné de la semelle. Les forces (f_x et f_z), et le moment ($\tau(p_x)$) au point p_x, sous la semelle, sont définies par les relations suivantes :

$$f_x = \int_{x_1}^{x_2} \sigma(\xi)d\xi \tag{3.1}$$

$$f_z = \int_{x_1}^{x_2} \rho(\xi)d\xi \tag{3.2}$$

$$\tau(p_x) = -\int_{x_1}^{x_2} (\xi - p_x)\rho(\xi)d\xi \tag{3.3}$$

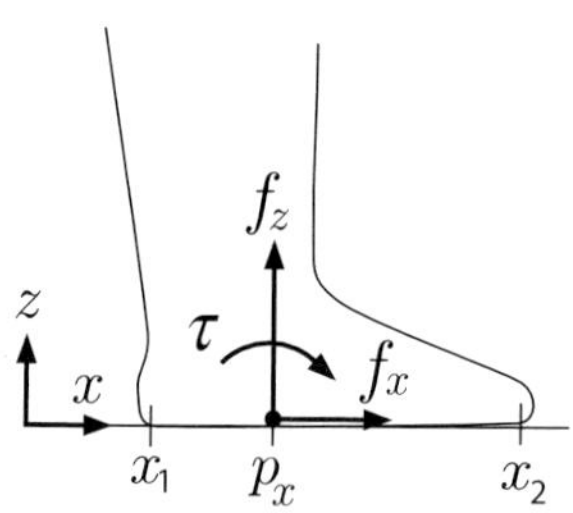

Figure 3.5 – Forces de réaction du sol : force et moment équivalents.

Le point p_x que nous recherchons, qui correspond au ZMP, est celui qui annule la valeur du moment (Zero-Moment Point). En effectuant $\tau(p_x) = 0$ dans l'équation 3.3, nous pouvons obtenir p_x de la manière suivante :

$$p_x = \frac{\int_{x_1}^{x_2} \xi\rho(\xi)d\xi}{\int_{x_1}^{x_2} \rho(\xi)d\xi} \tag{3.4}$$

Dans l'équation 3.4, $\rho(\xi)$ est équivalent à une pression car il correspond à la composante verticale d'une force par unité de longueur, et p_x correspond au **centre de pression** : c'est le ZMP introduit précédemment. Dans le cas en deux dimensions, le ZMP est le point où **le moment résultant de la force de réaction du sol s'annule**.

Localisation du ZMP

La composante verticale de la force de réaction au sol n'est jamais négative (sauf dans le cas où des ventouses sont attachées sous le pied). Elle peut être soit positive, dans le cas où il y a contact, soit nulle, dans le cas où le pied n'est pas en contact avec le sol. On peut donc écrire très généralement

$$\rho(\xi) \geq 0$$

En intégrant cette inégalité dans l'équation 3.4, nous obtenons

$$x_1 \leq p_x \leq x_2, \tag{3.5}$$

ce qui montre que le ZMP est inclus dans la surface de contact entre le pied et le sol, et n'existe pas en dehors de cette surface.

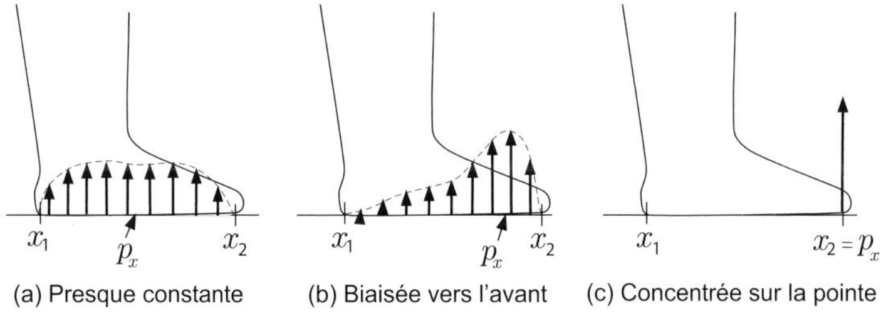

Figure 3.6 – ZMP et distribution de forces de pression sous le pied.

La figure 3.6 montre la relation entre la distribution de la force de pression sous le pied et la position du ZMP sur trois exemples courants. Dans le cas de l'illustration 3.6(a), la force de réaction du sol est distribuée presque uniformément sous le pied. Le ZMP se trouve alors quasiment au centre du pied. Le cas 3.6(b) montre une distribution de la force de réaction portée vers l'avant du pied. Le ZMP se trouve donc aussi vers l'avant du pied. Le troisième cas (figure 3.6(c)) montre une situation extrême où la pointe du pied supporte toute la force de réaction. Le ZMP est alors aussi défini dans la même zone. Dans ce dernier cas, comme la surface de contact entre le pied et le sol n'est pas assez importante, le pied aura tendance à tourner autour des orteils si le robot subit une faible sollicitation extérieure. Il est nécessaire de définir une surface minimale de contact entre le pied et le sol pour réduire le risque de chute lors des mouvements du robot. Le troisième exemple, dans le cadre de la robotique humanoïde, n'est pas considéré comme réaliste.

3.1.3 Analyse en trois dimensions

Forces de réaction du sol

Considérons les forces de réaction subies par le robot se déplaçant en trois dimensions sur un sol plat. Les composantes verticales et horizontales de ces forces sont montrées sur les figures 3.7(a) et (b) respectivement. Les forces de réaction sont décomposées en forces verticales et horizontales par soucis de clarté. Dans une situation réelle, ces deux composantes sont appliquées en même temps.

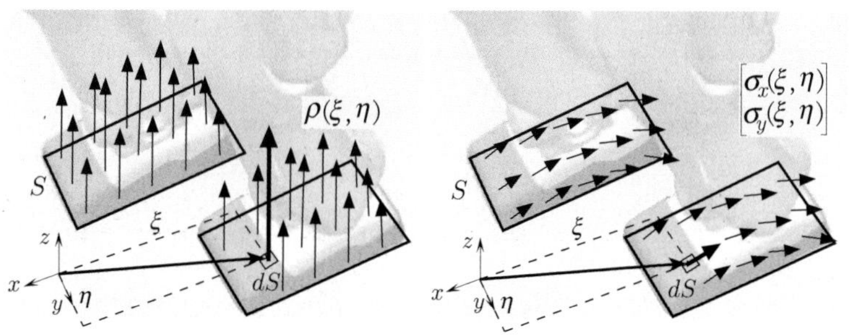

(a) Forces de réaction verticales (b) Forces de réaction horizontales

Figure 3.7 – Forces de réaction en trois dimensions.

Soit $\boldsymbol{r} = [\xi\ \eta\ 0]^T$ le vecteur position défini sur le sol entre l'origine du référentiel du monde et un point de la surface de contact. Soient $\rho(\xi, \eta)$, la composante verticale des forces de réaction par unité de longueur, et f_z la composante verticale de la force résultante équivalente à la distribution. La relation entre ces deux paramètres est définie par

$$f_z = \int_S \rho(\xi, \eta) dS, \tag{3.6}$$

où $\int_S$ définit l'intégration sur la surface de contact S entre la semelle et le sol. Le moment résultant $\boldsymbol{\tau}_n(\boldsymbol{p})$ des composantes verticales de la force de réaction du sol, exprimé au point $\boldsymbol{p} = [p_x\ p_y\ 0]^T$, est défini comme suit :

$$\boldsymbol{\tau}_n(\boldsymbol{p}) \equiv [\tau_{nx}\ \tau_{ny}\ \tau_{nz}]^T \tag{3.7}$$

$$\tau_{nx} = \int_S (\eta - p_y)\rho(\xi, \eta) dS \tag{3.8}$$

$$\tau_{ny} = -\int_S (\xi - p_x)\rho(\xi, \eta) dS \tag{3.9}$$

$$\tau_{nz} = 0$$

Comme dans le cas en deux dimensions, nous cherchons les coordonnées p_x et p_y du point d'application p de la force résultante qui vérifie $\boldsymbol{\tau}_n(\boldsymbol{p}) = 0$, c'est-à-dire tel que

$$\tau_{nx} = 0 \tag{3.10}$$
$$\tau_{ny} = 0 \tag{3.11}$$

Ainsi, en utilisant les équations 3.8 et 3.9, le point recherché est :

$$p_x = \frac{\int_S \xi\rho(\xi,\eta)dS}{\int_S \rho(\xi,\eta)dS} \tag{3.12}$$
$$p_y = \frac{\int_S \eta\rho(\xi,\eta)dS}{\int_S \rho(\xi,\eta)dS} \tag{3.13}$$

Comme $\rho(\xi, \eta)$ exprime une distribution de forces de pression sur la semelle, le point $\boldsymbol{p}$ définit le **centre de pression**, ou, en d'autres termes, le ZMP.

Considérons maintenant les composantes horizontales de la force de réaction du sol. Soient $\sigma_x(\xi, \eta)$ et $\sigma_y(\xi, \eta)$ ces composantes horizontales en x et y respectivement (figure 3.7(b)). Leurs composantes résultantes respectives, f_x et f_y, sont définies par

$$f_x = \int_S \sigma_x(\xi,\eta)dS \tag{3.14}$$
$$f_y = \int_S \sigma_y(\xi,\eta)dS \tag{3.15}$$

Le moment résultant $\boldsymbol{\tau}_t(\boldsymbol{p})$ de la force de réaction horizontale, exprimé en un point $\boldsymbol{p}$ sur le sol, vaut

$$\begin{aligned}
\boldsymbol{\tau}_t(\boldsymbol{p}) &\equiv [\tau_{tx}\ \tau_{ty}\ \tau_{tz}]^T \qquad (3.16)\\
\tau_{tx} &= 0\\
\tau_{ty} &= 0\\
\tau_{tz} &= \int_S \{(\xi - p_x)\sigma_y(\xi,\eta) - (\eta - p_y)\sigma_x(\xi,\eta)\}dS,
\end{aligned}$$

Ces équations signifient que les composantes horizontales des forces de réaction génèrent la composante verticale du moment résultant.

L'analyse précédente montre que la distribution des forces de réaction du sol sous le pied peut être remplacée par une force résultante équivalente

$$\boldsymbol{f} = [f_x\ f_y\ f_z]^T,$$

et un moment résultant

$$\begin{aligned}
\boldsymbol{\tau}_p &= \boldsymbol{\tau}_n(\boldsymbol{p}) + \boldsymbol{\tau}_t(\boldsymbol{p})\\
&= [0\ 0\ \tau_{tz}]^T,
\end{aligned}$$

exprimé au ZMP $\boldsymbol{p}$. Force et moment résultants sont représentés sur la figure 3.8.

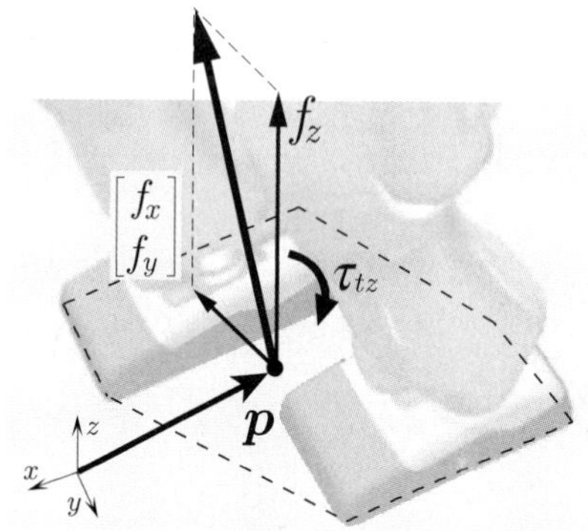

Figure 3.8 – Force et moment résultants équivalents à la distribution des forces de réaction.

Lorsque le robot se déplace, la condition $\tau_{tz} = 0$ n'est généralement pas satisfaite. Le ZMP, dans les cas en trois dimensions, ne peut donc plus être défini comme le point où le moment résultant s'annule. Il correspond alors au **point pour lequel les composantes horizontales du moment résultant de la force de réaction du sol s'annulent**.

Localisation du ZMP

Nous allons localiser le ZMP dans le cas en trois dimensions. Pour des raisons de simplicité, nous considérons que la distribution des forces de réaction du sol peut être représentée par un ensemble fini de forces $\boldsymbol{f}_i = [f_{ix}\ f_{iy}\ f_{iz}]^T$ agissant aux points d'application $\boldsymbol{p}_i \in S$ $(i = 1, \cdots, N)$ comme illustré sur la figure 3.9. Plus nous augmentons la quantité de forces, plus nous nous rapprochons de la solution exacte.

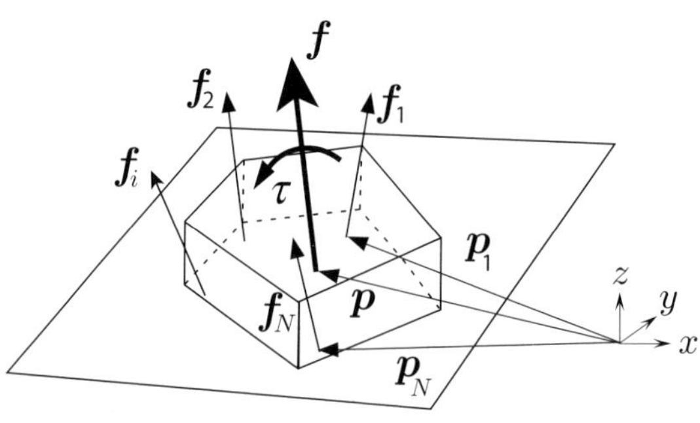

Figure 3.9 – Distribution de forces représentée par un ensemble fini de forces s'appliquant en des points discrétisés.

Les N vecteurs des forces distribuées peuvent être remplacés par une force résultante et un moment résultant exprimé en un point $\boldsymbol{p}$ selon les relations

$$\boldsymbol{f} = \sum_{i=1}^{N} \boldsymbol{f}_i \quad (3.17)$$

$$\boldsymbol{\tau}(\boldsymbol{p}) = \sum_{i=1}^{N} (\boldsymbol{p}_i - \boldsymbol{p}) \times \boldsymbol{f}_i \quad (3.18)$$

La position du ZMP est obtenue en posant $\boldsymbol{\tau}(\boldsymbol{p}) = \mathbf{0}$, soit en se basant sur l'équation 3.18 :

$$\boldsymbol{p} = \frac{\sum_{i=1}^{N} \boldsymbol{p}_i f_{iz}}{\sum_{i=1}^{N} f_{iz}} \quad (3.19)$$

Pour des robots humanoïdes n'utilisant pas d'aimants ou de ventouses sous les pieds, la composante verticale des forces de réaction du sol est toujours positive (contact) ou nulle (pas de contact), c'est-à-dire

$$f_{iz} \geq 0 \qquad (i = 1, \cdots, N) \quad (3.20)$$

Soient les variables $\alpha_i = f_{iz} / \sum_{i=1}^{N} f_{iz}$ définies par

$$\begin{cases} \alpha_i \geq 0 & (i = 1, \cdots, N) \\ \sum_{i=1}^{N} \alpha_i = 1 \end{cases} \quad (3.21)$$

Nous pouvons récrire l'équation 3.19 en utilisant les variables α_i, et ainsi la surface contenant le ZMP est définie par

$$\boldsymbol{p} \in \left\{ \sum_{i=1}^{N} \alpha_i \boldsymbol{p}_i \,\middle|\, \boldsymbol{p}_i \in S \ (i = 1, \cdots, N) \right\} \quad (3.22)$$

En comparant les deux équations 3.21 et 3.22, et avec la définition de l'enveloppe convexe de l'équation 3.88 (section 3.6), nous pouvons voir que le ZMP est inclus dans l'enveloppe convexe de l'ensemble défini par S, c'est-à-dire le polygone de sustentation.

3.2 Mesure du ZMP

Cette section propose une méthode pour mesurer la position du ZMP en utilisant plusieurs capteurs fixés au pied d'un robot humanoïde. Le fait d'utiliser plusieurs capteurs et de relever un ensemble fini de forces de réaction nous place dans la situation précédente de représentation des forces distribuées. Plus la quantité de capteurs est grande, plus la représentation des forces distribuées sous le pied sera fidèle. Cependant, les contraintes de place et d'embarquement des capteurs sur la plate-forme réelle limitent grandement la quantité de capteurs utilisables.

Pour mesurer la position du ZMP d'un robot marcheur bipède, nous pouvons opter pour deux possibilités : 1/ mesurer **le ZMP à chaque pied** en considérant la force de réaction entre l'un des deux pieds et le sol, ou 2/ mesurer le ZMP en considérant la force de réaction entre les deux pieds et le sol. Ces deux ZMP sont confondus pendant une phase de simple support, car un seul pied est en contact avec le sol. Pendant la phase de double support, les deux ZMP diffèrent.

3.2.1 Analyse

Considérons le modèle de la figure 3.10, qui représente deux corps rigides en contact, le corps inférieur étant aussi en contact avec le sol. Les forces et moments, appliqués par l'un des deux corps sur l'autre, sont mesurés en différents points par des capteurs d'efforts. Ce modèle schématise le pied d'un robot humanoïde. Quand le robot se déplace et que le contact des pieds avec le sol est assuré, la sortie force/couple provenant des capteurs d'efforts est obtenue. La position du ZMP est basée sur cette mesure.

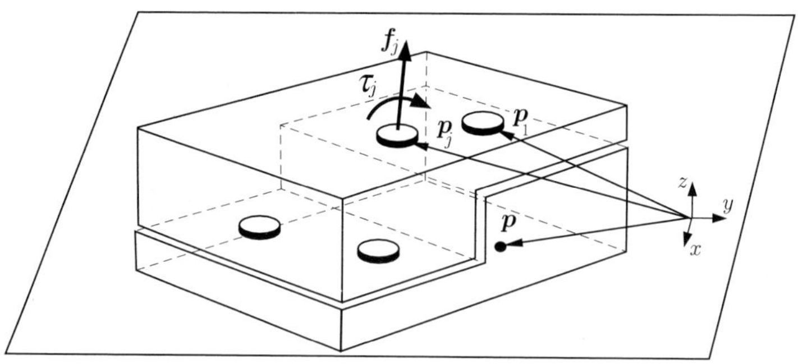

Figure 3.10 – Définition des variables en fonction de la position et de la sortie des capteurs d'efforts.

Aux points $\boldsymbol{p}_j$ $(j = 1, \cdots, N)$, les forces $\boldsymbol{f}_j$ et moments $\boldsymbol{\tau}_j$ sont mesurés dans le référentiel du monde. Le moment, exprimé en $\boldsymbol{p} = [p_x \; p_y \; p_z]^T$ est :

$$\boldsymbol{\tau}(\boldsymbol{p}) = \sum_{j=1}^{N} (\boldsymbol{p}_j - \boldsymbol{p}) \times \boldsymbol{f}_j + \boldsymbol{\tau}_j \tag{3.23}$$

La position du ZMP peut être obtenue en fixant à zéro les composantes selon x et y dans l'équation 3.23, puis en résolvant pour p_x et p_y :

$$p_x = \frac{\sum_{j=1}^{N} \{-\tau_{jy} - (p_{jz} - p_z) f_{jx} + p_{jx} f_{jz}\}}{\sum_{j=1}^{N} f_{jz}} \tag{3.24}$$

$$p_y = \frac{\sum_{j=1}^{N} \{\tau_{jx} - (p_{jz} - p_z) f_{jy} + p_{jy} f_{jz}\}}{\sum_{j=1}^{N} f_{jz}} \tag{3.25}$$

avec

$$\begin{aligned} \boldsymbol{f}_j &= [f_{jx}\ f_{jy}\ f_{jz}]^T \\ \boldsymbol{\tau}_j &= [\tau_{jx}\ \tau_{jy}\ \tau_{jz}]^T \\ \boldsymbol{p}_j &= [p_{jx}\ p_{jy}\ p_{jz}]^T \end{aligned}$$

Les équations 3.24 et 3.25 sont les relations de base pour mesurer la position du ZMP[2].

3.2.2 ZMP pour chaque pied

Nous considérons dans un premier temps qu'un seul pied est en contact avec le sol. Nous allons mesurer la position du ZMP sur la surface de contact.

Mesure utilisant un capteur d'efforts 6 Axes

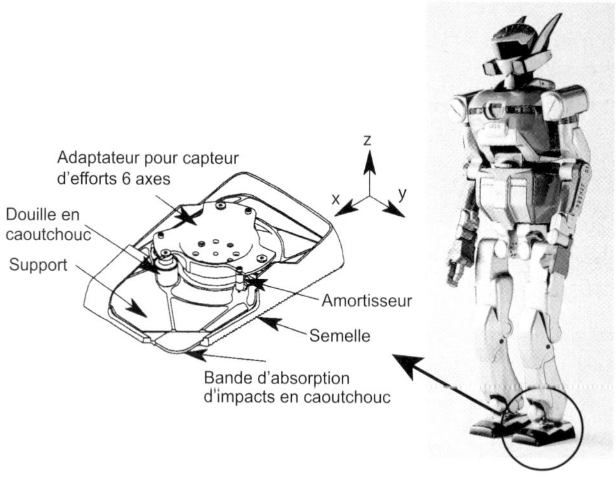

Figure 3.11 – Pied du HRP-2 [28].

La figure 3.11 montre le pied du robot humanoïde HRP-2 [28]. La force de réaction du sol, appliquée sur le pied au niveau de la semelle, est transmise au capteur par l'intermédiaire des absorbeurs de chocs et des amortisseurs. Un capteur d'efforts 6 axes (qui mesure les six composantes de la force et du moment) est fixé au bâti du pied, et la force est transmise à la cheville du robot

[2]La position du ZMP ne peut être déterminée lorsqu'un pied n'est pas en contact avec le sol, car dans ce cas les dénominateurs des équations 3.24 et 3.25 sont nuls. De ce fait, lors de la mesure du ZMP, nous devons fixer un seuil minimal et poser $p_x = p_y = 0$ dès que le dénominateur devient inférieur à ce seuil.

par l'intermédiaire du capteur. Les absorbeurs de chocs et les amortisseurs sont utilisés dans l'éventualité où le robot subirait des forces de grande amplitude. Les déplacements de l'ensemble des composants sont très faibles : nous les négligeons pour le calcul de la position du ZMP.

Figure 3.12 – Capteurs d'efforts 6 axes (autorisation de Nitta Corp).

Un capteur d'efforts 6 axes est organisé de manière à fournir simultanément la mesure de la force extérieure $\boldsymbol{f} = [f_x,\ f_y,\ f_z]$ et celle du moment extérieur $\boldsymbol{\tau} = [\tau_x\ \tau_y\ \tau_z]$ qui s'appliquent au robot. Ce type de capteurs, dont quelques exemples sont montrés sur la figure 3.12, est essentiellement utilisé pour mesurer la force à l'effecteur terminal de robots industriels. Dans notre cas d'utilisation, un tel capteur doit être assez léger et doit pouvoir supporter de grandes variations d'efforts extérieurs pour mesurer précisément la position du ZMP d'un robot humanoïde.

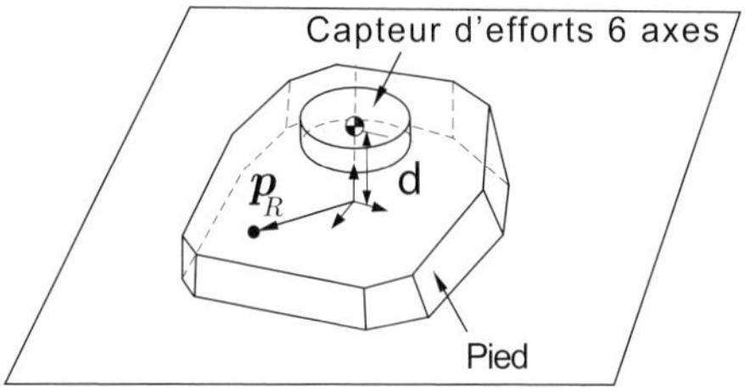

Figure 3.13 – Définition des variables pour le calcul du ZMP avec un capteur d'efforts 6 axes.

Pour obtenir la position du ZMP à partir des mesures du capteur d'efforts 6 axes, nous posons $N = 1$ dans les équations 3.24 et 3.25. Soient $\boldsymbol{p}_R$ et $\boldsymbol{p}_L$ les positions du ZMP respectivement sous le pied droit et sous le pied gauche (figure 3.13). La position du ZMP de chaque pied peut être obtenue de manière très simple, particulièrement dans le cas où le centre de mesure du capteur est situé sur l'axe z du repère de référence. Par exemple pour le pied droit :

$$p_{Rx} = (-\tau_{1y} - f_{1x}d)/f_{1z} \quad (3.26)$$
$$p_{Ry} = (\tau_{1x} - f_{1y}d)/f_{1z} \quad (3.27)$$

où

$$\boldsymbol{p}_R = [p_{Rx}\ p_{Ry}\ p_{Rz}]^T$$
$$\boldsymbol{p}_1 = [0\ \ 0\ \ d]^T.$$

Mesure du ZMP avec plusieurs capteurs d'efforts

Nous allons maintenant exposer une méthode de calcul de la position du ZMP par l'usage des mesures issues de plusieurs capteurs d'efforts. Prenons l'exemple du pied du robot humanoïde H5 [54] présenté à la figure 3.14. Afin d'obtenir un pied léger, le ZMP est calculé à partir de 12 **unités de mesures d'efforts** (Force Sensing Registers : FSR) et de capsules de sorbothane comprises entre deux plaques d'aluminium (figure 3.14(b)). La résistance électrique change en fonction de l'effort appliqué. De cette manière, les FSR peuvent être utilisées pour mesurer la composante verticale de la force de réaction du sol.

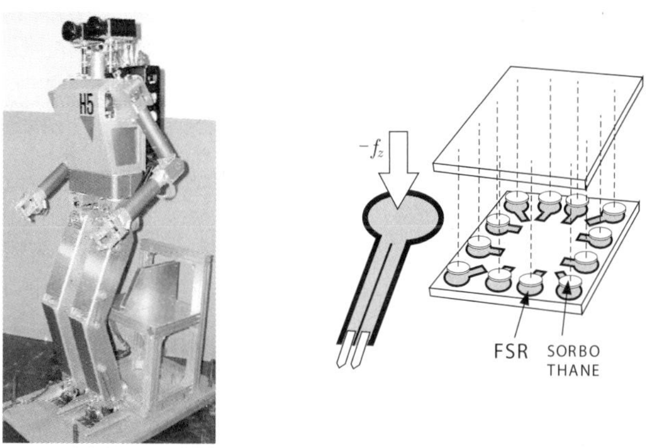

(a) H5 (b) Conception du pied de H5

Figure 3.14 – Le robot humanoïde H5 et son capteur d'efforts (autorisation du département de mécanique-informatique, université de Tokyo).

Pour mesurer la position du ZMP, les composantes en x et y de la force de réaction sont fixées à zéro dans les équations 3.24 et 3.25. Dans le cas où le système est doté de N capteurs de forces 1 axe comme sur la figure 3.15, le

ZMP s'obtient par :

$$p_x = \frac{\sum_{j=1}^{N} p_{jx} f_{jz}}{\sum_{j=1}^{N} f_{jz}} \quad (3.28)$$

$$p_y = \frac{\sum_{j=1}^{N} p_{jy} f_{jz}}{\sum_{j=1}^{N} f_{jz}} \quad (3.29)$$

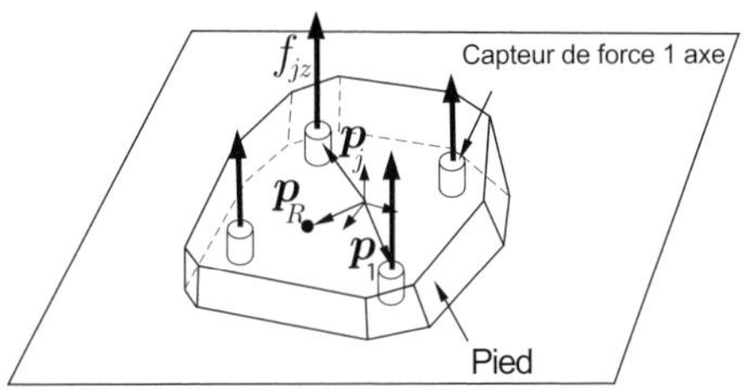

Figure 3.15 – Définition des variables pour le calcul du ZMP grâce à plusieurs capteurs de forces 1 axe.

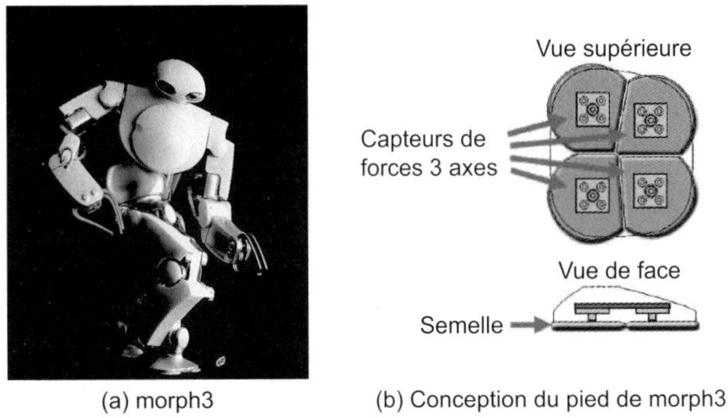

Figure 3.16 – Le robot humanoïde morph3 et son pied.

La figure 3.16 montre le robot humanoïde morph3[3] et les détails de conception de son pied [16, 70]. morph3 mesure la position du ZMP grâce à quatre **capteurs d'efforts 3 axes** fixés dans chacun de ses pieds (figure 3.16(b)). Les capteurs de forces 3 axes mesurent les trois dimensions des forces extérieures appliquées sous le pied et réparties en quatre points d'application. En utilisant

[3] « morph3 » a été développé en collaboration entre *ERATO Kitano Symbiotic Systems Project* de la JST (*Japan Science and Technology Agency*) et *Leading Edge Design*. La recherche et le développement de morph3 continuent au Centre technologique de la robotique de l'avenir (fuRo) de l'Institut technologique de Chiba, où les chercheurs ont été transférés depuis le 1er juin 2003.

ce système de mesure, nous pouvons obtenir une information concrète sur la surface de contact. Pour calculer la position du ZMP pour chaque pied, les composantes des moments utilisées dans les équations 3.24 et 3.25 sont fixées égales à zéro.

3.2.3 Calcul de la position du ZMP lorsque les deux pieds sont en contact avec le sol

Nous avons précédemment obtenu la position du ZMP par les valeurs de $\boldsymbol{p}_R$ et $\boldsymbol{p}_L$. Les valeurs des forces de réaction $\boldsymbol{f}_R$ et $\boldsymbol{f}_L$ pour chaque pied sont fournies par les capteurs d'efforts. Nous allons maintenant calculer la position du ZMP en utilisant ces informations dans le cas où les deux pieds du robot sont en contact avec le sol. Reprenons les équations 3.24 et 3.25. La position du ZMP est fixée par

$$p_x = \frac{p_{Rx} f_{Rz} + p_{Lx} f_{Lz}}{f_{Rz} + f_{Lz}} \tag{3.30}$$

$$p_y = \frac{p_{Rx} f_{Rz} + p_{Lx} f_{Lz}}{f_{Rz} + f_{Lz}} \tag{3.31}$$

où

$$\begin{aligned} \boldsymbol{f}_R &= [f_{Rx}\ f_{Ry}\ f_{Rz}]^T \\ \boldsymbol{f}_L &= [f_{Lx}\ f_{Ly}\ f_{Lz}]^T \\ \boldsymbol{p}_R &= [p_{Rx}\ p_{Ry}\ p_{Rz}]^T \\ \boldsymbol{p}_L &= [p_{Lx}\ p_{Ly}\ p_{Lz}]^T \end{aligned}$$

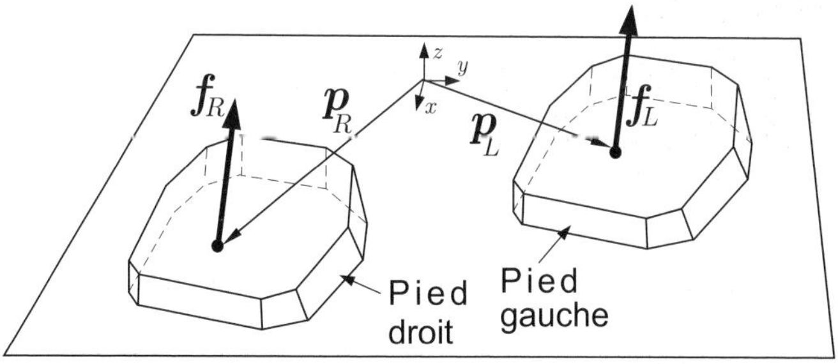

Figure 3.17 – Définition des variables pour le calcul de la position du ZMP lorsque les deux pieds sont en contact avec le sol.

Pendant la phase de simple support, comme la composante verticale de la force de réaction du sol s'annule, le ZMP calculé par les équations 3.30 et 3.31 coïncide avec le ZMP du pied de support. Cela fournit les valeurs

$$[p_x\ p_y\ p_z]^T = \begin{cases} [p_{Rx}\ p_{Ry}\ p_{Rz}]^T & \text{Support sur le pied droit} \\ [p_{Lx}\ p_{Ly}\ p_{Lz}]^T & \text{Support sur le pied gauche} \end{cases} \tag{3.32}$$

Pour conclure sur les calculs de position du ZMP, lorsque nous considérons l'équilibre d'un robot humanoïde, nous pouvons utiliser les équations 3.30 et 3.31 qui prennent en compte les contacts des deux pieds, quel que soit le pied de support.

3.3 Dynamique d'un robot humanoïde

À partir de l'analyse précédente, nous pouvons exprimer l'action des forces de réaction du sol sur un robot humanoïde en utilisant le ZMP, la force et le moment autour de l'axe vertical incluant le ZMP. Nous allons maintenant discuter de la relation entre la force de réaction du sol et les mouvements du robot. Dans un premier temps, rappelons les équations de base et discutons des principes qu'elles évoquent. Nous montrerons par la suite des algorithmes de calcul.

3.3.1 Mouvements du robot et forces de réaction

Paramètres physiques

Considérons un robot humanoïde de structure quelconque. Bien qu'il puisse être composé de métal, de plastique, de céramiques ou d'autres matériaux, nous admettons pouvoir précisément identifier le robot de son environnement. Nous définissons les dix paramètres physiques suivants classés en quatre groupes :

masse : masse totale du robot en kilogrammes, notée M ;

centre de masse : position du centre de masse du robot en mètres, notée $\boldsymbol{c} \equiv [x\ y\ z]^T$;

quantité de mouvement : mesure des mouvements du robot en translation en newtons-secondes, notée $\mathcal{P} \equiv [\mathcal{P}_x\ \mathcal{P}_y\ \mathcal{P}_z]^T$;

moment cinétique : mesure des mouvements du robot en rotation en newtons-mètres-secondes autour de l'origine, notée $\mathcal{L} \equiv [\mathcal{L}_x\ \mathcal{L}_y\ \mathcal{L}_z]^T$.

Nous préciserons par la suite ce que la quantité de mouvement $\mathcal{P}$ et le moment cinétique $\mathcal{L}$ représentent. La **dynamique du système** permet d'établir les relations entre les différents paramètres physiques définis ci-avant. Ces relations sont regroupées dans les trois équations suivantes :

$$\begin{aligned} \dot{\boldsymbol{c}} &= \mathcal{P}/M \\ \dot{\mathcal{P}} &= \boldsymbol{f}_{all} \\ \dot{\mathcal{L}} &= \boldsymbol{\tau}_{all} \end{aligned}$$

Nous expliquons précisément dans ce qui suit le sens de chacune de ces quantités physiques.

Dynamique d'un mouvement de translation

La première équation donne la relation entre la vitesse du centre de masse et la quantité de mouvement dans le cas d'un mouvement de translation :

$$\dot{\boldsymbol{c}} = \mathcal{P}/M \tag{3.33}$$

Cette équation nous montre que la quantité de mouvement est égale au produit de la masse totale par la vitesse du centre de masse. La seconde équation, toujours dans le cas d'un mouvement de translation, indique que la quantité de mouvement dépend des forces extérieures :

$$\dot{\mathcal{P}} = \boldsymbol{f}_{all} \tag{3.34}$$

où $\boldsymbol{f}_{all}$ définit la résultante des forces extérieures appliquées au robot. Les forces étant exprimées en newtons (N), la quantité de mouvement s'exprime donc en N.s[4]. La deuxième loi du mouvement de Newton est décrite dans *Principia Mathematica Philosophiae Naturalis.* La relation bien connue entre la force et l'accélération peut être obtenue en supprimant la variable $\mathcal{P}$ des équations 3.33 et 3.34.

Considérons les forces extérieures appliquées au robot. Les forces de gravité agissent sur tous les composants du robot. Leur somme est équivalente à la force $M\boldsymbol{g}$ appliquée au centre de masse $\boldsymbol{c}$ du robot. $\boldsymbol{g}$ définit le vecteur **accélération gravitationnelle** : les valeurs de ses composantes sont exprimées en m/s^2 et traduisent l'attraction que subissent les corps sur une planète. Par exemple, $\boldsymbol{g}$ vaut $[0\ 0\ -9.8]^T$ sur Terre[5], $[0\ 0\ -1.7]^T$ sur la Lune ou $[0\ 0\ -3.6]^T$ sur Mars. Comme les forces de gravitation ne dépendent pas du type de mouvement effectué par le robot, elles sont généralement traitées séparément des autres forces extérieures :

$$\boldsymbol{f}_{all} = M\boldsymbol{g} + \boldsymbol{f}$$

où $\boldsymbol{f}$ regroupe toutes les forces extérieures agissant sur le robot, sauf la gravité, c'est-à-dire les forces de contact avec l'environnement. Dans notre cas d'étude, il s'agit des forces de réaction du sol[6]. Nous pouvons donc écrire l'équation du mouvement en translation :

$$\dot{\mathcal{P}} = M\boldsymbol{g} + \boldsymbol{f} \tag{3.35}$$

Quand un robot se tient debout et immobile, la variation de quantité de mouvement est nulle et les forces de gravité s'équilibrent avec les forces de réaction du sol. Si les forces de réaction disparaissent, la quantité de mouvement augmente rapidement vers le bas du fait des forces de gravité. C'est ce que l'on peut observer lors de la **chute libre**.

---

[4] Nous allons vérifier que l'unité N.s est équivalente à l'unité kg.m/s obtenue par le calcul masse×vitesse.

[5] Le vecteur $[0\ 0\ -9.8]^T$ montre une accélération verticale (0 en x et en y) vers le bas (signe moins) d'amplitude 9.8 m/s^2 : la vitesse d'un corps lâché dans l'atmosphère augmentera vers le bas de 9.8 m/s tous les mètres.

[6] Un autre exemple de force extérieure comprise dans $\boldsymbol{f}$ pourrait prendre en compte la force de réaction subie en poussant un objet, ou la force de résistance à la prise au vent

Dynamique d'un mouvement de rotation

La troisième équation traduit un mouvement de rotation :

$$\dot{\mathcal{L}} = \boldsymbol{\tau}_{all} \tag{3.36}$$

Cette équation indique que le moment cinétique dépend du moment résultant des forces extérieures $\boldsymbol{\tau}_{all}$. Le moment des forces extérieures est exprimé en N.m ; le moment cinétique s'exprime donc en N.m.s.

Parmi les moments des forces extérieures appliquées au robot, celui dérivant des forces gravitationnelles est donné par la relation

$$\boldsymbol{\tau}_g = \boldsymbol{c} \times M\boldsymbol{g}$$

Soit $\boldsymbol{\tau}$ le moment des forces extérieures hormis celles dues à la gravité. Le moment résultant des forces extérieures appliquées au robot vaut

$$\boldsymbol{\tau}_{all} = \boldsymbol{c} \times M\boldsymbol{g} + \boldsymbol{\tau}$$

Ainsi, **l'équation d'un mouvement de rotation autour de l'origine** peut s'écrire de la manière suivante :

$$\dot{\mathcal{L}} = \boldsymbol{c} \times M\boldsymbol{g} + \boldsymbol{\tau} \tag{3.37}$$

Comme dans le cas des forces de réaction, nous ne considérons dans le moment $\boldsymbol{\tau}$ que **le moment de réaction du sol** appliqué au niveau du sol. Pour un robot se tenant debout immobile, ce moment devrait s'équilibrer avec celui généré par les forces de pesanteur. Dans le cas contraire, le moment de réaction du sol augmente rapidement : c'est le cas de **la chute**.

3.3.2 Grandeurs cinétiques

Centre de masse

Un robot humanoïde possède une structure complexe qui peut être vue comme l'assemblage de nombreux corps. Soit N le nombre total de corps qui composent le robot, et m_i la masse du corps i. La masse totale du robot vaut

$$M = \sum_{i=1}^{N} m_i$$

Soit $\boldsymbol{p}_i$ le vecteur position du corps i vu comme une masse ponctuelle. La position du centre de masse total du robot est donnée par

$$\boldsymbol{c} = \sum_{i=1}^{N} m_i \boldsymbol{p}_i / M \tag{3.38}$$

La vitesse du centre de masse est alors obtenue en dérivant par rapport au temps de l'équation précédente :

$$\dot{\boldsymbol{c}} = \sum_{i=1}^{N} m_i \dot{\boldsymbol{p}}_i / M \tag{3.39}$$

Selon la définition de l'équation 3.33, $m_i \dot{\boldsymbol{p}}_i$ représente la quantité de mouvement de la i-ième masse ponctuelle. La quantité de mouvement totale du robot est donc exprimée comme la somme des quantités de mouvement associées à chaque masse ponctuelle, c'est-à-dire

$$\mathcal{P} = \sum_{i=1}^{N} m_i \dot{\boldsymbol{p}}_i \tag{3.40}$$

Nous retrouvons bien les résultats généraux de l'équation 3.33 à partir des équations 3.39 et 3.40.

$$\dot{\boldsymbol{c}} = \mathcal{P}/M$$

Expression dynamique de la quantité de mouvement

Nous allons déterminer les équations dynamiques dérivant de la quantité de mouvement et du moment cinétique. L'équation du mouvement associée aux déplacements de la i-ième masse ponctuelle s'écrit

$$m_i \ddot{\boldsymbol{p}}_i = \sum_{j=1}^{N} \boldsymbol{f}_{ij}^{int} + \boldsymbol{f}_i^{ext} \tag{3.41}$$

où $\boldsymbol{f}_{ij}^{int}$ et $\boldsymbol{f}_i^{ext}$ représentent les forces extérieures appliquées à la masse ponctuelle i provenant respectivement de la masse ponctuelle j et de l'environnement. La loi d'action et de réaction établit la relation suivante :

$$\boldsymbol{f}_{ij}^{int} = -\boldsymbol{f}_{ji}^{int} \quad (i \neq j).$$

Cette équation indique que les forces provenant de la masse ponctuelle i sur elle-même sont nulles. En effet, la seule possibilité pour vérifier la relation $\boldsymbol{f}_{ii}^{int} = -\boldsymbol{f}_{ii}^{int}$ est $\boldsymbol{f}_{ii}^{int} = 0$.

La loi d'action-réaction permet de simplifier l'expression de l'équation du mouvement globale du robot, obtenue en sommant l'équation 3.41 sur toutes les masses ponctuelles le constituant :

$$\sum_{i=1}^{N} m_i \ddot{\boldsymbol{p}}_i = \sum_{i=1}^{N} \boldsymbol{f}_i^{ext} \tag{3.42}$$

Les forces d'interaction entre les masses ponctuelles s'équilibrent, et finalement seules les forces dues à l'environnement influencent le mouvement. Nous retrouvons alors le résultat énoncé dans l'équation 3.34

$$\dot{\mathcal{P}} = \boldsymbol{f}_{all}$$

en posant $\sum_{i=1}^{N} m_i \ddot{\boldsymbol{p}}_i = \dot{\mathcal{P}}$ et en remplaçant la somme des forces extérieures par la résultante des forces extérieures : $\sum_{i=1}^{N} \boldsymbol{f}_i^{ext} = \boldsymbol{f}_{all}$.

Nous confirmons donc que la quantité de mouvement du robot ne dépend pas des forces intérieures au système, mais seulement des forces extérieures. Remarquons que cette équation est aussi satisfaite dans le cas de robots composés d'objets flexibles ou liquides.

3.3.3 Moment cinétique

Résultante et moment cinétiques

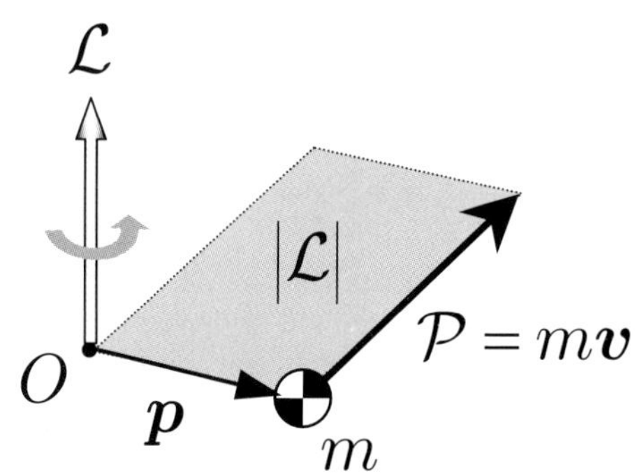

Figure 3.18 – Relation entre résultante et moment cinétiques : $\mathcal{L} = \boldsymbol{p} \times \mathcal{P}$.

La figure 3.18 illustre la relation entre la quantité de mouvement[7] et le moment cinétique d'une manière générale. Pour la i-ème masse ponctuelle constituant le robot, cette relation s'écrit

$$\mathcal{L}_i = \boldsymbol{p}_i \times \mathcal{P}_i \tag{3.43}$$

Précisons deux caractéristiques importantes du moment cinétique :

- Le moment cinétique est un vecteur et est représenté par une flèche autour de son axe dans l'espace à trois dimensions. Cette remarque s'applique aussi à la vitesse angulaire : ces entités sont appelées « pseudo-vecteurs ».
- Le moment cinétique n'est défini que pour un mouvement de rotation. Par exemple, en utilisant l'équation 3.43 et en appliquant une vitesse de translation pure à toutes les masses ponctuelles, nous obtenons un moment constant (loi de conservation du moment cinétique).

Considérons un point de référence arbitraire autre que l'origine du référentiel du monde, dont la position est définie par le vecteur $\boldsymbol{r}$. Soit $\mathcal{L}^{(r)}$ le moment cinétique autour de ce point de référence. Le moment cinétique résultant des

[7] La quantité de mouvement est aussi appelée résultante cinétique, en référence à la représentation du mouvement par des torseurs.

mouvements de la i-ème masse ponctuelle, exprimé au point de référence choisi, est obtenu par la relation

$$\mathcal{L}_i^{(r)} = (\boldsymbol{p}_i - \boldsymbol{r}) \times \mathcal{P}_i \tag{3.44}$$

et le moment cinétique résultant de l'ensemble des masses ponctuelles constituant le robot, exprimé au point de référence, est

$$\begin{aligned} \mathcal{L}^{(r)} &= \sum_{j=1}^{N} (\boldsymbol{p}_i - \boldsymbol{r}) \times \mathcal{P}_i \\ &= \sum_{j=1}^{N} \boldsymbol{p}_i \times \mathcal{P}_i - \boldsymbol{r} \times \sum_{j=1}^{N} \mathcal{P}_i \end{aligned}$$

ou encore

$$\mathcal{L}^{(r)} = \mathcal{L} - \boldsymbol{r} \times \mathcal{P}. \tag{3.45}$$

Cette équation permet de calculer facilement le moment cinétique résultant au centre de masse du robot.

Expression dynamique du moment cinétique

La dérivation de l'équation 3.43 par rapport au temps donne l'expression dynamique du moment cinétique :

$$\begin{aligned} \dot{\mathcal{L}}_i &= \dot{\boldsymbol{p}}_i \times \mathcal{P}_i + \boldsymbol{p}_i \times \dot{\mathcal{P}}_i \\ &= \dot{\boldsymbol{p}}_i \times (m_i \dot{\boldsymbol{p}}_i) + \boldsymbol{p}_i \times m_i \ddot{\boldsymbol{p}}_i \end{aligned}$$

Le premier terme du second membre est nul car il est le produit vectoriel d'un vecteur par lui-même. Il résulte

$$\dot{\mathcal{L}}_i = \boldsymbol{p}_i \times m_i \ddot{\boldsymbol{p}}_i \tag{3.46}$$

En substituant $m_i \ddot{\boldsymbol{p}}_i$ par la valeur obtenue dans l'équation du mouvement 3.41, cette expression devient

$$\begin{aligned} \dot{\mathcal{L}}_i &= \boldsymbol{p}_i \times (\sum_{j=1}^{N} \boldsymbol{f}_{ij}^{int} + \boldsymbol{f}_i^{ext}) \\ &= \sum_{j=1}^{N} \boldsymbol{p}_i \times \boldsymbol{f}_{ij}^{int} + \boldsymbol{p}_i \times \boldsymbol{f}_i^{ext} \end{aligned} \tag{3.47}$$

Or le moment cinétique total est la somme des moments cinétiques associés à chaque masse ponctuelle :

$$\dot{\mathcal{L}} = \sum_{i=1}^{N} \sum_{j=1}^{N} \boldsymbol{p}_i \times \boldsymbol{f}_{ij}^{int} + \sum_{i=1}^{N} \boldsymbol{p}_i \times \boldsymbol{f}_i^{ext} \tag{3.48}$$

La première somme du second membre peut s'écrire différemment :

$$\boldsymbol{p}_i \times \boldsymbol{f}_{ij}^{int} + \boldsymbol{p}_j \times \boldsymbol{f}_{ji}^{int} = (\boldsymbol{p}_i - \boldsymbol{p}_j) \times \boldsymbol{f}_{ij}^{int} = \boldsymbol{r}_{ij} \times \boldsymbol{f}_{ij}^{int} \tag{3.49}$$

Dans cette équation, $\boldsymbol{r}_{ij}$ définit le vecteur position entre la i-ième et la j-ième masse ponctuelle. D'une manière générale, comme les vecteurs forces d'action et de réaction entre deux masses ponctuelles sont de même direction et de sens opposés, nous obtenons

$$\sum_{i=1}^{N} \sum_{j=1}^{N} \boldsymbol{r}_{ij} \times \boldsymbol{f}_{ij}^{int} = 0$$

La première somme de l'équation 3.48 vaut donc zéro. L'expression dynamique du moment cinétique se résume donc à l'expression suivante :

$$\dot{\mathcal{L}} = \sum_{i=1}^{N} \boldsymbol{p}_i \times \boldsymbol{f}_i^{ext}$$

Le terme de droite de cette relation représente le moment résultant des forces extérieures exprimé à l'origine pour l'ensemble du robot. Nous retrouvons l'équation 3.36 du paragraphe 3.3.1 en remplaçant l'expression de ce moment par sa notation $\boldsymbol{\tau}_{all}$:

$$\dot{\mathcal{L}} = \boldsymbol{\tau}_{all}$$

Ce résultat montre que le moment cinétique à l'origine ne dépend pas des moments des forces d'interaction entre les différentes masses ponctuelles constituant le robot, mais uniquement du moment généré par les forces extérieures au robot. De la même manière que lors de l'étude de la quantité de mouvement, cette équation est vérifiée quelle que soit la nature des objets composant le robot[8].

3.3.4 Moment cinétique et tenseur d'inertie d'un corps rigide

Un corps rigide est un objet idéal constitué d'un matériau d'une rigidité suffisamment grande pour qu'il puisse être considéré comme non déformable. Un robot est généralement étudié comme l'assemblage de corps rigides reliés par des liaisons[9].

Soit un corps rigide flottant dans l'espace, en rotation, et ne subissant pas l'effet de forces extérieures. Comme nous l'avons expliqué dans le chapitre 2, la vitesse de rotation d'un corps rigide est exprimée par le vecteur rotation $\boldsymbol{\omega}$. Nous considérons que l'origine du système de coordonnées coïncide avec le

[8] La dérivation détaillée de la quantité de mouvement et du moment cinétique de masses ponctuelles est accessible dans le livre de Goldstein, *Classical Mechanics* [17].

[9] Il s'agit là d'une approximation. Cependant, une analyse poussée montre la validité d'un tel modèle.

centre de masse du corps. La vitesse, exprimée en un point $\boldsymbol{p}_i$ du corps rigide, vaut donc

$$\boldsymbol{v}_i = \boldsymbol{v}(\boldsymbol{p}_i) = \boldsymbol{\omega} \times \boldsymbol{p}_i \tag{3.50}$$

Calculons le moment cinétique total du corps rigide en reportant dans l'équation 3.43 la valeur de $\boldsymbol{v}_i$ définie dans l'équation 3.50 :

$$\begin{aligned} \mathcal{L} &= \sum_i \boldsymbol{p}_i \times (m_i \boldsymbol{\omega} \times \boldsymbol{p}_i) \\ &= \sum_i m_i \boldsymbol{p}_i \times (-\boldsymbol{p}_i \times \boldsymbol{\omega}) \\ &= (\sum_i m_i \widehat{\boldsymbol{p}}_i \widehat{\boldsymbol{p}}_i^T)\, \boldsymbol{\omega} \end{aligned}$$

Le moment cinétique d'un corps rigide s'exprime donc comme le produit d'un vecteur vitesse de rotation par une matrice de coefficients. Cette matrice est appelée **tenseur d'inertie**, notée $\bar{\boldsymbol{I}}$, et définie par :

$$\bar{\boldsymbol{I}} \equiv \sum_i m_i \widehat{\boldsymbol{p}}_i \widehat{\boldsymbol{p}}_i^T \tag{3.51}$$

De par sa définition, il apparaît que $\bar{\boldsymbol{I}}$ est une matrice symétrique 3×3. Le moment cinétique d'un corps rigide est calculé en effectuant le produit du tenseur d'inertie par le vecteur vitesse de rotation :

$$\mathcal{L} = \bar{\boldsymbol{I}} \boldsymbol{\omega} \tag{3.52}$$

Si nous désirons obtenir le tenseur d'inertie d'un objet de forme quelconque, et de densité distribuée notée $\nu(\boldsymbol{p})$, nous devons écrire l'équation 3.51 pour un système continu. Nous obtenons alors

$$\bar{\boldsymbol{I}} = \int_V \nu(\boldsymbol{p}) \widehat{\boldsymbol{p}} \widehat{\boldsymbol{p}}^T dV \tag{3.53}$$

Il n'est en fait pas nécessaire de calculer le tenseur d'inertie pour un objet de densité uniforme, car ce type d'information est accessible dans la littérature scientifique. Par exemple, à un parallélépipède rectangle de dimensions l_x, l_y et l_z, et de masse m, correspond le tenseur

$$\bar{\boldsymbol{I}} = \begin{bmatrix} \frac{m}{12}(l_y^2 + l_z^2) & 0 & 0 \\ 0 & \frac{m}{12}(l_x^2 + l_z^2) & 0 \\ 0 & 0 & \frac{m}{12}(l_x^2 + l_y^2) \end{bmatrix} \tag{3.54}$$

Nous n'avons ensuite qu'à reporter les valeurs propres au cas spécifique traité. Si le parallélépipède rectangle précédent est de dimensions $0.1 \times 0.4 \times 0.9$ m^3 et de masse 36 kg, le tenseur d'inertie est

$$\bar{\boldsymbol{I}} = \begin{bmatrix} 2.91 & 0 & 0 \\ 0 & 2.46 & 0 \\ 0 & 0 & 0.51 \end{bmatrix} \text{kg.m}^2$$

La figure 3.19(a) représente le moment cinétique de cet objet animé d'une vitesse angulaire de $[1\ 1\ 1]^T$ rad/s. Cette illustration montre que les deux vecteurs $\boldsymbol{\omega}$ et $\mathcal{L}$ sont généralement de directions différentes.

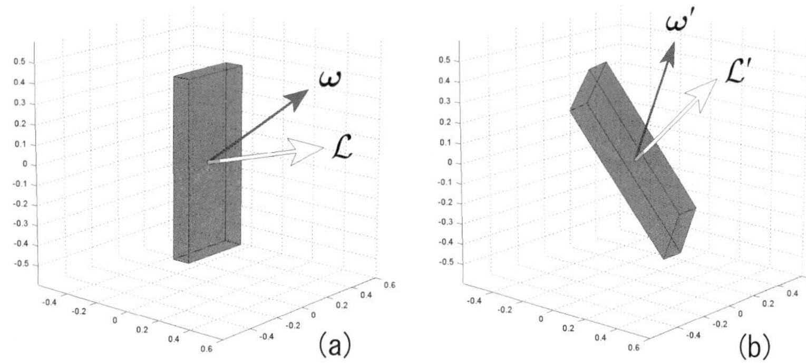

Figure 3.19 – (a) Vecteur vitesse de rotation $\boldsymbol{\omega}$ et moment cinétique $\mathcal{L}$ d'un corps rigide dans une position de référence ; (b) rotation du corps rigide par rapport à la position de référence (les positions relatives des deux vecteurs $\boldsymbol{\omega}'$ et $\mathcal{L}'$ par rapport au corps ne changent pas).

Lors d'une rotation de l'objet dans l'espace (figure 3.19(b)), le repère attaché à l'objet, ainsi que les vecteurs exprimés dans ce repère, subissent une transformation par la matrice de rotation $\boldsymbol{R}$. Si on considère que la rotation de l'objet n'est due qu'à un changement de point de vue, on peut facilement comprendre que la position relative par rapport à l'objet des deux vecteurs (vitesse de rotation et moment cinétique) ne change pas. En d'autres termes, dans le cas d'un changement de point de vue, $\boldsymbol{\omega}$ et $\mathcal{L}$ subissent une rotation similaire à celle de l'objet.

$$\boldsymbol{\omega}' = \boldsymbol{R}\boldsymbol{\omega} \tag{3.55}$$

$$\mathcal{L}' = \boldsymbol{R}\mathcal{L} \tag{3.56}$$

Revenons à l'équation 3.52. L'expression du moment cinétique dans la position de référence peut être notée

$$\mathcal{L} = \bar{\boldsymbol{I}}\boldsymbol{\omega}$$

En substituant cette expression dans l'équation 3.56, et en exprimant $\boldsymbol{\omega}$ en fonction de $\boldsymbol{\omega}'$ donné par l'équation 3.55, nous obtenons la relation suivante entre $\boldsymbol{\omega}'$ et $\mathcal{L}'$:

$$\mathcal{L}' = (\boldsymbol{R}\bar{\boldsymbol{I}}\boldsymbol{R}^T)\boldsymbol{\omega}' \tag{3.57}$$

$\boldsymbol{R}\bar{\boldsymbol{I}}\boldsymbol{R}^T$ est le nouveau tenseur d'inertie après la transformation spatiale caractérisée par la matrice de rotation $\boldsymbol{R}$. Le tenseur d'inertie associé à un objet subissant une rotation de $\boldsymbol{R}$ par rapport à sa position de référence, peut donc être calculé à partir du tenseur d'inertie de la position de référence, en utilisant la relation

$$\boldsymbol{I} = \boldsymbol{R}\bar{\boldsymbol{I}}\boldsymbol{R}^T \tag{3.58}$$

3.3.5 Position du centre de masse du robot

Nous pouvons maintenant calculer l'ensemble des paramètres physiques pour représenter le mouvement dynamique du robot. Dans un premier temps, nous allons proposer une méthode de calcul de la position du centre de masse du robot. Connaissant la position et l'orientation de chaque corps constituant le robot, la position du centre de masse s'obtient en s'acquittant successivement des étapes suivantes :

Étape 1 : Définir la position du centre de masse de chaque corps dans le repère de référence.

Étape 2 : Calculer le moment résultant, exprimé à l'origine, généré par la masse de chacun des corps.

Étape 3 : La position du centre de masse du système s'obtient par la division du moment résultant par la masse totale du robot.

Si la position $\bar{\boldsymbol{c}}_j$ du centre de masse de chaque corps j est connue dans le repère local, son expression dans le repère de référence est obtenue par la relation

$$\boldsymbol{c}_j = \boldsymbol{p}_j + \boldsymbol{R}_j\bar{\boldsymbol{c}}_j \tag{3.59}$$

où $(\boldsymbol{p}_j, \boldsymbol{R}_j)$ définit la position du centre et l'orientation du repère lié au j-ième corps dans le repère de référence. La position du centre de masse global du robot est alors obtenue dans le système de référence en divisant le moment résultant exprimé à l'origine par la masse totale, c'est-à-dire

$$\boldsymbol{c} = \sum_{j=1}^{N} m_j \boldsymbol{c}_j / M \tag{3.60}$$

Le code de la figure 3.20 correspond au programme Matlab permettant de calculer le moment $\boldsymbol{c}_j$ du j-ième corps dans le repère de référence. Le programme 3.21 permet de déterminer la position du centre de masse du robot $\boldsymbol{c}$ dans le repère de référence.

3.3.6 Quantité de mouvement du robot

La quantité de mouvement du robot composé de N corps est donnée par la relation

$$\mathcal{P} = \sum_{j=1}^{N} m_j \dot{\boldsymbol{c}}_j \tag{3.61}$$

où $\dot{\boldsymbol{c}}_j$ définit la vitesse du centre de masse du j-ième corps obtenue par la relation

$$\dot{\boldsymbol{c}}_j = \boldsymbol{v}_j + \boldsymbol{\omega}_j \times (\boldsymbol{R}_j\bar{\boldsymbol{c}}_j) \tag{3.62}$$

```
function mc = calcMC(j)
global uLINK

if j == 0
   mc = 0;
else
   mc = uLINK(j).m * (uLINK(j).p + uLINK(j).R * uLINK(j).c );
   mc = mc + calcMC(uLINK(j).sister) + calcMC(uLINK(j).child);
end
```

Figure 3.20 – `calcMC.m` calcule le moment résultant généré par tous les corps, exprimé à l'origine du repère de référence du robot.

```
function com = calcCoM()
global uLINK

M   = TotalMass(1);
MC  = calcMC(1);
com = MC / M;
```

Figure 3.21 – `calcCoM.m` calcule la position du centre de masse du robot.

$\boldsymbol{v}_j$ et $\boldsymbol{\omega}_j$ définissent respectivement la vitesse linéaire et la vitesse angulaire du j-ième corps. La figure 3.22 fournit le code permettant le calcul de la quantité de mouvement du robot ; ce programme considère que position, orientation, vitesse linéaire et vitesse angulaire de chaque corps ont déjà été calculées.

3.3.7 Moment cinétique du robot

Le moment cinétique du robot composé de N corps s'obtient par la relation

$$\mathcal{L} = \sum_{j=1}^{N} \mathcal{L}_j \tag{3.63}$$

où $\mathcal{L}_j$ définit le moment cinétique généré par le mouvement du j-ième corps, exprimé à l'origine du repère de référence. Son expression est

$$\mathcal{L}_j = \boldsymbol{c}_j \times \mathcal{P}_j + \boldsymbol{R}_j \bar{\boldsymbol{I}}_j \boldsymbol{R}_j^T \boldsymbol{\omega}_j \tag{3.64}$$

Dans cette relation, $\bar{\boldsymbol{I}}_j$ représente le tenseur d'inertie du j-ième corps exprimé dans le système local de coordonnés. Le code donné par la figure 3.23 utilise ces deux relations pour calculer le moment cinétique du robot, exprimé à l'origine du repère de référence. Encore une fois, positions, orientations, vitesses

```
function P = calcP(j)
global uLINK

if j == 0
   P = 0;
else
   c1 = uLINK(j).R * uLINK(j).c;
   P = uLINK(j).m * (uLINK(j).v + cross(uLINK(j).w , c1));
   P = P + calcP(uLINK(j).sister) + calcP(uLINK(j).child);
end
```

Figure 3.22 – `calcP.m` calcule la quantité de mouvement du robot.

linéaires et angulaires pour tous les corps séparément doivent être calculées avant l'exécution de la fonction.

```
function L = calcL(j)
global uLINK

if j == 0
   L = 0;
else
   c1 = uLINK(j).R * uLINK(j).c;
   c  = uLINK(j).p + c1;
   P = uLINK(j).m * (uLINK(j).v + cross(uLINK(j).w , c1));
   L = cross(c, P) + uLINK(j).R * uLINK(j).I * uLINK(j).R' * uLINK(j).w;
   L = L + calcL(uLINK(j).sister) + calcL(uLINK(j).child);
end
```

Figure 3.23 – `calcL.m` calcule le moment cinétique du robot exprimé à l'origine du repère de référence.

3.4 Calcul du ZMP basé sur les mouvements du robot

À partir des théories et algorithmes présentés ci-dessus, nous pouvons à présent calculer la position du ZMP en fonction d'un mouvement donné du robot.

3.4.1 Dérivation du ZMP

Rappelons dans un premier temps que les forces de réaction du sol peuvent être représentées au ZMP ($\boldsymbol{p}$) par une force résultante équivalente ($\boldsymbol{f}$) et un moment résultant ($\boldsymbol{\tau}_p$) autour de la ligne verticale passant par le ZMP (voir chapitre 3.1.3). Nous pouvons calculer le moment résultant $\boldsymbol{\tau}$ exprimé à l'origine du repère de référence :

$$\boldsymbol{\tau} = \boldsymbol{p} \times \boldsymbol{f} + \boldsymbol{\tau}_p. \tag{3.65}$$

Nous utiliserons par la suite les relations suivantes entre les forces de réaction du sol et la quantité de mouvement du robot d'une part, et entre le moment résultant des forces de réaction du sol et le moment cinétique d'autre part (chapitre 3.3.1) :

$$\begin{aligned} \dot{\mathcal{P}} &= M\boldsymbol{g} + \boldsymbol{f} & (3.66) \\ \dot{\mathcal{L}} &= \boldsymbol{c} \times M\boldsymbol{g} + \boldsymbol{\tau} & (3.67) \end{aligned}$$

En manipulant les trois équations 3.65, 3.66 et 3.67, nous obtenons une expression de $\boldsymbol{\tau}_p$ en fonction des composantes cinétiques et statiques qui caractérisent les mouvements du robot :

$$\boldsymbol{\tau}_p = \dot{\mathcal{L}} - \boldsymbol{c} \times M\boldsymbol{g} + (\dot{\mathcal{P}} - M\boldsymbol{g}) \times \boldsymbol{p} \tag{3.68}$$

$\boldsymbol{\tau}_p$ est un vecteur à trois composantes dont les deux premières sont nulles puisque les composantes du moment résultant dû aux forces de réaction du sol, exprimé au ZMP, sont nulles dans le plan horizontal. D'après l'équation 3.68 ci-dessus, ces composantes s'écrivent de manière plus concrète sous la forme

$$\begin{aligned} \tau_{px} &= \dot{\mathcal{L}}_x + Mgy + \dot{\mathcal{P}}_y p_z - (\dot{\mathcal{P}}_z + Mg)p_y = 0 & (3.69) \\ \tau_{py} &= \dot{\mathcal{L}}_y - Mgx - \dot{\mathcal{P}}_x p_z + (\dot{\mathcal{P}}_z + Mg)p_x = 0 & (3.70) \end{aligned}$$

avec

$$\begin{aligned} \mathcal{P} &= [\mathcal{P}_x \ \mathcal{P}_y \ \mathcal{P}_z]^T \\ \mathcal{L} &= [\mathcal{L}_x \ \mathcal{L}_y \ \mathcal{L}_z]^T \\ \boldsymbol{c} &= [x \ y \ z]^T \\ \boldsymbol{g} &= [0 \ 0 \ -g]^T \end{aligned}$$

La résolution du système d'équations donne les valeurs de p_x et p_y (position du ZMP dans le plan horizontal) suivantes :

$$\begin{aligned} p_x &= \frac{Mgx + p_z\dot{\mathcal{P}}_x - \dot{\mathcal{L}}_y}{Mg + \dot{\mathcal{P}}_z} & (3.71) \\ p_y &= \frac{Mgy + p_z\dot{\mathcal{P}}_y + \dot{\mathcal{L}}_x}{Mg + \dot{\mathcal{P}}_z} & (3.72) \end{aligned}$$

où p_z définit la hauteur du sol. Dans le cas d'un mouvement sur sol plat, on a $p_z = 0$. Vérifions la validité de notre équation : lorsqu'un robot se tient immobile, nous avons $\dot{\mathcal{P}} = \dot{\mathcal{L}} = 0$ et obtenons

$$p_x = x \tag{3.73}$$

$$p_y = y \tag{3.74}$$

Nous retrouvons bien le cas statique où la position du ZMP coïncide avec la projection du centre de masse sur le sol.

```
function [px,py] = calcZMP(c,dP,dL,pz)
global M G

px = (M*G*c(1) + pz * dP(1) - dL(2))/(M*G + dP(3));
py = (M*G*c(2) + pz * dP(2) + dL(1))/(M*G + dP(3));
```

Figure 3.24 – `calcZMP.m` calcule la position du ZMP.

Le code de la fonction de calcul de la position du ZMP est donné par la figure 3.24. Ce code utilise les résultats des équations 3.71 et 3.72. Les deux valeurs pour dP($= \dot{\mathcal{P}}$) et dL($= \dot{\mathcal{L}}$) peuvent être obtenues par différentiation numérique de la quantité de mouvement et du moment cinétique.

3.4.2 Méthode approchée de calcul de la position du ZMP

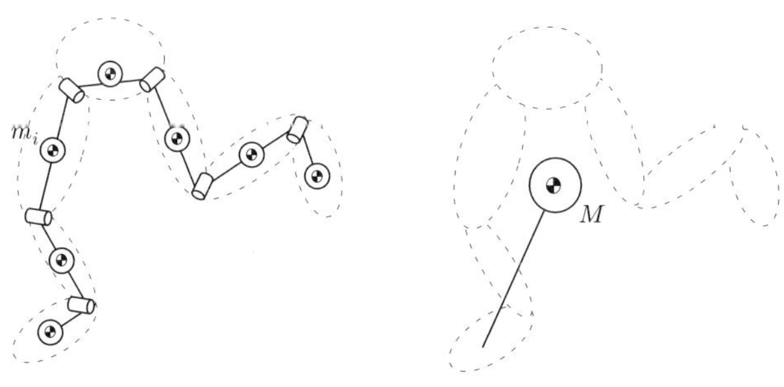

(a) Approximation par un système de masses ponctuelles

(b) Approximation par une masse ponctuelle unique

Figure 3.25 – Représentation simplifiée d'un système multicorps.

Nous allons maintenant présenter une méthode de calcul du ZMP par l'utilisation d'un modèle simplifié. La figure 3.25(a) représente un modèle simplifié qui réduit chaque corps à son centre de masse. Le système est alors conçu comme un ensemble de masses ponctuelles. Une conséquence directe est que l'on néglige, lors d'un mouvement, les effets inertiels car ceux-ci ne dépendent que de la géométrie des corps. Dans ce cas, l'expression du moment cinétique à l'origine devient

$$\mathcal{L} = \sum_{i=1}^{N} \boldsymbol{c}_i \times \mathcal{P}_i \tag{3.75}$$

Nous pouvons reporter cette valeur dans les équations 3.71 et 3.72. Nous obtenons l'expression correspondante de la position du ZMP dans le repère de référence :

$$p_x = \frac{\sum_{i=1}^{N}\{(\ddot{z}_i + g)x_i - (z_i - p_z)\ddot{x}_i\}}{\sum_{i=1}^{N}(\ddot{z}_i + g)} \tag{3.76}$$

$$p_y = \frac{\sum_{i=1}^{N}\{(\ddot{z}_i + g)y_i - (z_i - p_z)\ddot{y}_i\}}{\sum_{i=1}^{N}(\ddot{z}_i + g)} \tag{3.77}$$

avec $\boldsymbol{c}_i = [x_i \; y_i \; z_i]^T$. Bien que cette équation soit une approximation, la position du ZMP est donnée avec suffisamment de précision lorsque chaque corps du robot est modélisé en utilisant des points ponctuels multiples [76].

Dans ce qui suit, le robot dans son ensemble est représenté par une masse ponctuelle unique comme l'illustre la figure 3.25(b). Dans ce cas, les expressions de la quantité de mouvement et du moment cinétique à l'origine sont

$$\mathcal{P} = M\dot{\boldsymbol{c}} \tag{3.78}$$

$$\mathcal{L} = \boldsymbol{c} \times M\dot{\boldsymbol{c}}, \tag{3.79}$$

Les composantes de leurs dérivées respectives sont données par les relations vectorielles développées suivantes :

$$\begin{bmatrix} \dot{\mathcal{P}}_x \\ \dot{\mathcal{P}}_y \\ \dot{\mathcal{P}}_z \end{bmatrix} = \begin{bmatrix} M\ddot{x} \\ M\ddot{y} \\ M\ddot{z} \end{bmatrix} \tag{3.80}$$

$$\begin{bmatrix} \dot{\mathcal{L}}_x \\ \dot{\mathcal{L}}_y \\ \dot{\mathcal{L}}_z \end{bmatrix} = \begin{bmatrix} M(y\ddot{z} - z\ddot{y}) \\ M(z\ddot{x} - x\ddot{z}) \\ M(x\ddot{y} - y\ddot{x}) \end{bmatrix} \tag{3.81}$$

Nous n'avons plus qu'à reporter ces valeurs dans les équations 3.71 et 3.72 pour obtenir la position du ZMP :

$$p_x = x - \frac{(z - p_z)\ddot{x}}{\ddot{z} + g} \tag{3.82}$$

$$p_y = y - \frac{(z - p_z)\ddot{y}}{\ddot{z} + g} \tag{3.83}$$

Nous utiliserons à nouveau l'équation 3.82 dans le chapitre 4 pour générer le cycle de marche bipède.

3.5 Quelques remarques concernant le ZMP

3.5.1 Deux explications

En établissant de manière intuitive la relation entre les déplacements du robot et la position du ZMP, les représentations par masses ponctuelles telles que celle proposée sur la figure 3.26(a) sont fréquentes. Dans ce cas, $-M\ddot{x}$ exprime une force virtuelle appelée **force inertielle**, ou force d'inertie, qui traduit une réaction à la variation d'accélération d'un corps [80]. La figure 3.26(a) montre que la force inertielle et les forces de gravité s'équilibrent avec les forces de réaction du sol.

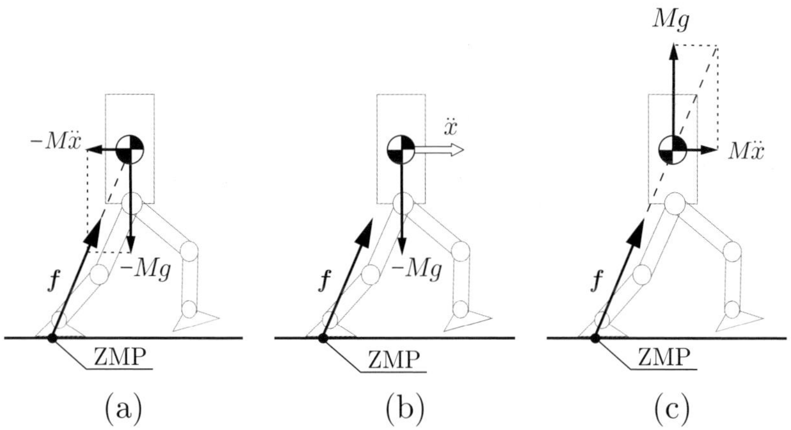

Figure 3.26 – Relation entre les déplacements du robot et la position du ZMP ; (a) justification par la force inertielle ; (b) bilan des forces agissant sur le robot ; (c) justification par la compensation des forces de gravité et l'accélération.

Le bilan des forces agissant sur le robot et qui sont illustrées par la figure 3.26(b) montre que les seules forces extérieures à prendre en compte sont les forces de gravité et de réaction du sol. Comme il est difficile d'illustrer simplement l'équilibre des forces, nous avons introduit le principe des forces inertielles représentées sur la figure 3.26(a). L'équilibre peut cependant se justifier sans cette introduction, comme le montre par exemple la représentation de la figure 3.26(c) : en opposition à la direction du vecteur gravité, la vitesse du centre de masse est dirigée verticalement vers le haut. Ceci est une conséquence directe des forces de réaction du sol. Simultanément, le centre de masse subit une accélération horizontale par le fait des mêmes forces de réaction et de l'actionnement. Dans ce cas, les forces de réaction du sol sont décomposées selon la somme de la compensation de la gravité et des forces d'accélération. La composition de ces deux approches permet de prévoir correctement le comportement du robot.

3.5.2 Sur l'existence du ZMP en dehors du polygone de sustentation

Les discussions portant sur l'existence du ZMP en dehors du polygone de sustentation en fonction des mouvements du robot sont fréquentes [10]. Un auteur a maintenu cette existence [18], mais l'essentiel de la communauté pense que « le ZMP n'est jamais défini en dehors du polygone de sustentation ».

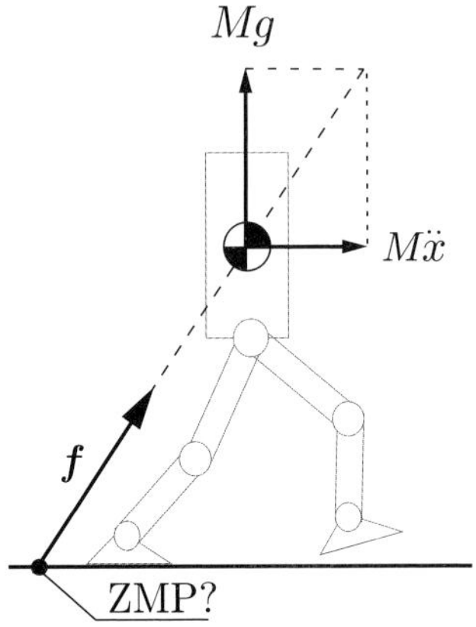

Figure 3.27 – Le ZMP peut-il exister en dehors du polygone de sustentation dans le cas d'une accélération horizontale trop importante ?

Si une représentation du robot par une masse ponctuelle est utilisée, le cas de la figure 3.27 peut-il se présenter ? Une accélération horizontale importante peut être acceptable pour le maintien de la posture verticale du robot si les frottements entre le pied et le sol sont pris en compte dans le modèle et s'ils sont suffisants. Comme expliqué précédemment, le ZMP est défini sur la droite découlant des directions des forces de réaction du sol et des forces inertielles. Leurs valeurs peuvent être obtenues en posant $\ddot{z} = 0$ et $p_z = 0$ dans l'équation 3.82.

$$p_x = x - \frac{z\ddot{x}}{g}$$

Cette équation montre bien que plus l'accélération horizontale du centre de masse est grande, plus la position du ZMP se rapproche du centre du polygone de sustentation !

Nous allons expliquer rapidement les confusions à l'origine de cette discussion. Pour cela, observons la figure 3.28. Lorsque le centre de masse du robot subit une forte accélération dans le plan sagittal, la position du ZMP se rapproche du talon. Conséquence directe : si l'accélération augmente encore, le

[10] Au cours de la Conférence internationale sur les robots et systèmes intelligents de Las Vegas (IROS) en 2003, seul un orateur soutenait l'existence du ZMP en dehors du polygone de sustentation. Personne n'a pu réfuter cette affirmation.

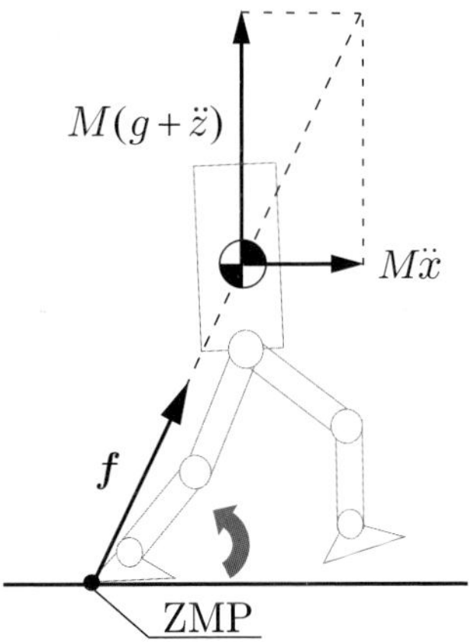

Figure 3.28 – Le robot a tendance à tourner autour de son talon dans le cas où une forte accélération horizontale est produite. Ceci génère une accélération verticale ascendante qui maintient la position du ZMP à l'intérieur du polygone de sustentation.

système tournera autour du talon. Une accélération verticale ascendante $\ddot{z} > 0$ résulte de cette rotation, le calcul de la position du ZMP est alors :

$$p_x = x - \frac{z\ddot{x}}{\ddot{z} + g}$$

Comme l'accélération verticale $\ddot{z}$ augmente proportionnellement à $\ddot{x}$, la position du ZMP sera toujours à l'intérieur du polygone de sustentation[11].

Dans une étude de cas concrète, le calcul de la position du ZMP du robot par les équations 3.71 et 3.72 nécessite la vérification de l'une des deux conditions suivantes :

Condition A : la surface inférieure du pied est fixée au sol. Le contact avec le sol est alors toujours maintenu ;

Condition B : la posture, les vitesses absolues linéaires et angulaires du robot peuvent être mesurées.

D'une manière générale, la **condition A** est utilisée pour calculer la position du ZMP lors de la simulation des déplacements du robot. La position obtenue par les équations 3.71 et 3.72 peut alors être en dehors de la surface définie par le polygone de sustentation[12]. Pour faire réaliser un tel déplacement par le robot réel, le pied devrait être fixé au sol, par exemple grâce à l'utilisation de ventouses ou d'aimants. Les robots humanoïdes classiques se déplaçant dans des environnements ordinaires ne peuvent pas, dans la majorité des cas, utiliser de tels équipements. Dans un tels cas, le contact pied-sol ne serait donc pas conservé.

[11] Honda Motor Co., Inc a proposé ces principes de fonctionnement du « Model ZMP Control ». Pour une argumentation plus avancée, voir p. 143.

[12] Cette solution est appelée le **IZMP(position imaginaire du ZMP)** [82].

Pour calculer la position du ZMP du robot réel au moyen des équations 3.71 et 3.72, nous devons utiliser la **condition B**. La solution obtenue coïncide avec celle mesurée par les capteurs d'efforts du pied et n'est jamais située en dehors du polygone de sustentation.

3.5.3 Limites du ZMP

Nous avons mentionné l'équivalence du ZMP avec le centre de pression : son sens physique est donc très clair. La relation entre la position du ZMP et les éléments de réduction du torseur cinétique (quantité de mouvement et moment cinétique) apparaît dans une équation très simple. De ce fait, l'utilisation du ZMP est un outil puissant pour planifier la marche sur sol plat lorsque les frottements entre le pied et le sol permettent ce type de locomotion.

Le ZMP *ne peut pas* être utilisé dans les situations suivantes :

A Le pied glisse sur le sol ;

B la surface du sol est irrégulière ;

C les membres supérieurs du robot sont en contact avec l'environnement.

Dans la situation **A**, l'adhérence du pied ne peut pas être vérifiée juste par les informations issues du calcul du ZMP (chapitre 3.1). Pour les situations **B** et **C**, connaître la position du ZMP ne donne aucune indication sur les forces de frottement bien que celles-ci l'influencent. Les forces internes au niveau des points de contact n'apportent aucune indication supplémentaire puisqu'elles n'affectent pas la position du ZMP.

Ces problèmes apparaissent car le ZMP est une information en deux dimensions sur les forces de réaction du sol, alors que des informations en six dimensions de la force et du moment sont nécessaires pour déterminer les états transitoires entre les phases de contact[13].

Nous allons présenter une méthode qui intègre les informations provenant des six composantes de la force et du moment [23].

Considérons le robot comme un corps rigide unique. En un point précis de ce corps rigide, défini par le vecteur $\boldsymbol{p}_B$, la force et le moment induits par le robot sur le sol sont obtenus par l'expression

$$\boldsymbol{f}_B^G = M(\boldsymbol{g} - \ddot{\boldsymbol{c}}) \quad (3.84)$$

$$\boldsymbol{\tau}_B^G = -\dot{\mathcal{L}}^{(c)} + M(\boldsymbol{c} - \boldsymbol{p}_B) \times (\boldsymbol{g} - \ddot{\boldsymbol{c}}) \quad (3.85)$$

où $\mathcal{L}^{(c)}$ représente le moment cinétique au centre de masse. Considérons les déplacements infinitésimaux du corps rigide, en translation et en rotation, respectivement notés $[(\delta \boldsymbol{p}_B)^T \ (\boldsymbol{\omega}_B)^T]^T$. Soit $S_1(\delta \boldsymbol{p}_B, \boldsymbol{\omega}_B)$ l'ensemble des translations

[13] Dans les situations **B** et **C**, une méthode a été proposée : elle utilise le informations sur le moment autour des bords du polygone convexe [89]. Le problème reste entier pour les forces de frottement.

et rotations du robot sans interférences avec l'environnement. Si l'inégalité

$$\forall(\delta \boldsymbol{p}_B, \boldsymbol{\omega}_B) \in S_1(\delta \boldsymbol{p}_B, \boldsymbol{\omega}_B)$$
$$\begin{bmatrix}(\boldsymbol{f}_B^G)^T & (\boldsymbol{\tau}_B^G)^T\end{bmatrix} \begin{bmatrix} \delta \boldsymbol{p}_B \\ \boldsymbol{\omega}_B \end{bmatrix} \leq 0 \tag{3.86}$$

est vérifiée, alors le robot ne bougera pas tant que le travail de $(\boldsymbol{f}_B^G, \boldsymbol{\tau}_B^G)$ n'est pas positif. En d'autres termes, les conditions de contact entre le robot et l'environnement ne changeront pas. Dans cette approche, un changement dans les conditions de contact est déterminé par la satisfaction – ou non – de $\boldsymbol{f}_B^G$ et $\boldsymbol{\tau}_B^G$ à l'inégalité précédente. Cette méthode fournit une condition nécessaire et suffisante pour toujours conserver le contact entre le pied et le sol lors d'une marche sur sol plat avec suffisamment de frottements. D'un autre côté, c'est une condition nécessaire pour conserver une condition de contact dans le cas d'un coefficient de frottement faible et lorsque le nombre des points de contact n'est pas limité.

3.6 Annexe : ensemble et enveloppe convexes

Nous allons définir l'ensemble convexe et l'enveloppe convexe abordés dans la partie 3.1.1. Nous rappelons que ces deux notions mathématiques sont à l'origine de la définition du polygone de sustentation, et donc de la surface d'appartenance du ZMP. Dans la communauté des chercheurs en robotique, l'enveloppe convexe est utilisée pour l'analyse de la saisie par une main robotique et l'évitement de collision entre différents objets. Dans la communauté des chercheurs en programmation mathématique, l'ensemble convexe et l'enveloppe convexe sont des concepts fondamentaux. Pour des explications plus détaillées sur ces concepts, consulter par exemple [67][14].

Ensemble convexe
Un sous-ensemble S de R^n est dit **convexe** si la condition

$$\alpha \boldsymbol{p}_1 + (1-\alpha)\boldsymbol{p}_2 \in S \tag{3.87}$$

est satisfaite pour tout $\boldsymbol{p}_1, \boldsymbol{p}_2 \in S$ et α tel que $0 \leq \alpha \leq 1$. Nous pouvons voir sur la figure 3.29 que l'équation 3.87 exprime l'équation du segment entre $\boldsymbol{p}_1$ et $\boldsymbol{p}_2$ dans le cas où S est un sous-ensemble de R^2. En d'autres termes, si un segment constitué par les connections arbitraires entre deux points de S est aussi contenu dans S, alors S est un ensemble convexe.

Enveloppe convexe
Soit S un sous-ensemble de R^n. Le plus petit ensemble convexe contenant

[14]Par exemple, l'ensemble convexe et l'enveloppe convexe peuvent être définis pour des ensembles non bornés. En ce qui nous concerne, nous nous concentrons sur les cas bornés puisque les ensembles considérés sont constitués par les surfaces entre le pied et le sol, donc bornés.

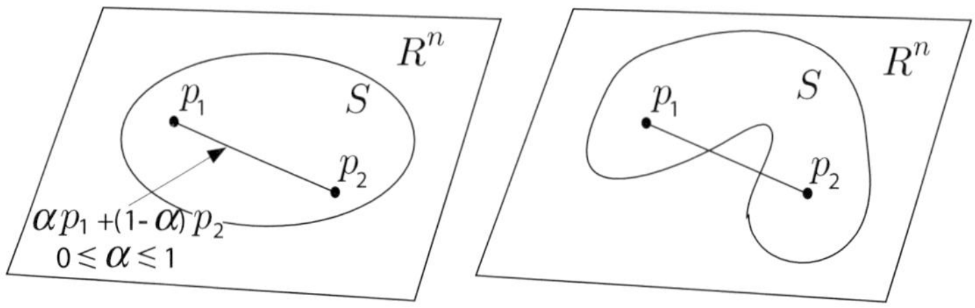

(a) Ensemble convexe (b) Ensemble non convexe

Figure 3.29 – Définition de l'ensemble convexe.

S est appelé **enveloppe convexe**, notée co$S$. L'ensemble S montré sur la figure 3.29(b) n'est pas un ensemble convexe. Le plus petit espace convexe incluant S est formé en tendant une corde autour de S, comme illustré sur la figure 3.30(a). Cet espace constitue l'enveloppe convexe co$S$ de S.

Pour un ensemble fini de points, l'enveloppe convexe est un polyèdre convexe. Considérons le cas du polyèdre à N arrêtes de la figure 3.30(b). Soit $\boldsymbol{p}_j$ ($j = 1, \cdots, N$) les N vecteurs définissant les coordonnées des arrêtes. L'enveloppe convexe est alors définie de la manière suivante :

$$\mathrm{co}S = \left\{ \sum_{j=1}^{N} \alpha_j \boldsymbol{p}_j \;\middle|\; \alpha_j \geq 0,\ \sum_{j=1}^{N} \alpha_j = 1,\ \boldsymbol{p}_j \in S\ (j = 1, \cdots, N) \right\} \tag{3.88}$$

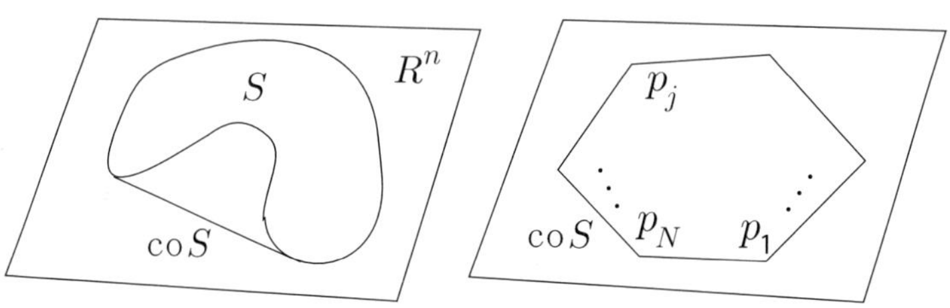

(a) Enveloppe convexe (b) Polyhèdre convexe fermé

Figure 3.30 – Définition de l'enveloppe convexe.

Chapitre 4

Marche bipède

> **Marcher :** Se déplacer par mouvements et appuis successifs des jambes et des pieds sans quitter le sol (*Le Petit Robert).*

Cette définition issue du dictionnaire *Le Petit Robert* est très succincte et nous permet de comprendre qu'au moins un pied reste en contact avec le sol à tout moment de la marche. Les modèles réalisés pour effectuer une marche artificielle s'appuient sur une définition plus étendue qui inclut l'analyse poussée du caractère cyclique ordonné dans les gesticulations du corps. Les études menées en vue d'une expérimentation sur un système humanoïde concernent essentiellement les robots bipèdes : l'analyse se concentre sur les mouvements des jambes. On distingue deux types de marche en robotique : la **marche quasi-statique** et la **marche dynamique**. Dans le cas quasi-statique, la projection du centre de masse sur le sol reste en permanence dans le polygone de sustentation. Le robot restera donc en équilibre s'il s'arrête brutalement. Dans le cas dynamique, la projection du centre de masse sur le sol peut se trouver localement en dehors du polygone de sustentation. Cela traduit le mouvement de chute d'un pied sur l'autre dont nous, humains, sommes familiers. Le robot n'a aucune chance de conserver son équilibre s'il s'arrête brutalement, par exemple juste avant de changer de pied de support.

$$\text{Marche} \begin{cases} \text{Marche quasi-statique} \\ \text{Marche dynamique} \end{cases}$$

Les jouets robotiques se déplacent principalement selon une marche quasi-statique et utilisent des pieds offrant une grande surface de contact avec le sol. Ce cas est peu intéressant du point de vue du contrôle et de la commande, car il est très simple à mettre en œuvre. De plus, les pieds humains présentent une surface au sol trop petite par rapport à la hauteur de leur centre de masse pour permettre une marche statique. Nous utilisons effectivement une marche dynamique dans nos déplacements quotidiens. L'imitation de notre style de marche par un système robotique bipède peut être réalisée moyennant une habile commande de l'ensemble du corps qui présente la particularité d'être hautement instable. Un robot marcheur bipède se trouve de ce fait en dehors des réalisations de l'ingénierie mécanique conventionnelle. Pour cette raison, de nombreux chercheurs et ingénieurs sont attirés par l'étude des robots marcheurs bipèdes et humanoïdes. L'objet de ce chapitre est d'exposer une méthode de génération de marche dynamique pour ce dernier type de robots.

4.1 Comment réaliser une marche bipède ?

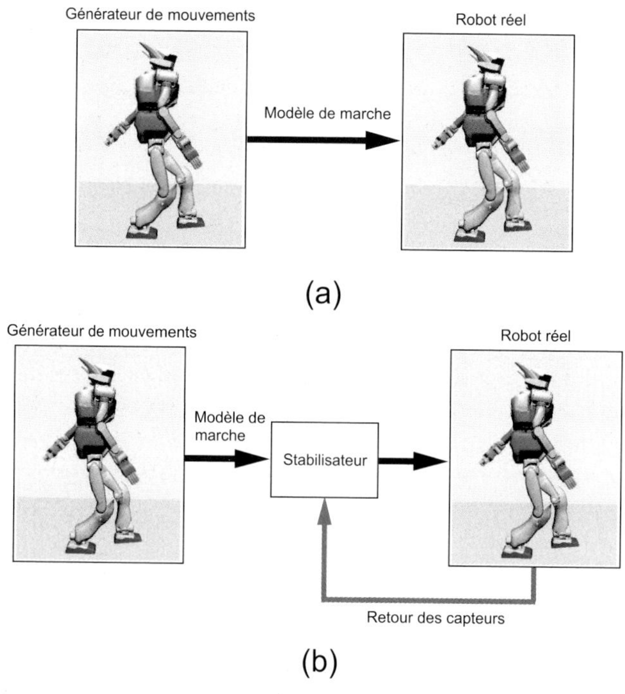

Figure 4.1 – (a) Dans des conditions idéales, un robot bipède peut marcher selon un modèle de marche donné ; (b) dans l'environnement réel, un robot bipède doit utiliser un stabilisateur.

La figure 4.1 illustre le cadre de l'étude sur la commande de la marche de robots bipèdes réalisée dans ce chapitre. L'ensemble des trajectoires articulaires du robot, définies sur des intervalles de temps se succédant pour créer la marche, est appelé *modèle de marche*. Pour créer ce modèle, nous faisons appel à un *générateur de modèle de marche*. Dans une situation idéale, la marche bipède peut être réalisée en fournissant uniquement le modèle de marche au robot (figure 4.1(a)). Afin de réaliser une telle marche dans des conditions idéales, nous devons au préalable disposer d'un modèle précis du robot, sous forme d'un mécanisme rigide se déplaçant exactement selon la commande et sur un sol parfaitement plat et horizontal (représenté, par exemple, par une grande surface plane).

Dans le cas réel, un robot humanoïde peut facilement tomber à cause d'une irrégularité du sol de quelques millimètres seulement. La distribution de masse et la géométrie des structures humanoïdes créent une amplification rapide des erreurs de posture dues aux irrégularités du support. Il est nécessaire d'implémenter un programme supplémentaire pour éviter cette situation, et qui va modifier le modèle de marche en tenant compte des informations issues du gyroscope, de l'accéléromètre, des capteurs d'efforts et autres dispositifs d'information embarqués sur le robot. Ce programme est appelé *stabilisateur* (figure 4.1(b)).

La suite de ce chapitre est organisée de la manière suivante : dans les parties 4.2, 4.3 et 4.4, nous expliquons le fonctionnement du générateur de modèle. La partie 4.5 est dédiée au fonctionnement du stabilisateur. Nous précisons le contexte historique de la recherche sur les robots bipèdes marcheurs dans la partie 4.6, et décrivons dans la partie 4.7 différentes approches de commande de robots bipèdes utilisées dans un cadre sortant de celui illustré sur la figure 4.1.

4.2 Génération d'une marche en deux dimensions

Ce chapitre expose les principes de base de la marche bipède en deux dimensions et propose un algorithme de génération de modèle.

4.2.1 Le pendule inversé en deux dimensions

Le processus de *coarse-graining* est l'une des méthodes les plus efficaces pour traiter un système complexe. En mécanique céleste, les chercheurs considèrent le Soleil et les planètes comme des masses ponctuelles alors que chacun de ces éléments possède une structure interne propre. Cependant, les orbites suivies dans le système solaire peuvent être calculées avec une grande précision. En thermodynamique, de très grands ensembles de molécules, de l'ordre de 10^{23} éléments, sont soumis au processus de *coarse-graining* pour prédire efficacement les comportements dynamiques en fonction des variations de paramètres comme la température ou l'entropie.

De la même manière, afin de comprendre ce qu'est l'*essence* de la locomotion bipède, nous faisons trois hypothèses sur un robot humanoïde comportant 30 degrés de liberté et constitué de milliers d'éléments mécaniques et électriques. La première hypothèse consiste à considérer le robot comme une masse ponctuelle : l'ensemble des masses des différentes parties qui le constituent se réduisent en son centre de masse. Deuxième hypothèse : nous supposons que le robot possède des jambes sans masse, dont l'extrémité est en contact avec le sol par une liaison rotoïde. Troisièmement, nous ne nous intéressons qu'aux mouvements avant/arrière, haut/bas du robot. Les déplacements latéraux sont négligés. En d'autres termes, nous supposons que les déplacements du robot sont contraints dans le *plan sagittal* constitué par l'axe de la direction vers l'avant et l'axe vertical. À partir de ces trois hypothèses, nous pouvons représenter le robot comme un pendule inversé en deux dimensions (figure 4.2).

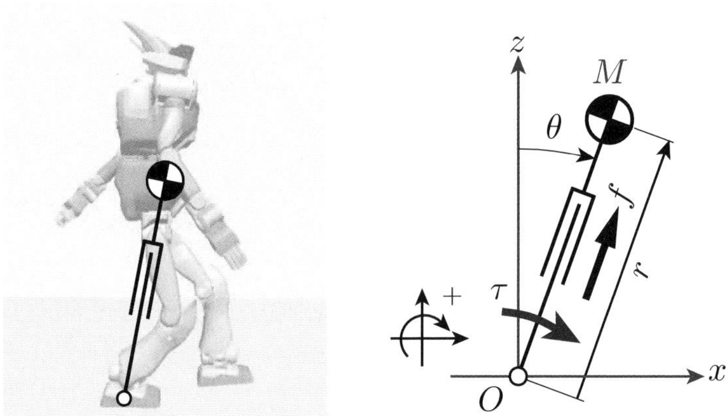

Figure 4.2 – Pendule inversé en deux dimensions : le modèle le plus simple de la marche humaine ou robotique bipède. Il est constitué du centre de masse (CoM) et d'une jambe télescopique sans masse. Nous mesurons l'inclinaison du pendule θ à partir de la verticale, orienté positivement dans le sens trigonométrique indirect.

Dans le modèle du pendule inversé, les entrées sont le couple τ au pivot et la force impulsive f de la liaison prismatique sur la jambe. La dynamique du pendule est décrite par le système de deux équations différentielles suivant[1] :

$$\begin{aligned} r^2\ddot{\theta} + 2r\dot{r}\dot{\theta} - gr\sin\theta &= \tau/M \\ \ddot{r} - r\dot{\theta}^2 + g\cos\theta &= f/M \end{aligned}$$

Le comportement du pendule inversé peut être simulé par intégration numérique de ces équations avec un couple donné en entrée.

Une limite importante à ce modèle est l'impossibilité de donner en entrée un couple τ trop important car la surface de contact entre le pied du robot et le sol est très petite. Si un robot marcheur possède une jambe comme une échasse, il faudra utiliser

$$\tau = 0 \tag{4.1}$$

Dans ce cas, le pendule tombera presque toujours, à moins que la position du CoM soit à la verticale du pivot. Même dans ce cas, il pourra tomber de multiples manières, cela en fonction de la façon dont est contrôlée la force impulsive f. Observons les quelques exemples de chutes illustrés par la figure 4.3.

[1]Ces équations peuvent être dérivées en utilisant la méthode de Lagrange. Joseph-Louis Lagrange (1736-1813) était un mathématicien français né en Italie. Il est célèbre notamment pour ses travaux sur les *points de Lagrange*, qui permettent de définir des orbites stables pour les satellites planétaires.

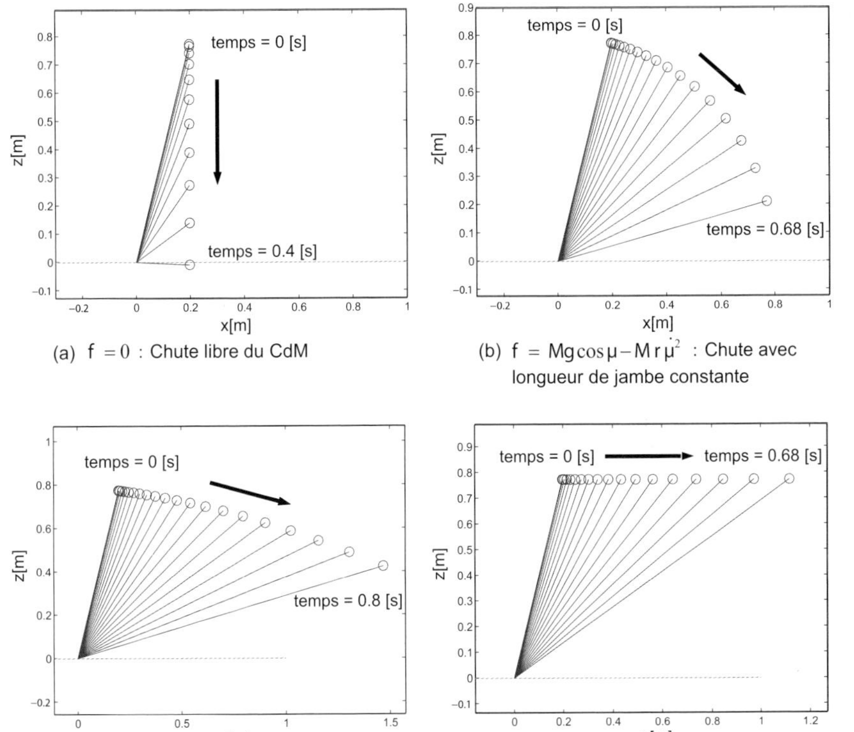

(a) $f = 0$: Chute libre du CdM

(b) $f = Mg\cos\mu - Mr\dot{\mu}^2$: Chute avec longueur de jambe constante

(c) $f = Mg$: Chute et accélération

(d) $f = Mg/\cos\mu$: Le CdM accélère en conservant l'altitude initiale

Figure 4.3 – Chute du pendule inversé en fonction de la force impulsive f. Le couple du pivot est maintenu à zéro ($\tau = 0$) durant l'ensemble du mouvement.

Le cas 4.3(d) est le plus intéressant car il permet de voir que le CoM se déplace horizontalement sous la force impulsive

$$f = \frac{Mg}{\cos\theta} \tag{4.2}$$

La raison de cette horizontalité est schématisée sur la figure 4.4 : nous pouvons dire intuitivement que le pendule conserve l'altitude du CoM en étendant sa jambe aussi vite qu'il tombe. Le cas particulier où le pendule génère des entrées qui lui permettent de suivre une ligne droite est appelé **pendule inversé linéaire** (LIP : *Linear Inverted Pendulum* [33])[2].

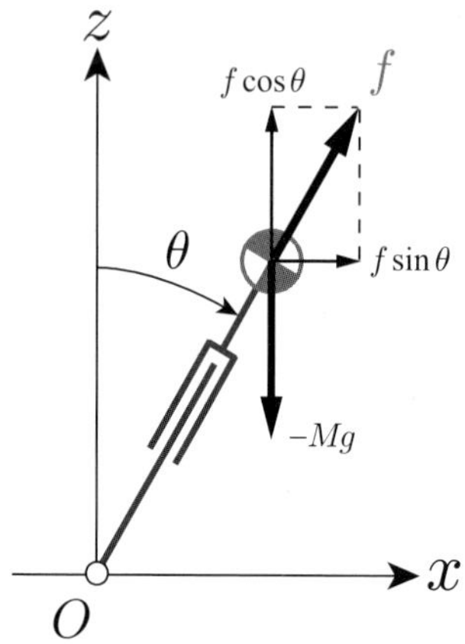

Figure 4.4 – Conservation de l'horizontalité des déplacements du CoM au cours de la chute du pendule inversé. La force impulsive $f = Mg/\cos\theta$ équilibre en permanence les actions de la gravité sur le centre de masse.

4.2.2 Comportement du pendule inversé linéaire (LIP)

Le LIP fournit un outil mathématique très pratique pour le traitement de la dynamique. Commençons par analyser ses déplacements horizontaux, afin de pouvoir en exploiter toutes les caractéristiques pour la génération des modèles de locomotion bipède.

Dynamique horizontale

Un second regard sur la figure 4.4 permet d'observer que seule la composante horizontale de la force d'impulsion est active, alors que la composante verticale est équilibrée par les forces de gravité. La composante horizontale créé une accélération horizontale $\ddot{x}$ du CoM définie par

$$M\ddot{x} = f\sin\theta \tag{4.3}$$

En remplaçant la valeur de f par celle définie dans l'équation 4.2, nous obtenons

$$M\ddot{x} = \frac{Mg}{\cos\theta}\sin\theta = Mg\tan\theta = Mg\frac{x}{z}$$

où x et z définissent la position du CoM dans le plan sagittal. L'équation ci-dessus fournit une équation différentielle caractérisant la dynamique horizontale du CoM :

$$\ddot{x} = \frac{g}{z}x \tag{4.4}$$

[2]La définition que nous en donnons ici représente la forme la plus simple du pendule inversé linéaire. Le concept qu'il représente sera développé tout au long de ce chapitre.

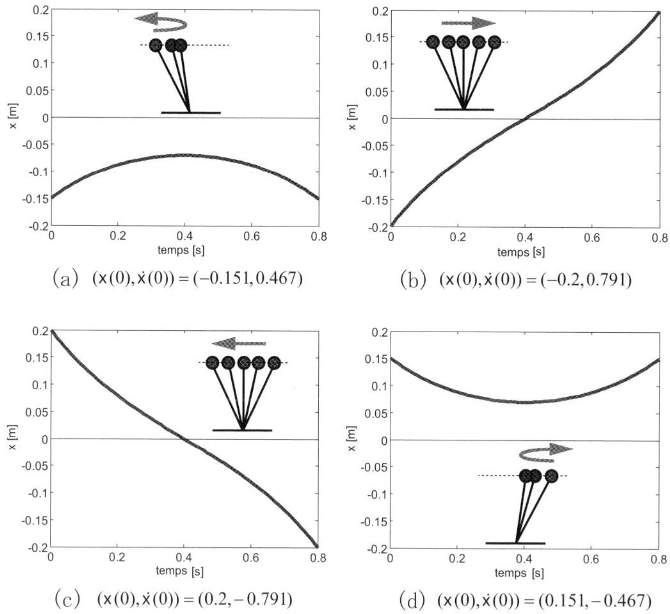

(a) $(x(0), \dot{x}(0)) = (-0.151, 0.467)$

(b) $(x(0), \dot{x}(0)) = (-0.2, 0.791)$

(c) $(x(0), \dot{x}(0)) = (0.2, -0.791)$

(d) $(x(0), \dot{x}(0)) = (0.151, -0.467)$

Figure 4.5 – LIP utilisant différentes conditions initiales ($z = 0.8$ m).

Comme la hauteur z du pendule inversé est constante au cours de ce mouvement, il est très facile de résoudre l'équation 4.4.

$$x(t) = x(0)\cosh(t/T_c) + T_c\,\dot{x}(0)\sinh(t/T_c) \tag{4.5}$$

$$\dot{x}(t) = x(0)/T_c\sinh(t/T_c) + \dot{x}(0)\cosh(t/T_c) \tag{4.6}$$

où T_c est une constante de temps qui ne dépend que de la hauteur du centre de masse et de l'accélération de la gravité :

$$T_c \equiv \sqrt{z/g}$$

$x(0)$ et $\dot{x}(0)$ représentent respectivement une position et une vitesse initiales. Ces deux valeurs constituent l'*état initial*, ou encore les conditions initiales. La figure 4.5 montre les mouvements du pendule répondant à différentes conditions initiales.

Temps de transfert

Dans beaucoup de cas, nous aurons besoin de connaître le temps mis par le centre de masse pour évoluer d'un point à un autre. Si des conditions initiales $(x_0, \dot{x}_0)$ et un état $(x_1, \dot{x}_1)$ à l'instant t sont donnés, les différentes variables sont liées par les équations suivantes, basées sur les résultats des équations 4.5

et 4.6 :

$$x_1 = x_0 \cosh(\tau/T_c) + T_c\dot{x}_0 \sinh(\tau/T_c) \tag{4.7}$$
$$\dot{x}_1 = x_0/T_c \sinh(\tau/T_c) + \dot{x}_0 \cosh(\tau/T_c) \tag{4.8}$$

où τ est le temps mis par le centre de masse pour se déplacer de $(x_0, \dot{x}_0)$ à $(x_1, \dot{x}_1)$. En utilisant les relations $\cosh(x) = \frac{e^x+e^{-x}}{2}$ et $\sinh(x) = \frac{e^x-e^{-x}}{2}$, nous pouvons récrire les équations précédentes sous la forme

$$x_1 = \frac{x_0 + T_c\dot{x}_0}{2}e^{\tau/T_c} + \frac{x_0 - T_c\dot{x}_0}{2}e^{-\tau/T_c} \tag{4.9}$$
$$\dot{x}_1 = \frac{x_0 + T_c\dot{x}_0}{2T_c}e^{\tau/T_c} - \frac{x_0 - T_c\dot{x}_0}{2T_c}e^{-\tau/T_c} \tag{4.10}$$

Pour simplifier cette écriture et extraire une relation exploitable, nous effectuons l'opération 4.9+$T_c\times$ 4.10. Nous obtenons alors

$$x_1 + T_c\dot{x}_1 = (x_0 + T_c\dot{x}_0)e^{\tau/T_c}$$

Nous pouvons à présent exprimer la valeur de τ en fonction de l'état initial, de l'état à l'instant t et de la constante de temps T_c :

$$\tau = T_c \ln \frac{x_1 + T_c\dot{x}_1}{x_0 + T_c\dot{x}_0}. \tag{4.11}$$

Le temps de transfert τ peut donc être calculé, sous la condition $x_0 + T_c\dot{x}_0 \neq 0$. Sinon, nous procédons de la même manière que précédemment pour extraire une seconde équation, à partir de l'opération 4.9$-T_c\times$ 4.10, et nous obtenons :

$$\tau = T_c \ln \frac{x_0 - T_c\dot{x}_0}{x_1 - T_c\dot{x}_1}. \tag{4.12}$$

4.2.3 Énergie orbitale

Pour comprendre intuitivement les notions physiques impliquées par le LIP, imaginons un champ de potentiel imaginaire ayant la forme d'une colline, comme illustré sur la figure 4.6. Le pendule se déplace sur la pente de la colline, pour la monter ou en descendre. La figure 4.6(a) montre le cas où les déplacements du COM changent de direction car la vitesse initiale est insuffisante pour atteindre et passer le sommet de la colline. Dans le cas de la figure 4.6(b), la direction de déplacement initiale du COM est conservée : la vitesse initiale est suffisante pour vaincre les forces de pesanteur, et sur l'ensemble du mouvement la vitesse est minimale au sommet du potentiel. Cette position correspond au passage à la verticale du pivot fixant le pendule au support.

Pour extraire une relation entre le potentiel imaginaire et les déplacements du centre de masse, nous multiplions les deux côtés de l'équation du mouvement

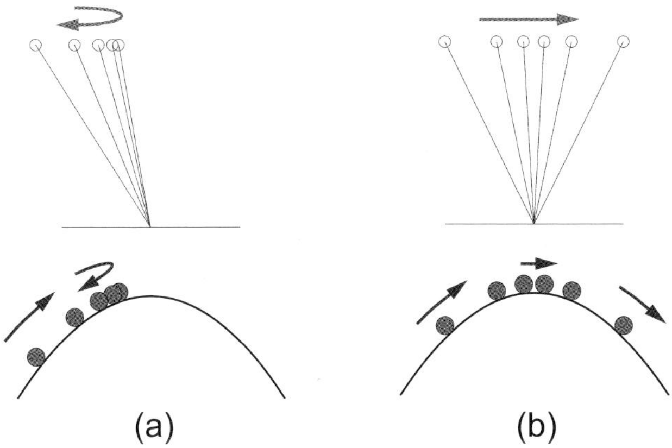

Figure 4.6 – LIP et potentiel imaginaire.

(équation 4.4) par $\dot{x}$, puis l'intégrons :

$$\begin{aligned} \dot{x}(\ddot{x} - \frac{g}{z}x) &= 0 \\ \int \{\ddot{x}\dot{x} - \frac{g}{z}x\dot{x}\}\, dt &= \text{Constante} \end{aligned}$$

Le résultat fournit

$$\frac{1}{2}\dot{x}^2 - \frac{g}{2z}x^2 = \text{Constante} \equiv E \tag{4.13}$$

Le premier terme du membre de gauche représente l'énergie cinétique et le second est l'énergie du potentiel imaginaire illustré par la figure 4.6. Ce calcul considère les énergies par unités de masse, de ce fait la masse du CoM n'apparaît pas dans les expressions.

Nous appelons *énergie orbitale*, notée E, la somme de l'énergie cinétique et de l'énergie du potentiel imaginaire[3]. L'équation 4.13 montre que **l'énergie orbitale est conservée lors des mouvements du LIP**.

Dans le cas de la figure 4.6(a) où le CoM ne parvient pas à passer le sommet du potentiel, l'énergie orbitale vaut

$$E = -\frac{g}{2z}x_{apex}^2 \tag{4.14}$$

où x_{apex} est la position horizontale atteinte par le CoM au moment où sa vitesse devient nulle. Dans ce cas, l'énergie orbitale est négative ou nulle.

Dans le cas de la figure 4.6(b) où le CoM parvient à passer le sommet du potentiel, l'énergie orbitale vaut

$$E = \frac{1}{2}\dot{x}_{apex}^2 \tag{4.15}$$

[3]En mécanique, cette valeur est connue comme une constante du mouvement [17].

où $\dot{x}_{apex}(> 0)$ est la vitesse à laquelle le CoM passe le sommet du potentiel. L'énergie orbitale est alors positive.

Si nous relevons la position et la vitesse de la masse du pendule inversé à un instant donné, et calculons l'énergie orbitale E grâce à l'équation 4.13, nous pouvons immédiatement savoir si le CoM va passer le sommet du potentiel ou non en regardant le signe de E. Si $E > 0$, la vitesse absolue au moment du passage vaut :

$$|\dot{x}_{apex}| = \sqrt{2E}$$

Si $E < 0$, nous pouvons prédire la position absolue à laquelle la vitesse du CoM devient nulle :

$$|x_{apex}| = \sqrt{-\frac{2zE}{g}}$$

4.2.4 Changement de la jambe de support

Les mouvements du LIP sont essentiellement déterminés par les conditions initiales. Il est cependant possible de contrôler les mouvements du pas suivant en choisissant astucieusement la durée du changement de support, celle-ci influençant les conditions initiales. Regardons l'illustration de la figure 4.7. Cette situation est celle que nous utilisons lorsque nous ramenons rapidement la jambe sur le sol lors d'un arrêt en urgence.

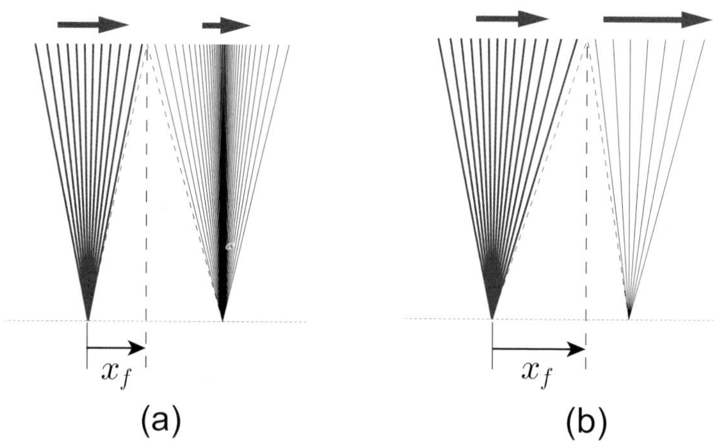

Figure 4.7 – Contrôle de la vitesse de marche à longueur de pas fixe : (a) une reprise de contact rapide lors du pas suivant provoque un ralentissement de l'allure de marche ; (b) une reprise de contact tardive lors du pas suivant provoque une accélération de l'allure de marche.

Nous allons établir la relation entre la rapidité du changement de support et les mouvements du pendule. La figure 4.8 modélise le pendule double au moment du changement de support. Nous notons s la longueur du pas, x_f la position du CoM par rapport au point de contact précédent, et v_f la vitesse du CoM au moment du changement. Pour simplifier l'étude, nous utilisons l'hypothèse que le changement de la jambe de support est effectué instantanément. La vitesse du CoM à la fin d'une phase de support est donc aussi celle du début de la phase de support suivante.

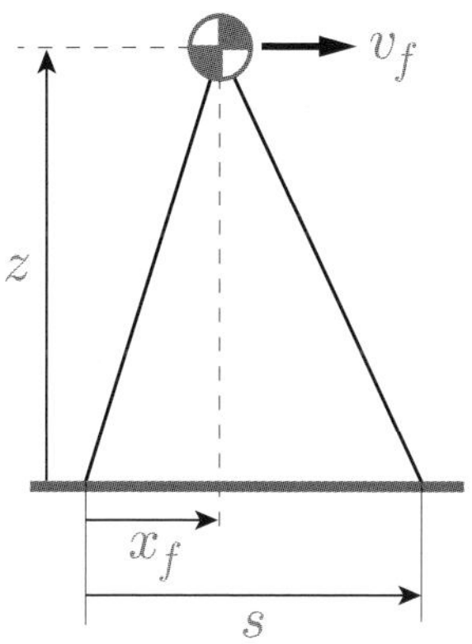

Figure 4.8 – État du système au moment du changement de support.

Notons E_1 l'énergie orbitale avant le changement et E_2 l'énergie orbitale après le changement. Les expressions de E_1 et E_2 sont les suivantes :

$$E_1 = -\frac{g}{2z}x_f^2 + \frac{1}{2}v_f^2 \tag{4.16}$$

$$E_2 = -\frac{g}{2z}(x_f - s)^2 + \frac{1}{2}v_f^2 \tag{4.17}$$

Quand les énergies orbitales E_1 et E_2 sont données, nous pouvons déterminer les conditions nécessaires pour que le changement soit réalisable en supprimant v_f des équations 4.16 et 4.17.

$$x_f = \frac{z}{gs}(E_2 - E_1) + \frac{s}{2} \tag{4.18}$$

La vitesse, au moment du changement, est calculée grâce à l'équation 4.16.

$$v_f = \sqrt{2E_1 + \frac{g}{z}x_f^2} \tag{4.19}$$

4.2.5 Planification d'une allure de marche élémentaire

Nous allons par la suite définir un modèle élémentaire de marche en utilisant les résultats des calculs précédents. Considérons un robot bipède idéal, avançant d'un seul pas sur un sol plat horizontal, puis s'arrêtant immédiatement (figure 4.9). Pour ce faire, le robot change deux fois de jambe de support et trois énergies orbitales doivent être définies.

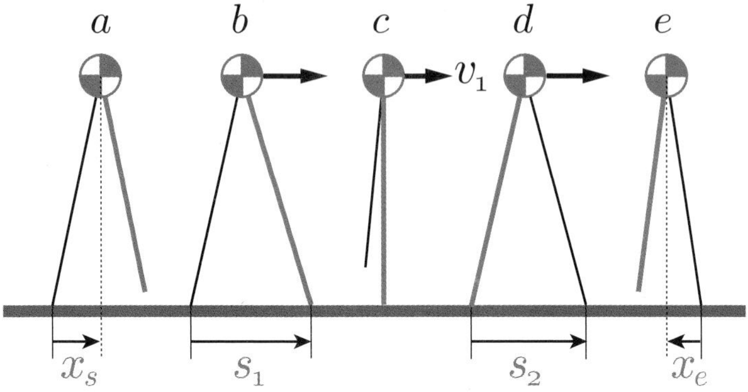

Figure 4.9 – Le pas nécessite deux changements de jambe de support.

Pour le départ de la marche (a→b), l'énergie orbitale est spécifiée par la position initiale du CoM :

$$E_0 = -\frac{g}{2z}x_s^2$$

Pour le pas (b→c→d), l'énergie orbitale est spécifiée par la vitesse v_1 au moment où le CoM passe à la verticale du point de support.

$$E_1 = \frac{1}{2}v_1^2$$

Pour la fin de la marche (d→e), l'énergie orbitale est spécifiée par la position finale du CoM.

$$E_2 = -\frac{g}{2z}x_e^2$$

L'équation 4.18 fournit la première condition pour le changement de la jambe de support. En effet, x_{f0} est obtenu par la connaissance de E_0 et E_1. La deuxième condition, x_{f1}, est obtenue par la même équation en utilisant les valeurs de E_1 et E_2. Le mouvement de marche désiré est réalisé en contrôlant le mouvement de balancier de la jambe qui n'est pas en contact avec le sol, de telle sorte que les deux conditions de changement de support soient satisfaites.

La vitesse de marche au moment du changement de support est calculée grâce à l'équation 4.19. L'état complet du système est donc connu sur l'ensemble du mouvement de marche. La figure 4.10 donne le profil de la trajectoire et de la vitesse du CoM au cours de la succession des pas. Sur la courbe de position, l'origine est donnée par la position au moment des changements de support. Cela explique les discontinuités observées, par exemple, au moment des échanges en b et d. La valeur du saut de discontinuité en ces points est fixée par la longueur des pas. La courbe des vitesses met en évidence les variations dynamiques au cours du mouvement par des pics de discontinuité au moment des changements de support.

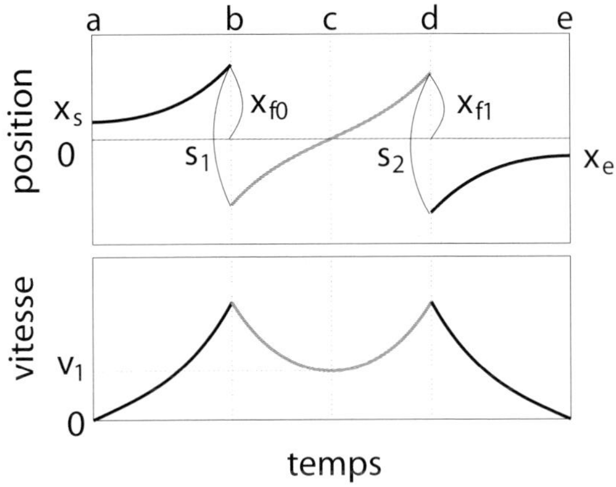

Figure 4.10 – Prévision des mouvements du centre de masse lors de la marche (position et vitesse).

4.2.6 Extension à la marche sur sol non horizontal

La méthode expliquée précédemment est applicable essentiellement sur un sol plat horizontal. On utilise cependant une méthode similaire dans le cas de sols en pente : nous allons montrer dans ce qui suit quelles modifications apporter au modèle élémentaire précédent pour gérer cette différence.

Reprenons le modèle du pendule inversé de la figure 4.2. Nous allons considérer cette fois que le centre de masse se déplace sur une ligne droite inclinée représentée sur la figure 4.11. L'équation de la droite s'écrit

$$z = kx + z_c \tag{4.20}$$

où k définit la pente de la droite, z_c son intersection avec l'axe des z. Cette droite de déplacement du CoM est appelée *droite de contrainte*.

Nous allons calculer la force de propulsion f nécessaire pour réaliser le mouvement désiré du centre de masse. Dans un premier temps, exprimons les composantes horizontale f_x et verticale f_z de $\boldsymbol{f}$.

$$f_x = f \sin\theta = (x/r)f \tag{4.21}$$

$$f_z = f \cos\theta = (z/r)f \tag{4.22}$$

Pour que le CoM se déplace le long de la droite de contrainte, celle-ci doit être parallèle à la droite portant le vecteur résultant de la somme de la force de propulsion et des forces de gravité. Cela est expliqué par la relation suivante :

$$\frac{f_x}{f_z - Mg} = \frac{1}{k} \tag{4.23}$$

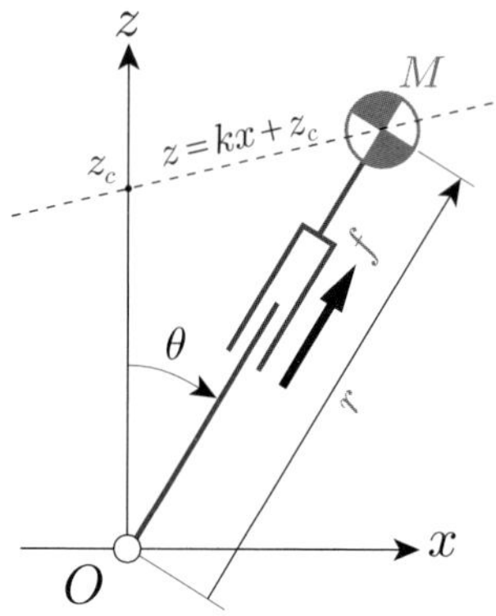

Figure 4.11 – Le centre de masse est contrôlé pour se déplacer selon la droite de contrainte (en pointillés) par la force de propulsion $\boldsymbol{f}$. Les chevilles tournent librement ($\tau = 0$).

Nous obtenons l'expression de f en substituant les relations 4.21 et 4.22 dans l'équation 4.23 :

$$f = \frac{Mgr}{z - kx} \tag{4.24}$$

ou en utilisant l'équation de contrainte 4.20 :

$$f = \frac{Mgr}{z_c} \tag{4.25}$$

Cette relation montre que le CoM se déplace sur une droite de contrainte lorsqu'on le soumet à une force de propulsion $\boldsymbol{f}$ proportionnelle à la longueur de la jambe r. Pour planifier ces mouvements, il est nécessaire de connaître la condition initiale de la contrainte (z_c). Quelques résultats possibles sont illustrés par la figure 4.12, sur laquelle les flèches indiquent direction et amplitude de la force de propulsion nécessaire.

Étudions les variations dynamiques résultant de ces mouvements : dans le plan horizontal, la dynamique du centre de masse s'obtient en reportant l'équation 4.25 dans 4.21, avec $f_x = M\ddot{x}$.

$$\ddot{x} = \frac{g}{z_c} x \tag{4.26}$$

La relation obtenue est semblable à celle de l'équation 4.4 issue de la dérivation des mouvements du CoM sur le plan horizontal. Pour expliquer cette observation, regardons sur la figure 4.13 le résultat de deux simulations s'appuyant sur des conditions initiales de contrainte identiques et des pentes de signes opposés.

Les deux droites de contrainte ont la même intersection z_c, et le pendule commence à la même position horizontale x_0. Nous pouvons raisonnablement nous attendre à ce que le pendule utilisant la droite ascendante ($k > 0$) ralentisse au cours du mouvement, et que celui utilisant la pente descendante

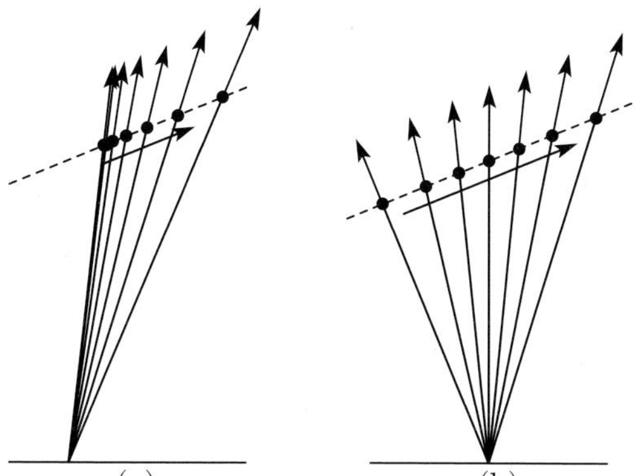

Figure 4.12 – Vecteur force de propulsion et déplacement pendulaire selon une droite de contrainte.

($k < 0$) accélère, du fait de l'influence des forces de gravité. Or, il n'en est rien : les déplacements du pendule dans le plan horizontal sont exactement les mêmes dans les deux cas. Ainsi, comme le montre la figure 4.13, les deux pendules atteignent la position x_1 simultanément. Cela s'explique par le fait que les forces de gravité sont compensées par la force de propulsion et que les mouvements du pendule ne sont définis que par la position horizontale du CoM.

La figure 4.14 illustre la planification d'une trajectoire du centre de masse, en utilisant la méthode décrite ci-dessus, appliquée au cas d'une montée d'escalier. Dans un premier temps, nous avons fixé des points de changement de support (triangles) compatibles avec les contraintes mécaniques du robot. Par la suite, nous avons défini les droites de contraintes en reliant les points situés à une hauteur z_c sur la verticale des points d'appuis. La commande de la trajectoire du CoM le contraint à évoluer le long de ces droites de contraintes. Nous pouvons exprimer la dynamique du CoM pour chaque pas :

$$\ddot{x} = \frac{g}{z_c}$$

puis appliquer la méthode de planification. Le second schéma de la figure 4.14 montre que la vitesse horizontale de déplacement du CoM n'est pas affectée par la montée des escaliers.

Cette méthode permet d'établir des modèles de marche pour différents types de sols. Par exemple, les auteurs de [35] ont développé un robot bipède simple (figure 4.15) qui peut monter des escaliers et enjamber des obstacles en utilisant la perception en temps réel.

4.3 Génération d'une marche en trois dimensions

La génération du modèle de marche en trois dimensions fait appel au LIP-3D. Nous allons donc étendre la méthode du LIP aux déplacements en trois

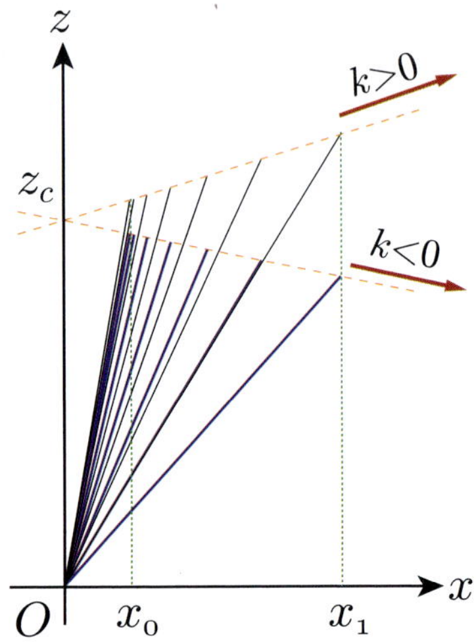

Figure 4.13 – Les mouvements horizontaux d'un LIP ne dépendent pas de la pente de la droite de contrainte.

dimensions, puis l'appliquer à un cas de génération d'un modèle de marche tridimensionnel.

4.3.1 LIP-3D

Nous allons modéliser un robot bipède marcheur dans l'espace 3D par un pendule inversé comme illustré sur la figure 4.16. Le robot est représenté par une masse ponctuelle positionnée en son centre de masse, une jambe sans masse établissant la connexion entre la masse ponctuelle et le sol au point de contact. Nous admettons que le pendule peut tourner librement autour de son point de support et que la longueur de la jambe peut être modifiée par l'intermédiaire de la force de propulsion f. Exprimons f selon les trois composantes x, y et z :

$$f_x = (x/r)f \tag{4.27}$$

$$f_y = (y/r)f \tag{4.28}$$

$$f_z = (z/r)f \tag{4.29}$$

où r représente la distance entre le point de support et le centre de masse (figure 4.11). Les seules forces agissant sur le centre de masse sont la force de propulsion et la gravité. Nous pouvons établir les équations du mouvement régissant les déplacements du CoM :

$$M\ddot{x} = (x/r)f \tag{4.30}$$

$$M\ddot{y} = (y/r)f \tag{4.31}$$

$$M\ddot{z} = (z/r)f - Mg \tag{4.32}$$

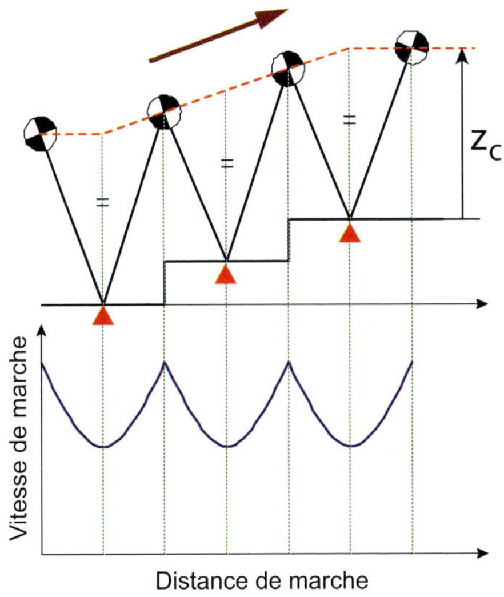

Figure 4.14 – Montée d'escaliers basée sur un LIP, avec définition des droites de contraintes (en haut) et vitesse horizontale du centre de masse (en bas).

Comme dans le cas en deux dimensions, nous établissons une contrainte de déplacement du CoM. Dans le cas 3D, nous ne parlerons pas d'une droite de contrainte mais d'un *plan de contrainte* défini de la manière suivante :

$$z = k_x x + k_y y + z_c \tag{4.33}$$

où k_x et k_y caractérisent la pente, et z_c est l'altitude à laquelle le plan coupe l'axe des z (figure 4.17).

Afin d'assurer un mouvement du CoM selon le plan de contrainte, l'accélération du centre de masse doit rester orthogonale à la normale au plan. Nous avons donc

$$[f(\frac{x}{r}) \quad f(\frac{y}{r}) \quad f(\frac{z}{r}) - Mg] \begin{bmatrix} -k_x \\ -k_y \\ 1 \end{bmatrix} = 0 \tag{4.34}$$

Résolvons cette équation vectorielle pour obtenir f. Pour cela, nous nous aidons des résultats de l'équation 4.33, et nous obtenons :

$$f = \frac{Mgr}{z_c} \tag{4.35}$$

Le centre de masse se déplace selon le plan de contrainte en appliquant une force de propulsion f proportionnelle à la longueur de la jambe r. La figure 4.17 illustre cette situation.

La dynamique horizontale du centre de masse est obtenue à partir des équations 4.30 et 4.31, en remplaçant la valeur de la force de propulsion par la valeur

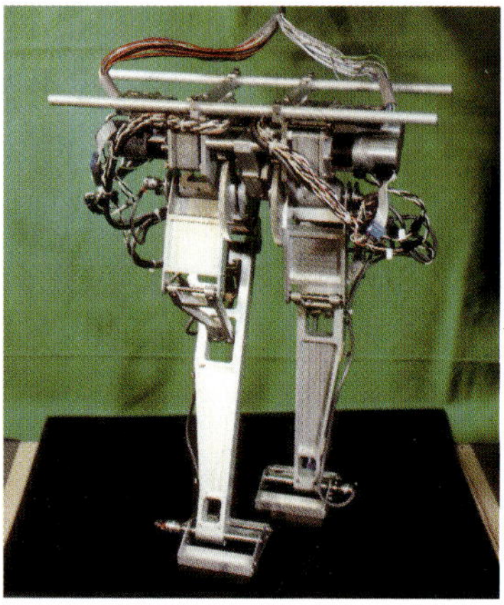

Figure 4.15 – Meltran II, robot bipède dont la géométrie des jambes est inspirée de l'oiseau. Le faible poids des jambes permet de considérer le robot comme un pendule inversé.

donnée à l'équation 4.35 :

$$\ddot{x} = \frac{g}{z_c}x \tag{4.36}$$

$$\ddot{y} = \frac{g}{z_c}y \tag{4.37}$$

C'est un système d'équations linéaires où z_c est le seul paramètre. Les paramètres d'inclinaison k_x et k_y du plan de contrainte n'affectent pas le déplacement horizontal du CoM puisqu'ils n'apparaissent pas dans les équations 4.36 et 4.37. Ce type de pendule est appelé **pendule inversé linéaire 3D**[4] (LIP-3D).

4.3.2 Caractéristiques du LIP-3D

Le LIP-3D est un mélange entre deux modèles de LIP-2D et ses caractéristiques sont très intéressantes. La figure 4.18 montre différentes trajectoires de CoM, suivant des modèles de pendule inversé linéaire 3D définis par le même paramètre z_c, mais des pentes différentes.

Sur cette figure, nous pouvons observer des trajectoires centrées sur l'intersection $[0\ 0\ z_c]$ du plan avec l'axe des z présentant une ressemblance impressionnante avec celle d'une comète[5]. La dynamique de ces trajectoires en trois

[4]Le modèle du LIP-3D a été initialement proposé par Hara, Yokogawa et Sadao [19].

[5]Les trajectoires LIP sont différentes de celles, par exemple, des comètes qui tournent autour du soleil. Une analogie plus proche serait celle de la trajectoire de particules dans l'expérience de dispersion de Rutherford qui a mis en évidence l'existence d'un noyau atomique dans la particule. Nous verrons par la suite que cette analogie est effectivement très proche des phénomènes observés.

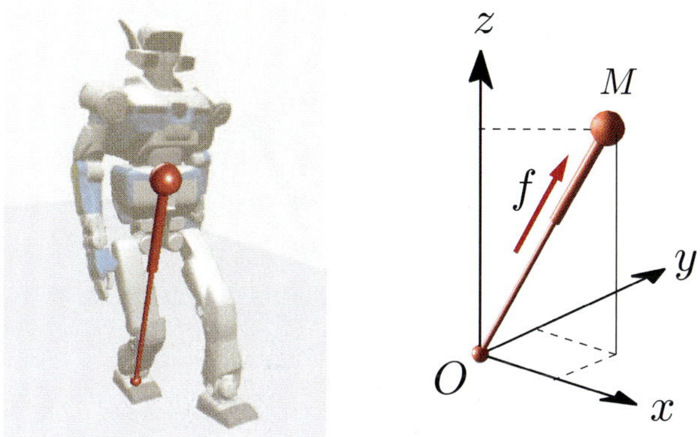

Figure 4.16 – Modélisation d'un robot en marche par un LIP-3D. Le point de support est représenté par une liaison sphérique permettant une rotation libre. La longueur de la jambe est modifiée moyennant une force de propulsion f.

dimensions, en projection sur le plan horizontal xy (figure 4.18(b)), peut être abordée en négligeant l'inclinaison du plan de contrainte.

La seconde loi de Kepler

Partant d'une analogie avec la mécanique céleste, nous allons vérifier la seconde loi de Kepler : une planète a une vitesse aréolaire constante. La vitesse aréolaire v_{area} est, par définition, la dérivée de l'aire balayée par le segment joignant un point mobile à l'origine des coordonnées. Par unité de temps, elle s'exprime de la manière suivante :

$$v_{area} = \frac{1}{2}(x\dot{y} - \dot{x}y) \tag{4.38}$$

Dans le cas du LIP-3D, le point mobile est la masse ponctuelle du pendule. La dérivée de la vitesse aréolaire est

$$\begin{aligned}
\frac{d}{dt}(v_{area}) &= \frac{1}{2}(\dot{x}\dot{y} + x\ddot{y} - \ddot{x}y - \dot{x}\dot{y}) \\
&= \frac{1}{2}(x\ddot{y} - \ddot{x}y) \quad \leftarrow \text{(utilisation des équations 4.36 et 4.37)} \\
&= \frac{1}{2}(x\frac{g}{z_h}y - \frac{g}{z_h}xy) \\
&= 0
\end{aligned}$$

La vitesse aréolaire du LIP-3D est donc bien constante puisque sa dérivée dans le temps est nulle[6].

[6] D'une manière générale, la vitesse aréolaire est conservée au cours d'un déplacement dans un champs de force. En d'autres termes, cela représente la conservation du moment cinétique.

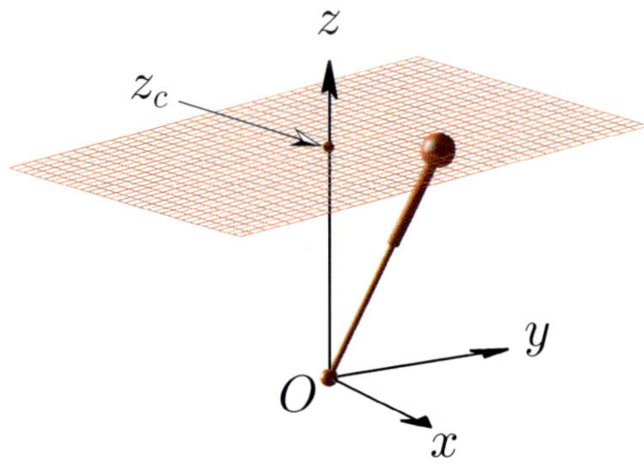

Figure 4.17 – LIP-3D : le centre de masse se déplace le long du plan de contrainte en choisissant une force de propulsion adaptée. L'inclinaison du plan de contrainte n'influe pas sur les déplacements horizontaux du CoM.

Rotation du repère de référence

Considérons le cas où le repère de référence xy subit une rotation d'un angle θ autour de son centre. Nous notons $x'y'$ le nouveau repère obtenu après transformation (figure 4.19). La transformation est définie de la manière suivante :

$$x = cx' - sy' \tag{4.39}$$

$$y = sx' + cy' \tag{4.40}$$

$$c \equiv \cos\theta, s \equiv \sin\theta$$

Nous allons montrer que les équations 4.36 et 4.37 du LIP-3D sont toujours valables dans le nouveau repère $x'y'$. En substituant les transformations de coordonnées ci-dessus dans les équations du mouvement, nous obtenons :

$$c\ddot{x}' - s\ddot{y}' = \frac{g}{z_h}(cx' - sy') \tag{4.41}$$

$$s\ddot{x}' + c\ddot{y}' = \frac{g}{z_h}(sx' + cy'). \tag{4.42}$$

La dynamique du système, exprimée dans le repère $x'y'$, s'obtient en isolant $\ddot{x}'$ et $\ddot{y}'$ dans les équations 4.41 et 4.42 :

$$\ddot{x}' = \frac{g}{z_c}x'$$

$$\ddot{y}' = \frac{g}{z_c}y'$$

Cette transformation est toujours valable quel que soit l'angle de rotation θ. Ce fait confirme que la dynamique du LIP-3D peut toujours être exprimée par deux composantes orthogonales *indépendamment du système de référence*[7].

[7]Attention : les déplacements dus aux forces de gravité ou aux forces électrostatiques sont inversement proportionnels au carré de la distance, et ne peuvent donc pas être traités de la

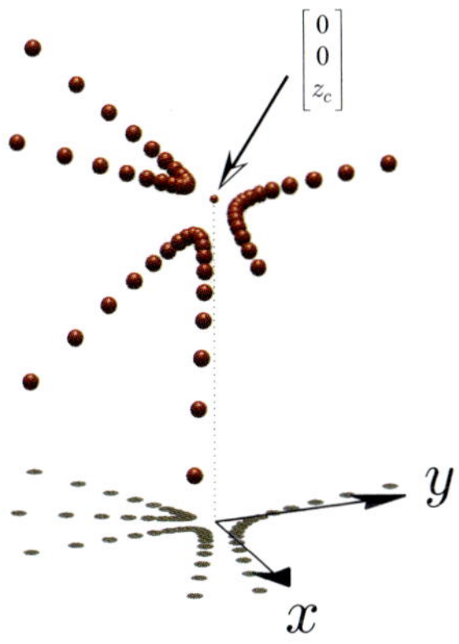

(a)

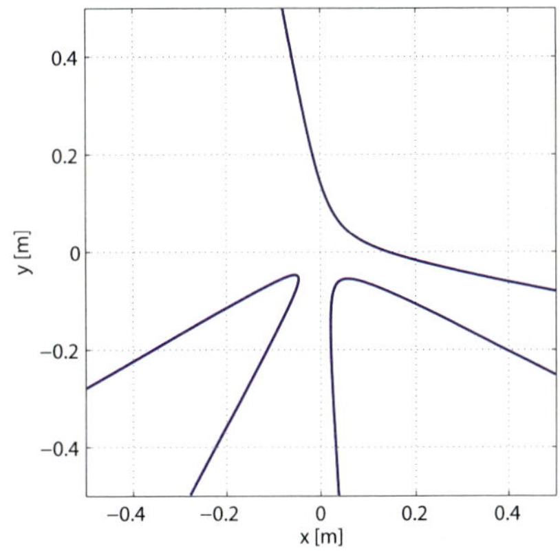

(b)

Figure 4.18 – Déplacements du LIP-3D : (a) trajectoires du CoM dans l'espace 3D ; (b) projections des trajectoires sur le plan horizontal.

Étude géométrique de la trajectoire du LIP-3D

Nous pouvons calculer la trajectoire géométrique grâce à la transformation illustrée par la figure 4.19 et aux énergies orbitales. L'énergie orbitale selon l'axe x' du nouveau repère est

$$E'_x = -\frac{g}{2z_c}(cx + sy)^2 + \frac{1}{2}(c\dot{x} + s\dot{y})^2 \tag{4.43}$$

E'_x est dépendante de l'angle d'orientation θ du repère, et prend des valeurs extrêmes lorsque x' ou y' correspond à l'axe de symétrie de la trajectoire.

$$\begin{aligned} \frac{\partial E'_x}{\partial \theta} &= -A\cos 2\theta + \frac{B}{2}\sin 2\theta = 0 \\ A &\equiv (g/z_c)xy - \dot{x}\dot{y} \\ B &\equiv (g/z_c)(x^2 - y^2) - (\dot{x}^2 - \dot{y}^2) \end{aligned} \tag{4.44}$$

La valeur de θ indiquant un axe de symétrie de la trajectoire s'obtient à partir de l'équation 4.44 :

$$\theta = \begin{cases} (1/2)\tan^{-1}(2A/B) & (\text{si } B \neq 0) \\ \pi/4 & (\text{si } A \neq 0, B = 0) \end{cases} \tag{4.45}$$

Dans le cas où $A = 0$ et $B = 0$, la trajectoire devient une ligne droite passant par l'origine et orientée de manière quelconque : cette ligne est un axe de symétrie.

même manière !

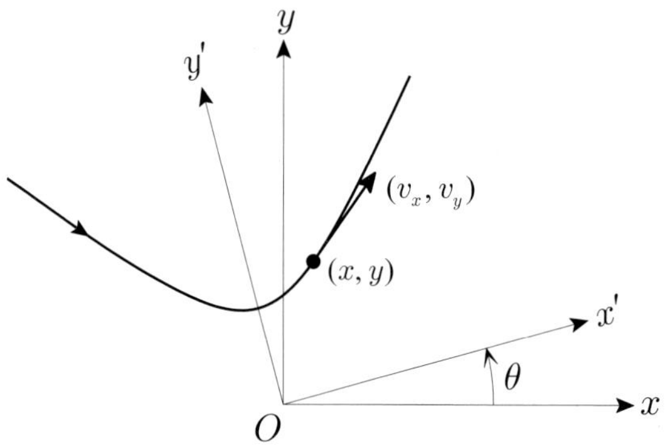

Figure 4.19 – Projection sur le plan horizontal d'une trajectoire LIPM 3D et rotation d'un angle θ du repère de référence.

Si nous choisissons le repère xy de telle sorte que nous soyons sur un axe de symétrie, alors l'énergie orbitale E'_x prend des valeurs extrêmes avec $\theta = 0$. En substituant $\theta = 0$ dans l'équation 4.44, nous obtenons

$$(g/z_c)xy - \dot{x}\dot{y} = 0$$

Soit, en élevant cette égalité au carré :

$$(g/z_c)^2 x^2 y^2 = \dot{x}^2 \dot{y}^2$$

Afin d'obtenir une équation ne dépendant que des paramètres de la trajectoire x et y, nous remplaçons les valeurs de $\dot{x}$ et $\dot{y}$ par leur expression issue de la définition de l'énergie orbitale :

$$\dot{x}^2 = 2E_x + \frac{g}{2z_c}x^2 \quad \dot{y}^2 = 2E_y + \frac{g}{2z_c}y^2$$

Nous obtenons en fin de compte une équation qui représente la forme géométrique de la trajectoire du LIP-3D.

$$\frac{g}{2z_c E_x}x^2 + \frac{g}{2z_c E_y}y^2 + 1 = 0 \tag{4.46}$$

C'est l'équation d'une hyperbole car l'un des termes E_x ou E_y est négatif et l'autre est positif[8].

[8] Des trajectoires hyperboliques sont aussi obtenues lors du calcul de Rutherford (*scattering*) ou de la gravidéviation (manœuvre utilisant l'attraction d'un corps céleste pour modifier le vecteur vitesse d'un engin spatial) pour l'approche de Jupiter par Voyager I et II. Il est très intéressant de retrouver des similarités dans l'expression des trajectoires de particules élémentaires, de voyages planétaires et de locomotion bipède.

4.3.3 Génération des trajectoires de marche

La figure 4.20 montre un exemple de modèle de marche basé sur le LIP-3D. En modifiant judicieusement le choix du plan de contrainte, le même modèle peut être utilisé pour des déplacements dans un escalier ou sur un sol en pente.

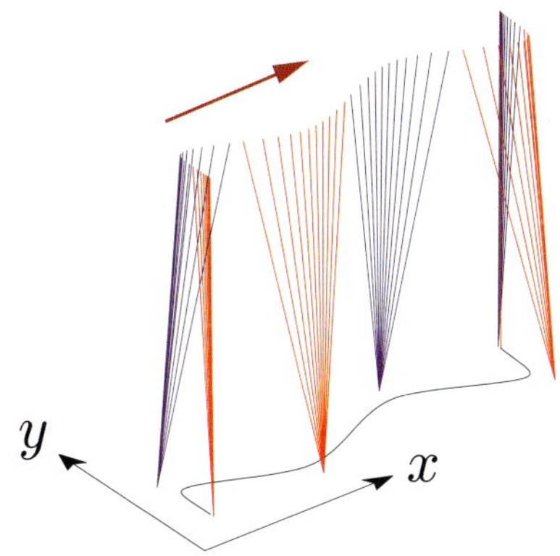

Figure 4.20 – Modèle de marche sur sol plat utilisant la méthode du LIP-3D : avancement de trois pas entre deux positions immobiles.

Dans le cas de la marche en trois dimensions, il est nécessaire de générer un changement de support simultané dans les directions x et y. Nous ne pouvons donc pas utiliser la méthode de génération de modèles de marche exposée dans la partie 4.2.5 car celle-ci nécessite un changement de support à des instants arbitraires. Dans la discussion qui suit, nous considérons une marche dont la longueur du pas est constante, et nous notons T_{sup} le temps de support de chaque pas.

Primitive de marche

Une *primitive* est, d'une manière générale, un élément de base pouvant servir à des constructions complexes. Nous allons définir une portion de trajectoire, appelée *primitive de marche*, par la méthode du LIP-3D (figure 4.21).

Cette trajectoire primitive, montrée sur la figure 4.21(a), est une portion d'hyperbole symétrique par rapport à l'axe y et définie sur l'intervalle de temps $[0 \quad T_{sup}]$.

Lorsque le temps de support T_{sup} et l'intersection du plan de contrainte z_c sont donnés, une primitive de marche est déterminée de façon unique (car symétrique) par ses coordonnées extrêmes $(\bar{x}, \bar{y})$. La vitesse finale $(\bar{v}_x, \bar{v}_y)$ peut alors être calculée, et nous allons détailler son calcul.

Si la condition initiale selon l'axe x est notée $(-\bar{x},\ \bar{v}_x)$, la position finale est $\bar{x}$ en utilisant la nature symétrique de la primitive de marche. À partir de la solution analytique du LIP-3D donnée à l'équation 4.5, on a

$$\bar{x} = -\bar{x}C + T_c\bar{v}_x S \tag{4.47}$$

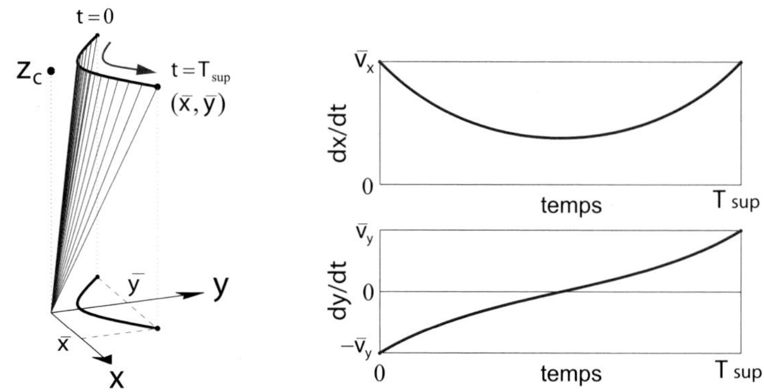

(a) Vue en trois dimensions (b) Profil de vitesse dans le temps

Figure 4.21 – Primitive de marche : un modèle 3D élémentaire.

où

$$T_c \equiv \sqrt{\frac{z_c}{g}},\ C \equiv \cosh \frac{T_{sup}}{T_c},\ S \equiv \sinh \frac{T_{sup}}{T_c}.$$

La résolution de l'équation 4.47 permet d'obtenir la vitesse finale $\bar{v}_x$ selon l'axe x :

$$\bar{v}_x = \bar{x}(C+1)/(T_c S) \tag{4.48}$$

Nous utilisons une méthode semblable pour déterminer la composante en y de la vitesse finale, notée $\bar{v}_y$: à partir de la condition initiale $(\bar{y},\ -\bar{v}_y)$ selon l'axe y, la position finale est $\bar{y}$ par symétrie. Ainsi,

$$\begin{aligned} \bar{y} &= \bar{y}C + T_c(-\bar{v}_y)S \\ \bar{v}_y &= \bar{y}(C-1)/(T_c S) \end{aligned} \tag{4.49}$$

Les primitives de marche permettent de réaliser très facilement une trajectoire de marche. Par exemple, une marche en ligne droite, de longueur de pas constante et égale à $2\bar{x}$, peut être réalisée en connectant des primitives de marches identiques en alternant successivement le signe de y.

Paramètres de la marche

Dans beaucoup de cas pratiques, il est nécessaire de fixer les positions successives des pieds pour pouvoir déterminer la trajectoire de déplacement correspondante. Un déplacement dans des escaliers ou l'enjambement d'un obstacle constituent deux bons exemples de ces situations. La figure 4.22 montre un cas de marche classique illustrant bien le choix des paramètres. Nous utilisons comme entrées les longueurs et largeurs des pas suivantes :

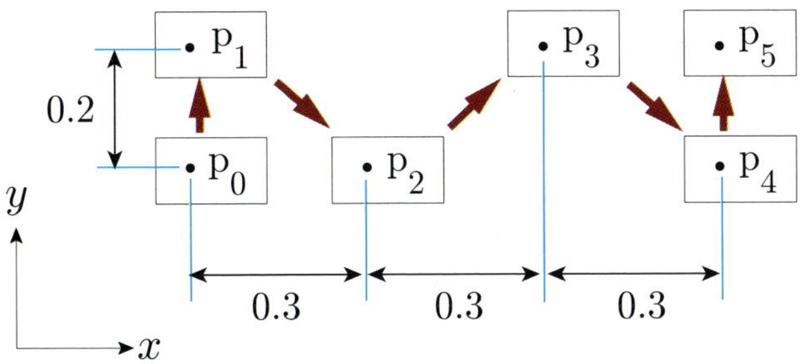

Figure 4.22 – Points de référence de placement des pieds $p_0 \dots p_N$. Les rectangles dessinés autour des points représentent les empreintes des pieds du robot.

n	1	2	3	4	5
$s_x^{(n)}$	0.0	0.3	0.3	0.3	0
$s_y^{(n)}$	0.2	0.2	0.2	0.2	0.2

où s_x représente la longueur du pas dans le sens de la marche et s_y la largeur du pas selon la normale au déplacement. Les données regroupées dans ce tableau sont appelées *paramètres de marche.* L'indice (n) réfère aux données du n-ième pas, et les caractéristiques du n-ième positionnement de pied $(p_x^{(n)}, p_y^{(n)})$ sont définies par

$$\begin{bmatrix} p_x^{(n)} \\ p_y^{(n)} \end{bmatrix} = \begin{bmatrix} p_x^{(n-1)} + s_x^{(n)} \\ p_y^{(n-1)} - (-1)^n s_y^{(n)} \end{bmatrix} \tag{4.50}$$

Nous avons considéré arbitrairement le pied droit comme support de départ, et $(p_x^{(0)}, p_y^{(0)})$ représente l'emplacement du premier point de support. Si nous choisissons le pied gauche comme point de départ de la marche, il faut alors remplacer $-(-1)^n$ par $+(-1)^n$ dans l'équation précédente.

La primitive de marche correspondant au n-ième pas s'écrit

$$\begin{bmatrix} \bar{x}^{(n)} \\ \bar{y}^{(n)} \end{bmatrix} = \begin{bmatrix} s_x^{(n+1)}/2 \\ (-1)^n s_y^{(n+1)}/2 \end{bmatrix} \tag{4.51}$$

Les caractéristiques de la n-ième primitive sont donc fixées par les $(n+1)$-ièmes paramètres de marche. C'est une condition nécessaire pour assurer une bonne coordination entre le placement des pieds et le mouvement de marche.

Les composantes en x et y de la vitesse finale d'une primitive de marche sont obtenues par les équations 4.48 et 4.49 :

$$\begin{bmatrix} \bar{v}_x^{(n)} \\ \bar{v}_y^{(n)} \end{bmatrix} = \begin{bmatrix} (C+1)/(T_c S)\bar{x}^{(n)} \\ (C-1)/(T_c S)\bar{y}^{(n)} \end{bmatrix} \tag{4.52}$$

Les primitives utilisées pour générer la marche ci-dessus sont toutes identiques, excepté la première et la dernière qui correspondent aux états de transition de démarrage et d'arrêt. Nous allons maintenant décrire une méthode qui permet de générer des modèles de marche continus et réalisables.

Modification du placement des pieds

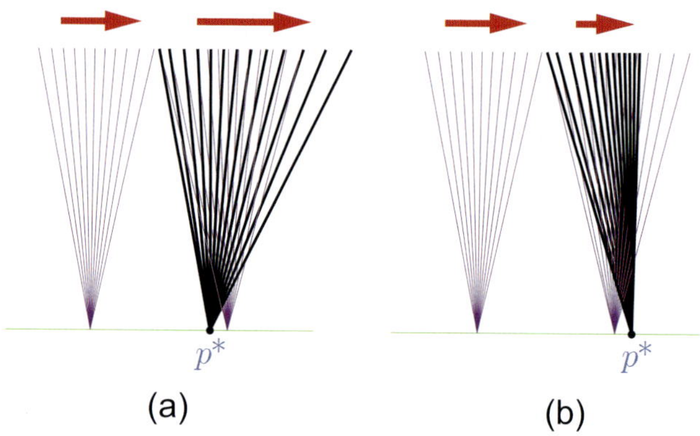

Figure 4.23 – Modification de la vitesse de marche [51] : (a) accélération par le raccourcissement du pas ; (b) ralentissement par l'allongement du pas.

Dans le cas d'un cycle de marche donné, la modification de la longueur des pas peut permettre de contrôler la vitesse de la marche[9], comme illustré sur la figure 4.23.

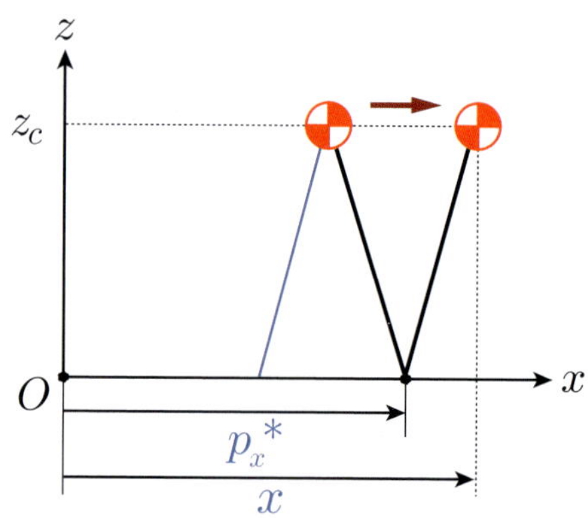

Figure 4.24 – Représentation d'un LIP dans le repère de référence.

Soit p_x^* le positionnement modifié du pied selon la direction de marche. Étudions les variations dynamiques du mouvement dues à ce changement : la

[9]Dans la méthode de contrôle de la figure 4.7 (page 104), la longueur du pas était fixée. La vitesse de marche était alors contrôlée en modifiant l'instant de reprise de contact avec le sol.

figure 4.24 représente un pendule inversé linéaire dans le repère fixe lié à la terre[10]. L'équation de la dynamique selon l'axe x s'écrit

$$\ddot{x} = \frac{g}{z_c}(x - p_x^*) \tag{4.53}$$

et la solution analytique à l'équation de la dynamique est

$$\begin{aligned} x(t) &= (x_i^{(n)} - p_x^*)\cosh(t/T_c) + T_c\dot{x}_i^{(n)}\sinh(t/T_c) + p_x^* & (4.54)\\ \dot{x}(t) &= \frac{x_i^{(n)} - p_x^*}{T_c}\sinh(t/T_c) + \dot{x}_i^{(n)}\cosh(t/T_c), & (4.55)\end{aligned}$$

où $(x_i^{(n)}, \dot{x}_i^{(n)})$ est la condition initiale du n-ième pas. Nous pouvons donc extraire une relation entre le placement modifié du pied p_x^* et l'état final $(x_f^{(n)}, \dot{x}_f^{(n)})$ du n-ième pas :

$$\begin{bmatrix} x_f^{(n)} \\ \dot{x}_f^{(n)} \end{bmatrix} = \begin{bmatrix} C & T_cS \\ S/T_c & C \end{bmatrix}\begin{bmatrix} x_i^{(n)} \\ \dot{x}_i^{(n)} \end{bmatrix} + \begin{bmatrix} 1-C \\ -S/T_c \end{bmatrix} p_x^* \tag{4.56}$$

étape 1 Déterminer la période de support T_{sup} et les paramètres de marche s_x, s_y. Donner les positions initiales du CoM (x, y) et du pied $(p_x^*, p_y^*) = (p_x^{(0)}, p_y^{(0)})$.

étape 2 $T := 0$, $n := 0$.

étape 3 Intégrer l'équation 4.53 du pendule inversé et l'équation selon l'axe y de T à $T + T_{sup}$.

étape 4 $T := T + T_{sup}$, $n := n + 1$

étape 5 Calculer la position suivante $(p_x^{(n)}, p_y^{(n)})$ du pied en utilisant l'équation 4.50.

étape 6 Déterminer les caractéristiques de la primitive de marche suivante, $(\bar{x}^{(n)}, \bar{y}^{(n)})$, en utilisant les équations 4.51 et 4.52.

étape 7 Calculer l'état cible $(x^d, \dot{x}^d)$ par l'équation 4.57, et l'état cible $(y^d, \dot{y}^d)$ par l'équation correspondante.

étape 8 Calculer la position modifiée du pied (p_x^*, p_y^*) par l'équation 4.59 (ainsi que la composante y).

étape 9 Retourner à l'**étape 3**.

Figure 4.25 – Algorithme de génération d'un modèle de marche basé sur la méthode du LIP-3D.

Nous choisissons comme état cible l'état final de la primitive de marche dans le repère lié au sol.

$$\begin{bmatrix} x^d \\ \dot{x}^d \end{bmatrix} = \begin{bmatrix} p_x^{(n)} + \bar{x}^{(n)} \\ \bar{v}_x^{(n)} \end{bmatrix} \tag{4.57}$$

[10] Nous abordons seulement les modifications selon l'axe d'avancement de la marche x. Les modifications selon l'axe y se traitent de manière identique.

Calculons le placement de pied correspondant à l'état final le plus proche de l'état désiré $(x^d, \dot{x}^d)$. La fonction d'évaluation peut être définie par

$$N \equiv a(x^d - x_f^{(n)})^2 + b(\dot{x}^d - \dot{x}_f^{(n)})^2 \qquad (4.58)$$

où a et b sont des poids positifs. En reportant les valeurs de l'équation 4.56 dans la fonction d'évaluation, nous obtiendrons le placement de pied qui minimise N en appliquant la condition $\partial N/\partial p_x^* = 0$:

$$\begin{aligned} p_x^* &= -\frac{a(C-1)}{D}(x^d - Cx_i^{(n)} - T_c S\dot{x}_i^{(n)}) \\ &\quad -\frac{bS}{T_c D}(\dot{x}^d - \frac{S}{T_c}x_i^{(n)} - C\dot{x}_i^{(n)}) \\ D &\equiv a(C-1)^2 + b(S/T_c)^2 \end{aligned} \qquad (4.59)$$

La méthode qui génère le modèle de marche est décomposée en neuf étapes successives reportées sur l'algorithme de la figure 4.25. Le résultat est illustré par la figure 4.26 en utilisant les paramètres de marche précédents (figure 4.22). Observez les premières et dernières positions de pied proposées : la première est légèrement en retrait sur l'axe x par rapport au placement de départ pour le premier pas (précédant l'accélération), et la dernière est légèrement en avant juste avant l'arrêt (précédant la décélération). Ces modifications sont inévitables : la méthode ne permet pas le respect formel des paramètres de marche désirés. L'équation 4.59 garantit cependant une convergence de l'erreur vers zéro, et le robot peut suivre les spécifications des paramètres au cours d'une marche établie, c'est-à-dire en dehors périodes d'accélération et de décélération (ou plus généralement des périodes de transitions).

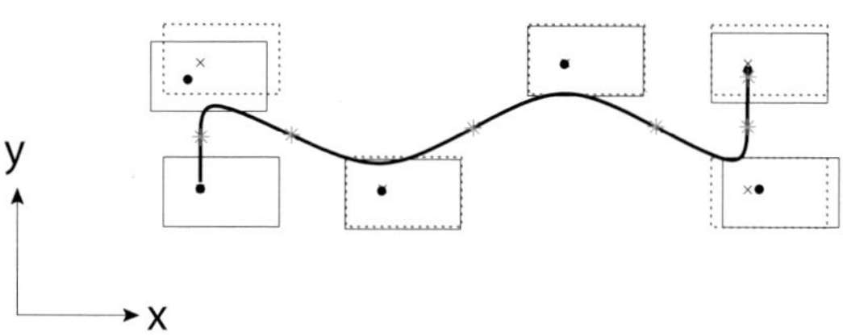

Figure 4.26 – Modèle de marche généré par l'algorithme avec $z_c = 0.8$, $T_{sup} = 0.8$, $a = 10$, $b = 1$. La ligne représente la trajectoire du CoM, les croix sont les positions spécifiées, les points sont les positions modifiées. Les positions sont modifiées au départ et à l'arrêt de la marche pour obtenir les accélérations et décélérations adaptées.

Connaissant la technique de base pour générer un modèle de marche simple, nous pouvons maintenant jouer avec les paramètres pour obtenir différents types de marche. Par exemple, pour une marche en diagonal comme celle de la figure 4.27, la valeur de s_y est modifiée à chaque pas :

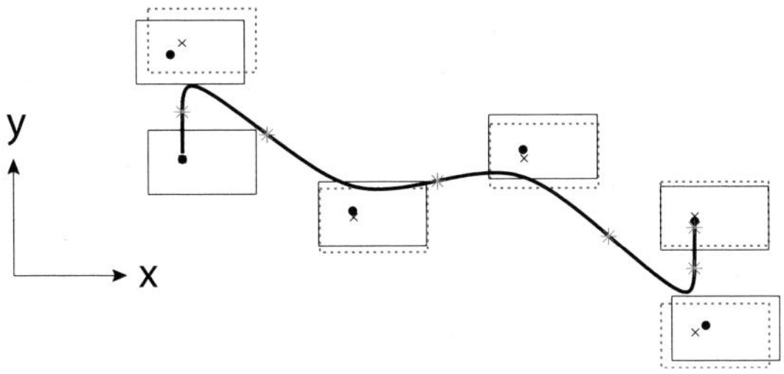

Figure 4.27 – Exemple de marche diagonale avec $z_c = 0.8$, $T_{sup} = 0.8$, $a = 10$ et $b = 1$. La valeur de s_y est modifiée à chaque pas.

n	1	2	3	4	5
$s_x^{(n)}$	0.0	0.2	0.2	0.2	0
$s_y^{(n)}$	0.2	0.3	0.1	0.3	0.2

Si nous fixions tous les paramètres s_x à zéro, nous obtiendrions alors un modèle de marche en crabe. Voyons maintenant comment faire tourner le robot pendant la marche.

Changement de direction

Pour changer la direction de la marche, nous avons besoin d'ajouter une information sur la direction dans les paramètres de marche. Soit s_θ la direction d'un pas, comme illustré sur la figure 4.28[11].

Le placement du pied $(p_x^{(n)}, p_y^{(n)})$ pour le n-ième pas est déterminé par

$$\begin{bmatrix} p_x^{(n)} \\ p_y^{(n)} \end{bmatrix} = \begin{bmatrix} p_x^{(n-1)} \\ p_y^{(n-1)} \end{bmatrix} + \begin{bmatrix} \cos s_\theta^{(n)} & -\sin s_\theta^{(n)} \\ \sin s_\theta^{(n)} & \cos s_\theta^{(n)} \end{bmatrix} \begin{bmatrix} s_x^{(n)} \\ -(-1)^n s_y^{(n)} \end{bmatrix} \tag{4.60}$$

La primitive de marche correspondante pour le n-ième pas est la suivante :

$$\begin{bmatrix} \bar{x}^{(n)} \\ \bar{y}^{(n)} \end{bmatrix} = \begin{bmatrix} \cos s_\theta^{(n+1)} & -\sin s_\theta^{(n+1)} \\ \sin s_\theta^{(n+1)} & \cos s_\theta^{(n+1)} \end{bmatrix} \begin{bmatrix} s_x^{(n+1)}/2 \\ (-1)^n s_y^{(n+1)}/2 \end{bmatrix} \tag{4.61}$$

La vitesse d'avancement de la primitive de marche est définie par

$$\begin{bmatrix} \bar{v}_x^{(n)} \\ \bar{v}_y^{(n)} \end{bmatrix} = \begin{bmatrix} \cos s_\theta^{(n+1)} & -\sin s_\theta^{(n+1)} \\ \sin s_\theta^{(n+1)} & \cos s_\theta^{(n+1)} \end{bmatrix} \begin{bmatrix} (1+C)/(T_c S)\bar{x}^{(n)} \\ (C-1)/(T_c S)\bar{y}^{(n)} \end{bmatrix} \tag{4.62}$$

L'utilisateur peut générer un modèle de marche avec une direction arbitraire en remplaçant l'équation 4.50 de l'étape 5 de l'algorithme de génération de

[11]La définition que nous proposons dans ce livre est un peu plus simple que celle que nous utilisons réellement. Par exemple, la méthode donnée ne peut pas générer un tournant sur place. Déterminer une définition plus élaborée est un exercice pour le lecteur.

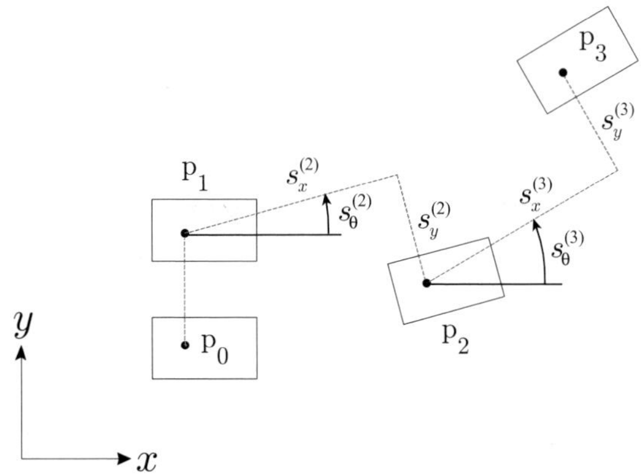

Figure 4.28 – Placement de pied avec changement de direction de marche. s_θ est mesuré à partir de l'axe x positivement dans le sens trigonométrique direct.

modèles par l'équation 4.60, et en remplaçant les équations 4.51 et 4.52 de l'étape 6 par les équations 4.61 et 4.62.

Par exemple, pour générer une marche selon un arc de cercle, nous pouvons utiliser les paramètres du tableau suivant, qui spécifient une rotation de 20° par pas.

n	1	2	3	4	5
s_x	0.0	0.25	0.25	0.25	0
s_y	0.2	0.2	0.2	0.2	0.2
s_θ	0	20	40	60	60

La figure 4.29 montre la trajectoire de marche correspondant à ces paramètres.

4.3.4 Introduction de la phase de double support

Nous avons considéré jusqu'ici que le changement de support s'effectuait instantanément. Dans ce cas, la position du ZMP « saute » du pied de support précédent au nouveau, et donc l'accélération passe d'un maximum en un minimum (figure 4.30(a)). Si nous utilisons cette approche, la discontinuité de l'accélération créé des forces d'impact très importantes qui pourraient endommager le robot.

Pour obtenir une marche plus fluide, et surtout adaptée à un robot réel, nous allons insérer une phase de double support avec une période T_{dbl} prédéterminée au moment du changement de la jambe de support.

Par l'introduction de la phase de double support, nous désirons établir un profil de vitesse sans brusques changements de pente, cela afin de supprimer les discontinuités de l'accélération du CoM. Dans cet objectif, nous générons un

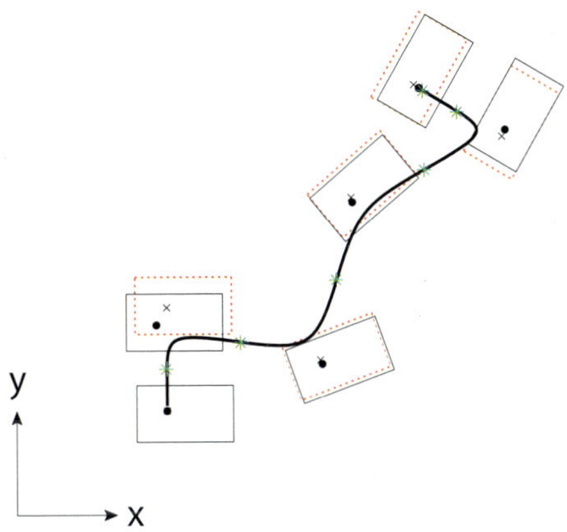

Figure 4.29 – Marche selon un arc de cercle. Chaque pas subit une rotation de 20°. $z_c = 0.8$, $T_{sup} = 0.8$, $a = 10$ et $b = 1$.

profil de vitesses du CoM en utilisant des polynômes du troisième degré. La trajectoire du CoM est donc décrite par un polynôme de degré 4 (figure 4.30(b)) :

$$x(t) = a_0 + a_1 t + a_2 t^2 + a_3 t^3 + a_4 t^4 \tag{4.63}$$

Les coefficients $a_0 \dots a_4$ sont déterminés par les conditions aux limites sur la position, la vitesse et l'accélération du CoM au moment du changement de support.

Par l'insertion d'une phase de double support, le robot fait des pas plus grands que prévu. Cela peut être rétabli en réduisant proportionnellement par avance les primitives de marche. La figure 4.31 illustre un exemple d'une trajectoire de marche avec phase de double support.

En faisant des essais de paramétrages, on peut remarquer qu'une période de double support plus longue permet une trajectoire plus lisse du CoM lors du changement de support. Cependant, cela crée aussi un phénomène indésirable de balancement plus rapide de la jambe. Il y a donc un compromis à trouver lors de la détermination de T_{dbl}.

4.3.5 Du pendule linéaire inversé au modèle multicorps

La méthode la plus facile pour générer un modèle de marche par le LIP est de faire suivre à la hanche les mouvements LIP du CoM. Premièrement, la position réelle du CoM est calculée en utilisant le modèle multicorps. Pendant cette opération, la position du CoM par rapport à la hanche est déterminée. Par la suite, la position de la hanche est déterminée directement par le pendule inversé linéaire, en assumant que la position du CoM par rapport à la hanche reste constante. En plus, il faut calculer la trajectoire de balancement de la jambe de manière à ce que le pied se positionne pour le contact au sol, de la façon désirée et au moment désiré.

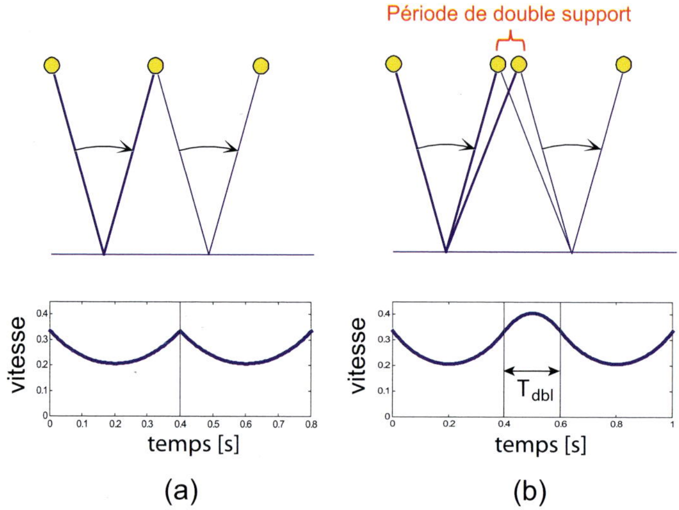

Figure 4.30 – Amélioration du modèle de changement de support : (a) le changement instantané créé des points de fléchissement sur la courbe de vitesse du CoM ; (b) une phase de double support permet d'obtenir des profils continus de vitesse et d'accélération du CoM.

Une fois que les trajectoires de la hanche et des deux pieds sont déterminées, les angles articulaires peuvent être obtenus par la cinématique inverse présentée au chapitre 2.

Cette méthode est basée sur l'hypothèse que la dynamique multicorps du robot peut être approximée par le modèle simple du pendule inversé, et que la validité de cette hypothèse est assurée par l'utilisation du ZMP, comme expliqué dans le chapitre précédent. Le calcul du ZMP sur la base d'un modèle multicorps permet d'évaluer les effets du balancement de la jambe et les erreurs sur la position du CoM, qui étaient négligés dans la modélisation par pendule inversé linéaire. La figure 4.32 montre deux trajectoires de ZMP. L'une utilise le pendule inversé linéaire, l'autre se base sur la dynamique multicorps puis sur la génération du modèle de marche. Les deux trajectoires sont suffisamment proches. Cet exemple permet d'affirmer que la dynamique multicorps peut être approchée dans ce cas par le modèle simple du pendule inversé.

4.3.6 Exemple d'implémentation

Étudions un exemple d'implémentation du générateur de modèle de marche proposé. La figure 4.33 montre le robot bipède HRP-2L développé au cours du *Humanoid Robotics Project* (HRP). Ce robot a été construit pour évaluer les capacités des jambes du HRP-2, robot humanoïde qui constituait le but final de ce projet de recherche. Chaque jambe possède six degrés de liberté et le robot est équipé d'un Pentium II 933MHz embarqué dans son corps. Le poids

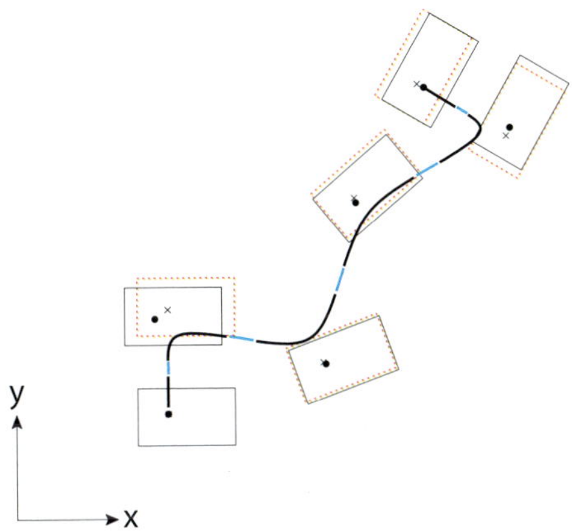

Figure 4.31 – Trajectoire de marche incluant une phase de double support. Les trajectoires du CoM pendant le double support sont signalées par des lignes gris clair. $z_c = 0.8$, $T_{sup} = 0.7$, $T_{dbl} = 0.1$, $a = 10$, $b = 1$.

total est 58.2 kg, comprenant 11.4 kg de batteries et un poids factice de 22.6 kg placé dans le corps.

L'algorithme présenté à la figure 4.25 peut générer un modèle de marche sur au moins deux pas successifs. Nous pouvons donc construire une boucle de contrôle sur la marche qui permette une modification en temps réel des caractéristiques des pas en fournissant les paramètres (s_x, s_y, s_θ) des deux pas suivants avec un joystick. La figure 4.34 montre des instantanés de l'expérimentation correspondante sur HRP-2L.

4.4 Génération d'une marche basée sur le ZMP

4.4.1 Modèle du chariot sur la table

Étudions le nouveau modèle de génération de la marche illustré par la figure 4.35. Nous observons un chariot de masse M qui se déplace sur une table de masse négligeable. Bien que le pied de la table soit trop petit pour conserver l'équilibre statique lorsque le chariot est sur le bord du plateau, nous pouvons maintenir l'équilibre dynamique en conférant une accélération suffisante au chariot. Cela représente le modèle du chariot sur la table.

Ce modèle considère une masse unique à hauteur constante. Nous retrouvons le cas présenté dans le chapitre 3.5.2. La position du ZMP est donc donnée par

$$p = x - \frac{z_c}{g}\ddot{x} \tag{4.64}$$

Cette équation est appelée l'*équation du ZMP*. Rappelons que l'équation du

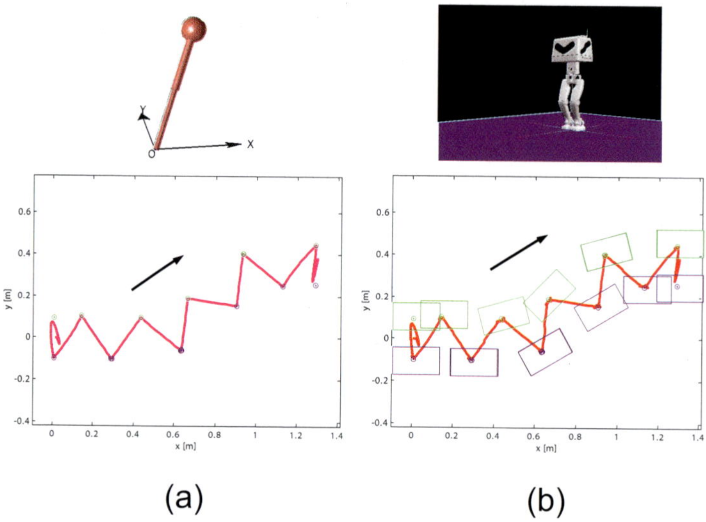

Figure 4.32 – Comparaison de trajectoires du ZMP : (a) le ZMP est calculé à partir du modèle du LIP-3D ; (b) le ZMP est calculé par la dynamique multicorps dont la hanche se déplace comme un LIP-3D.

pendule inversé linéaire est donnée de la manière suivante (figure 4.24) :

$$\ddot{x} = \frac{g}{z_c}(x - p) \tag{4.65}$$

Nous pouvons immédiatement voir que les équations 4.64 et 4.65 sont les mêmes avec une sortie différente. De plus, en considérant p comme coordonnée du ZMP et non comme le placement du pied comme précédemment, nous pouvons traiter en même temps le couple à appliquer à la cheville du robot et la phase de double support [73].

Les modèles du LIP et du chariot sur la table sont comparés sur la figure 4.36. Pour le premier, la trajectoire du CoM est générée à partir de la position désirée du ZMP (figure 4.36(a)). Pour le second, la position du ZMP est générée par la trajectoire désirée du CoM (figure 4.36(b)). La relation entre ces deux modèles est donc l'inversion des entrées et sorties.

Comme nous l'avons décrit dans la partie précédente, la méthode basée sur le LIP s'appuie sur l'hypothèse de la relation entrée-sortie décrite par la figure 4.36(a). Le modèle de marche correspondant est calculé par le processus suivant :

$$\textbf{(Spécifications trajectoire CoM)} \quad \Rightarrow \quad \textbf{(Position ZMP)}$$

Dans ce cas, il est difficile de réaliser la trajectoire du ZMP prévue. En effet, il y a modification de la position du ZMP (placement du pied de support)

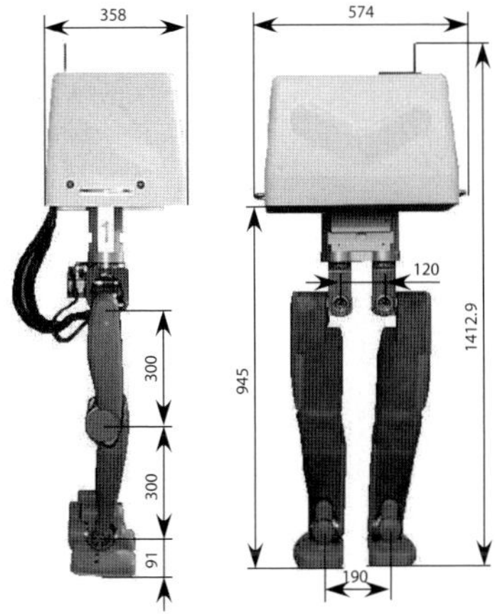

Figure 4.33 – Le robot bipède HRP-2L.

pendant la transition de marche par rapport à la méthode présentée au chapitre précédent.

Considérons à présent un modèle de marche généré à partir de la méthode du chariot sur la table. Dans ce cas, calculons le modèle de marche en tenant compte de la relation CoM-ZMP de la figure 4.36(b)[12] :

$$\textbf{(Spécifications position du ZMP)} \quad \Rightarrow \quad \textbf{(Trajectoire du CoM)}$$

En conséquence, nous obtenons un modèle de marche qui réalise la trajectoire du ZMP désirée. Cette méthode est appelée *génération du modèle de marche basé sur le ZMP.*

4.4.2 Génération d'un modèle de marche hors-ligne

La génération d'un modèle de marche basé sur le ZMP a été proposée initialement par Vukobratović et Stepanenko dans dans leur article de 1972 [83]. L'algorithme proposé dans cette publication était particulièrement gourmand en temps de calcul. Par la suite, Takanishi et al. ont proposé une méthode pratique qui transforme le modèle ZMP désiré, résout l'équation du ZMP 4.64 en fréquence et extrait une trajectoire du CoM en utilisant l'inverse FFT [76]. Le générateur de modèles, basé sur cette méthode, a joué un rôle très important dans la mise en place du Projet robotique humanoïde HRP.

Dans cette partie du chapitre 4, nous allons présenter un algorithme de calcul rapide et efficace récemment proposé par Nishiwaki et al. [62][13]. Nous

[12] Il existe une infinité de possibilités pour la trajectoire du CoM compatibles avec la trajectoire désirée du ZMP. Presque toutes présentent des divergences du modèle. La figure 4.36(b) peut être considérée comme une méthode assurant une solution réalisable.

[13] Une autre méthode performante et efficace a été introduite par Nagasaka [53].

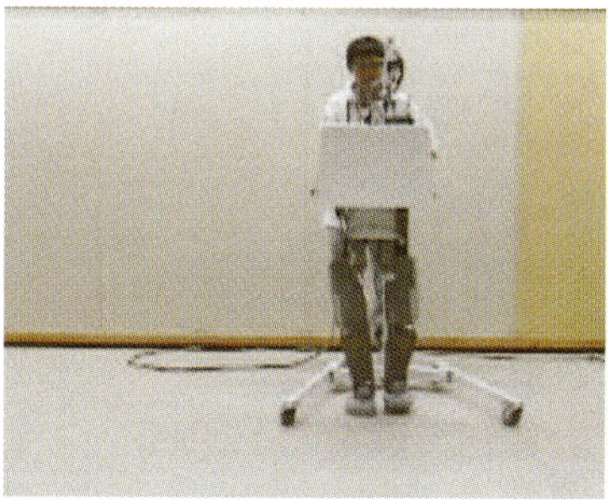

Premier pas

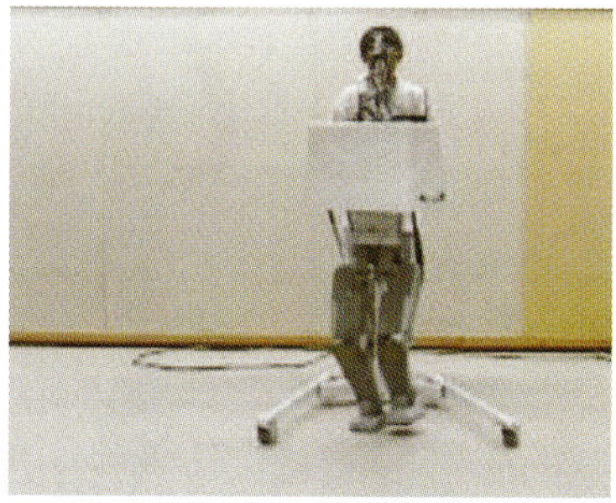

Quatrième pas

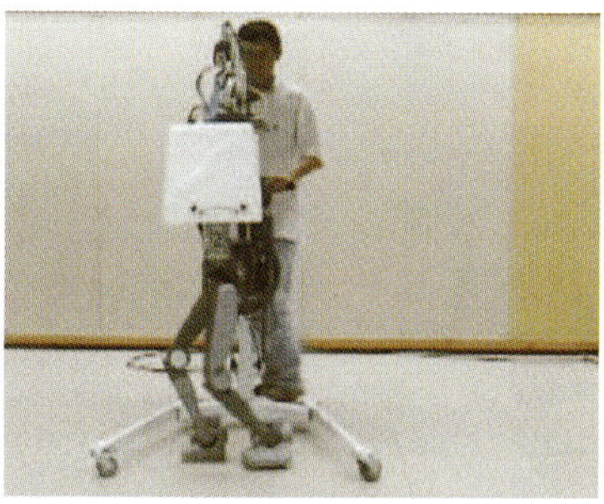

Huitième pas

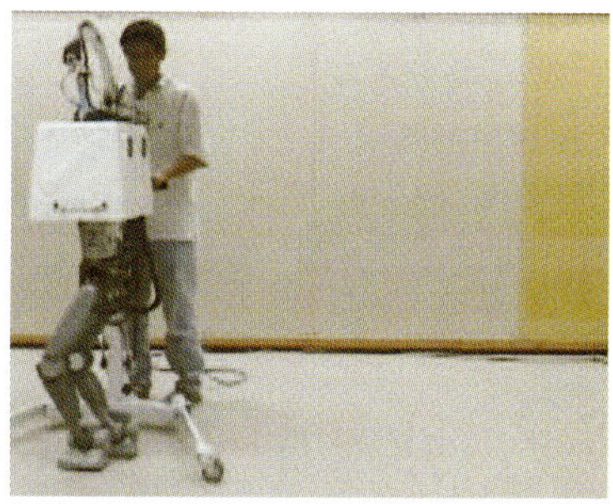

Douzième pas

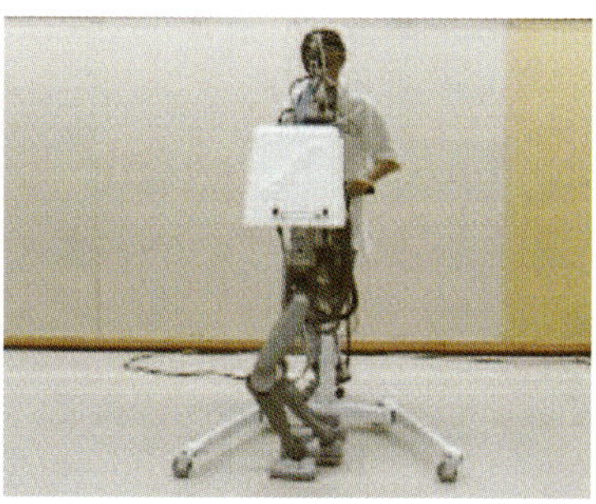

Quinzième pas

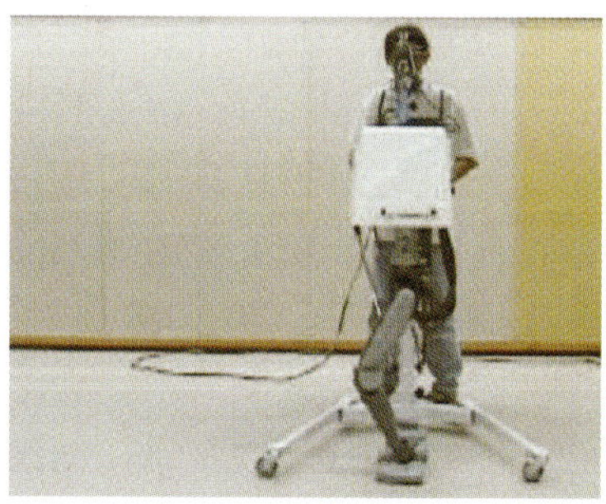

Dix-neuvième pas

Figure 4.34 – Instantanés de la boucle de contrôle sur la marche avec génération du modèle en temps réel.

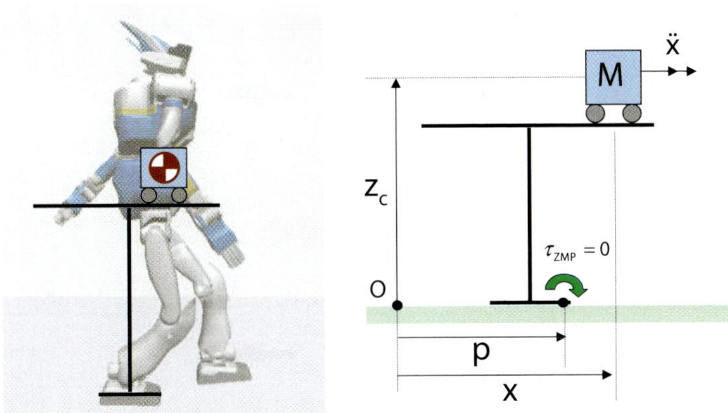

Figure 4.35 – Modèle du chariot sur une table : la dynamique du robot en train de marcher est modélisée par un chariot se déplaçant sur une table sans masse. L'état du chariot en mouvement détermine la position du centre de pression sur le sol, en d'autres termes le ZMP.

allons discrétiser l'équation du ZMP en considérant un pas de temps Δt. Dans ce but, la valeur de l'accélération $\ddot{x}$ est approchée par

$$\ddot{x}_i = \frac{x_{i-1} - 2x_i + x_{i+1}}{\Delta t^2} \tag{4.66}$$

avec $x_i \equiv x(i\Delta t)$. En tenant compte de cette approximation, l'équation du ZMP discrétisée est

$$\begin{aligned} p_i &= a x_{i-1} + b x_i + c x_{i+1} \\ a_i &\equiv -z_c/(g\Delta t^2) \\ b_i &\equiv 2z_c/(g\Delta t^2) + 1 \\ c_i &\equiv -z_c/(g\Delta t^2) \end{aligned} \tag{4.67}$$

Reportons les équations 4.67 dans une colonne sur l'intervalle de temps spécifié $(1 \ldots N)$, nous obtenons l'équation matricielle suivante :

$$\begin{bmatrix} p'_1 \\ p_2 \\ \vdots \\ p_{N-1} \\ p'_N \end{bmatrix} = \begin{bmatrix} a_1 + b_1 & c_1 & 0 & & & & \\ a_2 & b_2 & c_2 & \ddots & & & \\ & & & \ddots & & & \\ & & & \ddots & a_{N-1} & b_{N-1} & c_{N-1} \\ & & & & 0 & a_N & b_N + c_N \end{bmatrix} \begin{bmatrix} x_1 \\ x_2 \\ \vdots \\ x_{N-1} \\ x_N \end{bmatrix} \tag{4.68}$$

où p'_1, p'_N sont fixés par les vitesses initiales et finales v_1, v_N :

$$p'_1 = p_1 + a_1 v_1 \Delta t, \quad p'_N = p_N - c_N v_N \Delta t$$

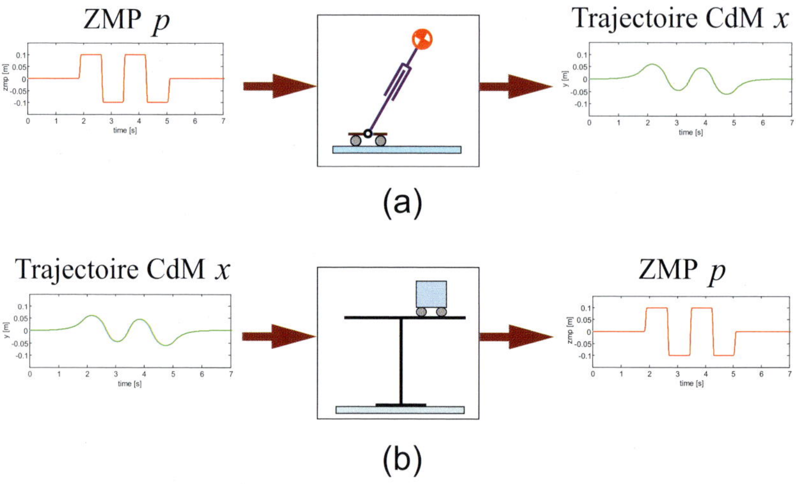

Figure 4.36 – Comparaison de deux modèles basés sur les relations entre la position du ZMP et la trajectoire du CoM : (a) LIP-3D. Entrée : position du ZMP ; Sortie : trajectoire du CoM ; (b) chariot sur la table. Entrée : trajectoire du CoM ; Sortie : position du ZMP.

L'équation matricielle 4.68 peut s'écrire sous la forme

$$\boldsymbol{p} = \boldsymbol{A}\boldsymbol{x}$$

et elle peut être résolue de la manière suivante :

$$\boldsymbol{x} = \boldsymbol{A}^{-1}\boldsymbol{p} \tag{4.69}$$

Bien que la matrice $\boldsymbol{A}$ soit une matrice carrée de très grande dimension (plusieurs milliers de lignes et colonnes), il existe un algorithme efficace pour l'inverser [65] qui prend en compte le fait que cette matrice est tridiagonale (tous les éléments de la matrice sont nuls à l'exception de la diagonale principale et des deux diagonales immédiatement adjacentes).

À partir de cette trajectoire discrétisée, nous pouvons générer un modèle de marche basé sur le modèle multicorps présenté dans le chapitre 4.3.5. Enfin, nous pouvons calculer la trajectoire du ZMP à partir du modèle multicorps.

$$\boldsymbol{p}^* = RealZMP(\boldsymbol{x}) \tag{4.70}$$

La fonction $RealZMP()$ calcule le ZMP à partir du modèle multicorps. $\boldsymbol{p}^*$ est la position résultante du ZMP. L'erreur sur la position du ZMP, $\boldsymbol{p}^* - \boldsymbol{p}^d$, présente des informations sur les différences entre l'approche par la méthode multicorps ou celle du chariot sur la table. Regardons à nouveau l'équation 4.69. Nous pouvons calculer les variations du CoM qui vont compenser l'erreur sur la position du ZMP :

$$\Delta\boldsymbol{x} = \boldsymbol{A}^{-1}(\boldsymbol{p}^* - \boldsymbol{p}^d)$$

La nouvelle trajectoire du CoM est

$$\boldsymbol{x} := \boldsymbol{x} + \Delta\boldsymbol{x}.$$

Nous initions une boucle avec l'équation 4.70 et répétons l'opération jusqu'à ce que l'erreur devienne suffisamment petite.

C'est un algorithme très efficace. D'après Nishiwaki et al. [60], il ne faut que 140 ms pour générer un modèle de marche de trois pas (3,2 s) sur le robot humanoïde H7 [61] qui possède 32 DDL et est équipé d'un Pentium II 750 MHz. Cette équipe a réalisé un contrôleur de marche en-ligne (par joystick), en générant le modèle de marche sur les trois pas suivants et en l'actualisant à chaque temps de cycle.

4.4.3 Génération de modèle de marche en-ligne

Nous allons présenter dans ce chapitre la méthode actuellement utilisée sur notre robot humanoïde HRP-2.

Commande en suivi du ZMP

En considérant un modèle chariot-table comme un système dynamique, on peut imaginer un servosystème qui réalise le suivi d'une cible ZMP par le biais d'une commande avec retour comme celle illustrée sur la figure 4.37.

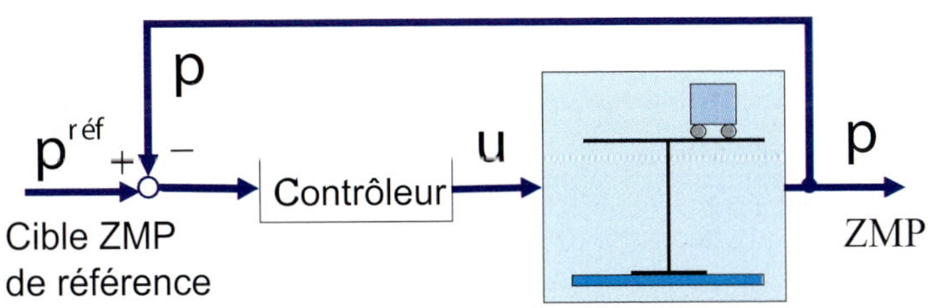

Figure 4.37 – Servocontrôleur pour suivre la trajectoire cible du ZMP.

Comme préparation, définissons une dérivée de l'accélération du chariot (jerk) comme une entrée du système. Cela permet de traiter le modèle chariot-table dans le cadre classique de la théorie actuelle du contrôle.

$$u = \dddot{x}$$

En utilisant cette entrée, nous pouvons récrire l'équation 4.64 selon la *repré-*

sentation suivante[14] :

$$\begin{aligned}\frac{d}{dt}\begin{bmatrix} x \\ \dot{x} \\ \ddot{x} \end{bmatrix} &= \begin{bmatrix} 0 & 1 & 0 \\ 0 & 0 & 1 \\ 0 & 0 & 0 \end{bmatrix}\begin{bmatrix} x \\ \dot{x} \\ \ddot{x} \end{bmatrix} + \begin{bmatrix} 0 \\ 0 \\ 1 \end{bmatrix} u \\ p &= \begin{bmatrix} 1 & 0 & -\frac{z_c}{g} \end{bmatrix}\begin{bmatrix} x \\ \dot{x} \\ \ddot{x} \end{bmatrix}\end{aligned} \tag{4.71}$$

Si nous utilisons un contrôleur standard, comme celui de la figure 4.37, nous n'obtiendrons pas un modèle de marche approprié. Prenons l'exemple de la figure 4.38(a) : le robot doit effectuer un pas de 30 cm vers l'avant. Le ZMP cible varie selon un échelon à 1,5 s, mais reste constant avant et après ce changement. Nous pouvons remarquer que le mouvement du centre de masse commence avant la variation du ZMP. Cela signifie que le chariot doit se déplacer avant le changement d'entrée dans le système représenté sur la figure 4.37. D'un autre côté, dans un servosystème ordinal, nous obtenons naturellement en sortie le mouvement désiré avec un délai par rapport au changement de la référence, comme montré sur la figure 4.37(b). Dans le cadre de la génération de modèle de marche pour des robots bipèdes, une information future doit revenir modifier le passé !

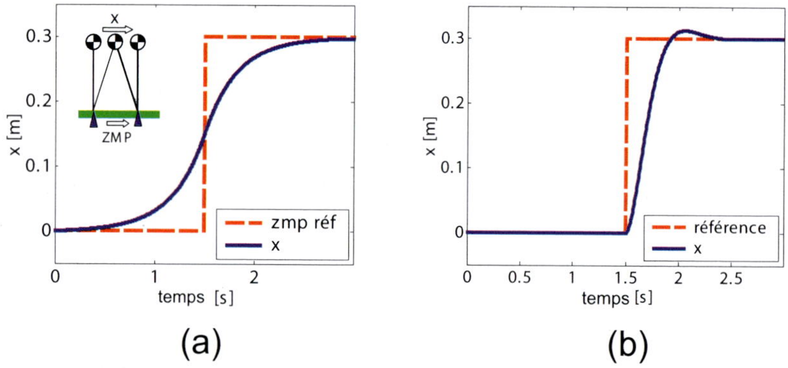

Figure 4.38 – Effets entrées-sorties : (a) avancée de un pas : ZMP (ligne pointillée) et CoM (ligne épaisse). Le centre de masse commence son mouvement avant la variation du ZMP ; (b) dans un servosystème ordinal, la sortie (ligne épaisse) varie après le changement de l'entrée de référence (ligne pointillée).

Prévisualisation de la commande

Nous avons donc besoin d'informations du futur pour générer le comportement présent du robot. Il n'est cependant pas nécessaire de construire une

[14] Dans la théorie du contrôle moderne, tout type de système dynamique est décrit selon ce format. Il est appelé *représentation du système.*

machine à remonter le temps[15]. Par exemple, lorsque nous conduisons, nous tenons compte de l'état de la route vers laquelle nous nous dirigeons, et non pas de celle qui est sous nos pneus. Connaître à l'avance l'état de la route nous permet d'adopter une conduite souple. Nous pouvons facilement imaginer les conséquences sur notre conduite d'une visibilité limitée à quelques centimètres de l'avant du véhicule.

Une méthode de contrôle basée sur des informations futures est appelée **précontrôle** [22, 69, 46]. Nous allons détailler la conception d'un contrôleur basé sur cette théorie.

Dans un premier temps, nous discrétisons le système d'équations 4.71 continu dans le temps. Pour cela, nous utilisons un échantillon de temps Δt pour la conception d'un contrôleur digital.

$$\begin{cases} \boldsymbol{x}_{k+1} = \boldsymbol{A}\boldsymbol{x}_k + \boldsymbol{b}u_k \\ p_k = \boldsymbol{c}\boldsymbol{x}_k \end{cases} \tag{4.72}$$

où

$$\begin{aligned} \boldsymbol{x}_k &\equiv [\ x(k\Delta t) \quad \dot{x}(k\Delta t) \quad \ddot{x}(k\Delta t)\ ]^T \\ u_k &\equiv u(k\Delta t) \\ p_k &\equiv p(k\Delta t) \end{aligned}$$

et

$$\boldsymbol{A} \equiv \begin{bmatrix} 1 & \Delta t & \Delta t^2/2 \\ 0 & 1 & \Delta t \\ 0 & 0 & 1 \end{bmatrix} \qquad \boldsymbol{b} \equiv \begin{bmatrix} \Delta t^3/6 \\ \Delta t^2/2 \\ \Delta t \end{bmatrix} \qquad \boldsymbol{c} \equiv [\ 1 \quad 0 \quad -z_c/g\ ]$$

Afin que la sortie p_k du système suive d'aussi près que possible le ZMP cible p_k^{ref}, considérons le problème de minimisation de l'indice de performance suivant :

$$J = \sum_{j=1}^{\infty} \{Q(p_j^{ref} - p_j)^2 + Ru_j^2\} \tag{4.73}$$

où Q et R sont des poids positifs. Nous venons de définir le **problème de commande en suivi**. D'après la théorie du précontrôle, l'indice de performance J peut être minimisé par l'entrée suivante, qui utilise les références de la cible future jusqu'à N pas de temps [39] :

$$u_k = -\boldsymbol{K}x_k + [f_1, f_2, \cdots f_N] \begin{bmatrix} p_{k+1}^{ref} \\ \vdots \\ p_{k+N}^{ref} \end{bmatrix} \tag{4.74}$$

[15] Une technologie réaliste pour construire une machine temporelle pouvant envoyer des informations dans le passé est décrite dans le roman de James P. Hogan, *Thrice upon a Time*. Cette technologie utilise les principes de la physique des particules : c'est un chef-d'œuvre de la littérature de science fiction.

où

$$\begin{aligned} \boldsymbol{K} &\equiv (R + \boldsymbol{b}^T \boldsymbol{P}\boldsymbol{b})^{-1}\boldsymbol{b}^T \boldsymbol{P}\boldsymbol{A} \\ f_i &\equiv (R + \boldsymbol{b}^T \boldsymbol{P}\boldsymbol{b})^{-1}\boldsymbol{b}^T (\boldsymbol{A} - \boldsymbol{b}\boldsymbol{K})^{T*(i-1)}\boldsymbol{c}^T Q \end{aligned} \tag{4.75}$$

La matrice $\boldsymbol{P}$ est une solution de l'équation de Riccati suivante[16] :

$$\boldsymbol{P} = \boldsymbol{A}^T \boldsymbol{P}\boldsymbol{A} + \boldsymbol{c}^T Q \boldsymbol{c} - \boldsymbol{A}^T \boldsymbol{P}\boldsymbol{b}(R + \boldsymbol{b}^T \boldsymbol{P}\boldsymbol{b})^{-1}\boldsymbol{b}^T \boldsymbol{P}\boldsymbol{A} \tag{4.76}$$

En observant l'équation 4.74, nous pouvons constater qu'un précontrôle consiste en un retour d'état (le premier terme du membre de droite) et en une commande prédictive d'un produit interne entre la cible de référence future à N pas et les poids $[f_1, \ldots, f_N]$ (le second terme).

Amélioration du précontrôleur

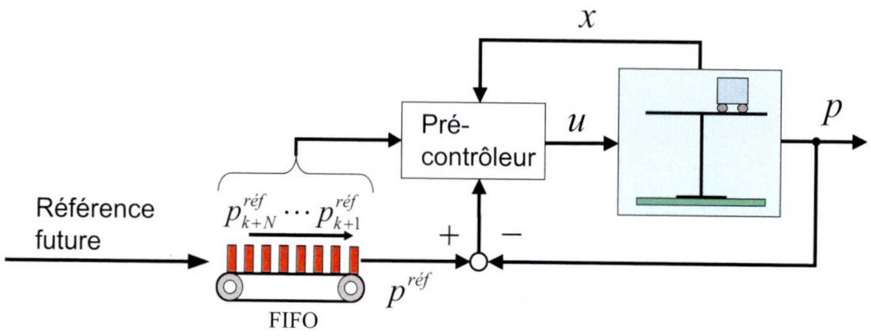

Figure 4.39 – Génération du modèle de marche par précontrôle.

Nous avons constaté un *offset* dans l'erreur de poursuite du ZMP lors de génération de modèles de marche sur des longues distances en utilisant l'équation 4.74. Pour résoudre ce problème, nous avons récrit l'équation 4.72 sous la forme développée suivante :

$$\begin{cases} \boldsymbol{x}^*_{k+1} = \tilde{\boldsymbol{A}}\boldsymbol{x}^*_k + \tilde{\boldsymbol{b}}\Delta u_k \\ p_k = \tilde{\boldsymbol{c}}\boldsymbol{x}^*_k \end{cases} \tag{4.77}$$

où la nouvelle entrée et le vecteur d'état sont définis par

$$\Delta u_k \equiv u_k - u_{k-1} \qquad \Delta \boldsymbol{x}_k \equiv \boldsymbol{x}_k - \boldsymbol{x}_{k-1} \qquad \boldsymbol{x}^*_k \equiv \begin{bmatrix} p_k \\ \Delta \boldsymbol{x}_k \end{bmatrix}$$

Les matrices s'écrivent

$$\tilde{\boldsymbol{A}} \equiv \begin{bmatrix} 1 & \boldsymbol{c}\boldsymbol{A} \\ \boldsymbol{0} & \boldsymbol{A} \end{bmatrix} \qquad \tilde{\boldsymbol{b}} \equiv \begin{bmatrix} \boldsymbol{c}\boldsymbol{b} \\ \boldsymbol{b} \end{bmatrix} \qquad \tilde{\boldsymbol{c}} \equiv [1\ 0\ 0\ 0]$$

[16] Il n'est pas nécessaire de comprendre la résolution de cette équation matricielle compliquée. En utilisant la commande **dlqr** de la toolbox « Control System » de Matlab ou GNU Octave, la solution numérique est obtenue immédiatement pour $\boldsymbol{P}$ et $\boldsymbol{K}$ [26].

Concevons un contrôleur pour le système d'équations 4.77, qui minimisera l'indice de performance suivant :

$$J = \sum_{i=k}^{\infty}\{Q(p_j^{ref} - p_j)^2 + R\Delta u_k^2\} \tag{4.78}$$

Le précontrôleur est

$$\Delta u_k = -\tilde{\boldsymbol{K}}\boldsymbol{x}_k^* + \sum_{j=1}^{N} \tilde{f}_j \Delta p_k^{ref} \tag{4.79}$$

où $\tilde{\boldsymbol{K}}, \tilde{f}_j$ sont des gains, obtenus en substituant $\tilde{\boldsymbol{A}}, \tilde{\boldsymbol{b}}, \tilde{\boldsymbol{c}}, Q$ et R dans les équations 4.75 et 4.76. En effectuant la somme des équations 4.79 pour $k = 1, \ldots, N$, nous obtenons le précontrôleur pour le système initial de l'équation 4.72.

$$u_k = -K_s \sum_{i=0}^{k}(p_j^{ref} - p_j) - K_x \boldsymbol{x}_k + \sum_{j=1}^{N} \tilde{f}_j p_k^{ref}$$

$$\begin{bmatrix} K_s \\ \boldsymbol{K}_x \end{bmatrix} \equiv \tilde{\boldsymbol{K}}$$

Un diagramme illustrant la génération de modèle basée sur le précontrôle est donné à la figure 4.39. La cible future du ZMP de référence est enregistrée dans un tampon FIFO (*First-In-First-Out*). Sa valeur de sortie est vue comme la référence *actuelle*. Le précontrôleur calcule la valeur d'entrée de la commande en utilisant la référence du ZMP contenue dans le tampon et l'état du chariot. L'état du chariot $x, \dot{x}$ est le résultat de la génération de modèle, c'est-à-dire le mouvement du CoM qui satisfait le ZMP cible.

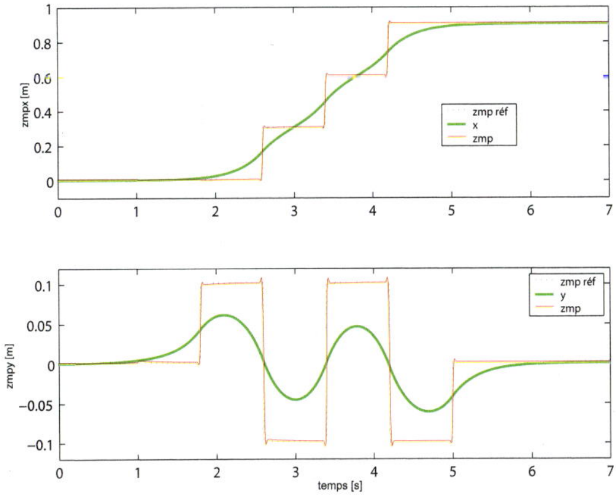

Figure 4.40 – Trajectoire du CoM obtenue par précontrôle.

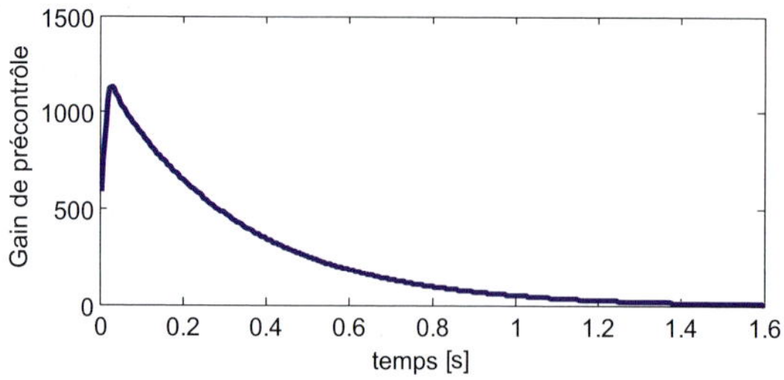

Figure 4.41 – Précontrôle de gain f.

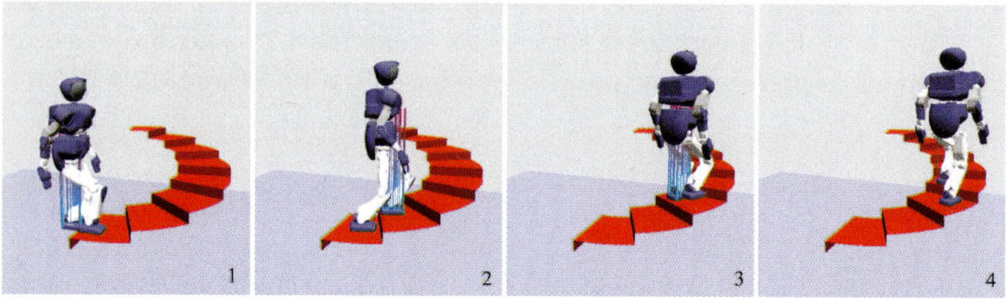

Figure 4.42 – Simulation de marche sur des escaliers en spirale.

La trajectoire du CoM calculée par le biais de cette méthode et le ZMP résultant sont montrés sur la figure 4.40. Le graphe du haut représente les mouvements selon la direction de marche. Celui du bas représente la direction latérale[17]. Nous pouvons voir que les mouvements désirés du ZMP sont générés pour un profil en escalier du ZMP cible ou un profil de marche. Le gain utilisé pour ces calculs est montré sur la figure 4.41. En remarquant sur ce graphe que ce gain devient négligeable à 1,6 s, nous pouvons déduire que l'information qui provient d'au moins 1,6 s dans le futur n'affectera pas les performances de la commande.

La figure 4.42 illustre un modèle de marche sur des escaliers en spirale par la méthode expliquée précédemment.

4.4.4 Filtres dynamiques utilisant le précontrôle

Structure d'un filtre dynamique

La génération du modèle de comportement basée sur le précontrôle dépend du modèle chariot-table. De ce fait, elle ne garantit pas la stabilité d'un mouvement qui ne peut pas être représenté par le modèle simplifié. Par exemple, un changement important dans les configurations de la partie supérieure du

[17]Le plan contenant le vecteur de direction et l'axe vertical est appelé plan sagittal. Le plan contenant le vecteur de direction et le vecteur latéral est appelé plan latéral.

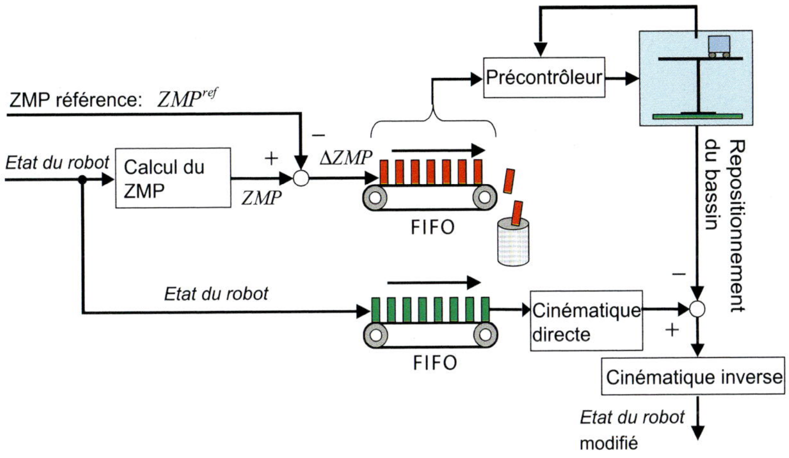

Figure 4.43 – Structure d'un filtre dynamique basé sur le précontrôle.

robot (tronc et bras) pendant la marche. Dans une telle situation, nous pouvons toujours utiliser le modèle chariot-table mais comme un système erroné autour du mouvement désiré. Par la suite, les modifications à apporter à la trajectoire du CoM pour compenser l'erreur sur le ZMP peuvent être calculées *via* le précontrôle.

La figure 4.43 montre la structure entière du système proposé. Les entrées sont le ZMP cible (ZMP^{ref}) et l'état complet du robot (*Robot state*), qui contient les positions et vitesses articulaires de l'ensemble du robot, la configuration de la hanche, ses vitesses linéaire et angulaire. Nous pouvons calculer l'erreur sur le ZMP (ΔZMP) à partir de ces entrées, et les entrer dans le tampon FIFO. Il faut aussi conserver une copie de l'état du système dans un autre tampon. Lorsque l'on récupère ΔZMP en sortie du FIFO après un délai, nous lisons l'erreur future sur le ZMP en fonction du délai. À partir de ces données, nous pouvons calculer la compensation adaptée à appliquer au CoM par le précontrôle. En appliquant cette compensation à l'état du robot retardé, nous obtenons les trajectoires angulaires qui permettent de mieux réaliser le ZMP cible de référence. D'une manière générale, le système représenté sur la figure 4.43 est appelé filtre dynamique. Un filtre dynamique convertit un modèle de mouvement donné en un modèle amélioré qui respecte un ensemble de propriétés [53].

Évaluation du filtre dynamique

Comme exemple, réalisons un modèle qui fait s'arrêter le robot humanoïde HRP-2 pendant la marche, puis reprend la marche normalement, comme montré sur la figure 4.44. Dans un premier temps, nous ajoutons simplement le modèle de squat au modèle de marche en considérant une altitude constante

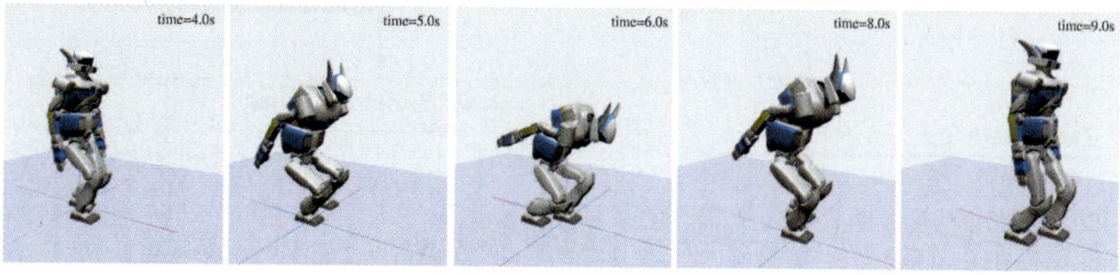

Figure 4.44 – Exemple de modèle de marche obtenu grâce à un filtre dynamique basé sur le précontrôle.

du CoM. La trajectoire résultante du ZMP est montrée sur la figure 4.45(a). Nous pouvons voir que le ZMP (ligne épaisse) approche de la limite du polygone de sustentation (lignes en pointillés) et le modèle de marche a une faible marge de stabilité. À cause de cela, le robot tombe immédiatement après le mouvement de squat au cours de la simulation dynamique.

Ce modèle de marche a été modifié par le filtre dynamique de la figure 4.43. Nous obtenons alors le modèle de la figure 4.45(b). Nous avons utilisé pour cela un délai de 0,8 s pour le tampon FIFO et un précontrôle sans l'intégrateur (équation 4.74). L'erreur absolue maximale, qui était à l'origine de 0,11 m, decroit à 0,05 m par l'utilisation du filtre dynamique. Puisque le nouveau modèle de marche a une marge de stabilité suffisante, le robot parvient à réaliser le mouvement de squat puis reprendre la marche lors de la simulation dynamique.

Le modèle de marche modifié est illustré sur la figure 4.44. En appliquant le filtre dynamique proposé, nous obtenons une marche réalisable malgré les modifications non négligeables éloignant le comportement de la dynamique du modèle chariot-table.

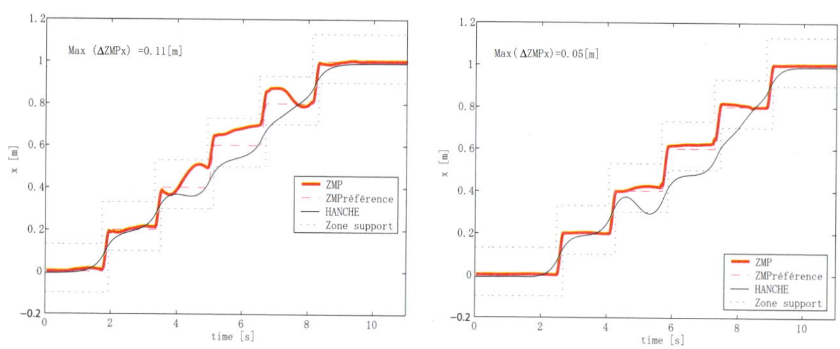

(a) Sans filtre dynamique (b) Avec filtre dynamique

Figure 4.45 – Effets du filtre dynamique : le ZMP (ligne grasse) est modifié pour être forcé à l'intérieur du polygone de sustentation (lignes pointillées), afin d'augmenter la marge de stabilité du système.

4.5 Stabilisateur

La figure 4.46 montre une séquence filmée du HRP-2 marchant sur un sol inégal. Nous avons expliqué, au début de ce chapitre, que l'environnement réel contient des incertitudes non intégrables dans un modèle, telles les irrégularités du sol. Un robot bipède, suivant un modèle de marche réalisé hors-ligne, souffre rapidement de l'accumulation des erreurs entre l'état de référence et l'état actuel, et tombe au bout de quelques pas. Afin de supprimer l'accumulation des erreurs et garantir la marche tout au long de l'itinéraire demandé, nous devons introduire un stabilisateur.

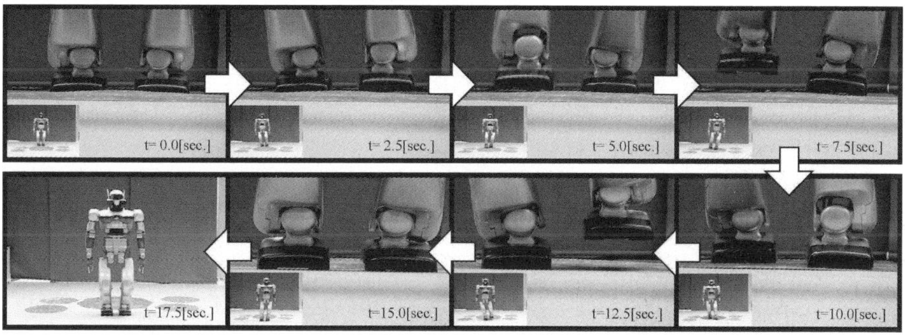

Figure 4.46 – Les pieds du robot HRP-2 marchant sur un sol irrégulier.

4.5.1 Principes de stabilisation de la commande

Nous allons présenter les principes de base utilisés pour mettre en place un stabilisateur. Afin de simplifier la description, nous expliquons la méthode pour stabiliser un état immobile. Comme le stabilisateur a pour objectif l'absorption de petites erreurs autour d'un modèle de référence, nous ne perdons pas, dans cas particulier, la généralité de l'approche.

1 Commande basée sur le couple de la cheville

Nous pouvons stabiliser l'équilibre de l'ensemble du corps ou de la posture par l'utilisation du couple de la cheville de la jambe de support en modélisant le robot complet comme un simple pendule inversé. Le couple de la cheville et le pendule inversé linéaire sont liés par la relation

$$\ddot{x} = \frac{g}{z_c}x + \frac{1}{Mz_c}\tau. \tag{4.80}$$

La loi de commande la plus simple pour stabiliser ce pendule est la suivante[18] :

$$\tau = -k_p x - k_d \dot{x}, \tag{4.81}$$

[18]Pour l'utilisation d'une loi de commande plus élaborée, il faut considérer le problème

où k_p, k_d sont les gains de la boucle de retour déterminés pour une fréquence de réponse ω donnée et un coefficient d'amortissement ζ,

$$k_p \equiv M(z_c\omega_n^2 + g) \qquad\qquad k_d \equiv 2Mz_c\zeta\omega_n$$

Bien que cette loi de commande ait l'air simple, sa réalisation est difficile. Premièrement, une commande précise du couple de la cheville est un problème très difficile pour la plupart des robots marcheurs équipés de réducteurs à fort coefficients. De plus, pour réaliser une marche stable, nous avons besoin d'un réglage précis des gains de retour et de bornes de couples pour supprimer les effets de décollement talons-pointes causés par un couple trop grand au niveau de la cheville.

Cette méthode a été utilisée par de nombreux robots développés dans les années 1980 et 1990. Par exemple, WL-10RD réalisé par Takanishi et al. [76], Idaten II par Miyazaki and Arimoto [2], Kenkyaku 2 par Sano et Furusho [68], Meltran II par Kajita and Tani [34].

2 Commande modifiant le placement des pieds

La seconde approche de stabilisation basée sur le pendule inverse consiste à modifier le placement des pieds. Pour cette commande, nous pouvons appliquer le même principe de contrôle de la vitesse de marche que celui décrit dans le chapitre 4.3.3 (voir la figure 4.23 page 120). Il y a très peu de robots qui ont utilisé une modification du placement des pieds pour la stabilisation : nous pouvons citer BIPER-3, un échassier marcheur développé par Shimoyama et Miura [51, 71], et la série des robots sauteurs de Raibert et ses collègues [66].

3 Contrôle du ZMP par l'accélération du CoM

Considérons un stabilisateur basé sur le modèle chariot-table. Dans ce cas, nous devons mesurer le ZMP pour concevoir une commande à retour. En notant T la constante de temps du capteur ZMP, l'équation du ZMP est

$$p = \frac{1}{1+sT}(x - \frac{z_c}{g}\ddot{x}) \tag{4.82}$$

La représentation du système, avec l'accélération du chariot $\ddot{x}$ comme entrée, est

$$\frac{d}{dt}\begin{bmatrix} p \\ x \\ \dot{x} \end{bmatrix} = \begin{bmatrix} -1/T & 1/T & 0 \\ 0 & 0 & 1 \\ 0 & 0 & 0 \end{bmatrix}\begin{bmatrix} p \\ x \\ \dot{x} \end{bmatrix} + \begin{bmatrix} -z_c/(gT) \\ 0 \\ 1 \end{bmatrix}\ddot{x} \tag{4.83}$$

Nous pouvons établir une loi de commande à retour d'état pour stabiliser ce système :

$$\ddot{x} = -k_1 p - k_2 x - k_3 \dot{x} \tag{4.84}$$

de l'intégration mécanique. Il apparaît une accumulation d'erreurs d'intégration menant à la saturation du couple de la cheville.

Les gains k_1, k_2, et k_3 de la boucle de retour peuvent être déterminés par la théorie du contrôle classique, par exemple le placement de pôle ou la commande optimale. Cette loi de commande a été introduite en tant que *trunk compliance control* par Nagasaka, Inaba and Inoue [54][19]. Cette loi de commande est efficace pour des robots marcheurs équipés de pieds ou possédant une grande rigidité. Elle a été utilisée pour les robots humanoïdes H5 et H7 [30].

Comme méthode alternative, Okada, Furuta et Tomiyama ont proposé une stabilisation basée sur le contrôle de l'accélération du ZMP *via* un changement d'échantillonnage du temps. Cette approche a été mise en place sur le robot bipède MK.3 et le robot humanoïde morph3 [31, 63].

4 Contrôle de la posture du corps par les angles de la hanche

La plupart des robots marcheurs ont pour contrainte de conserver le corps vertical pendant la marche. Le moyen le plus simple est de faire effectuer une rotation aux angles de la hanche de telle sorte que le corps conserve sa verticalité par rapport aux sorties fournies par les capteurs posturaux. Cela est possible même à partir des données récoltées au niveau du pied car le couple généré à la hanche découle directement des forces de frottement au niveau du sol. C'est ce type de commande que Raibert a implémenté sur ses robots sauteurs [66], ainsi que Kumagai et al. [45] sur leur robot humanoïde.

5 Commande par modèle de ZMP

Une nouvelle méthode de commande posturale a été proposée par Hirose, Takenaka et al. : c'est la *commande par modèle de ZMP*. D'après leurs explications, le principe de fonctionnement de cette approche est le suivant :

> *Lorsque le corps du robot réel est d'avantage incliné que le modèle, le modèle est fortement accéléré par rapport à la trajectoire planifiée. Cela modifie les forces inertielles désirées et le ZMP cible recule par rapport au ZMP original. De ce fait, le robot réel retrouve la posture convenable* [25].

Considérons la signification physique de cette commande par modèle de ZMP, en utilisant la version du modèle chariot-table de la figure 4.47. Nous assumons que le pied de la table est doté d'une articulation pivot libre qui incline la table d'un angle θ. L'accélération du chariot $\ddot{x}$ correspond à l'accélération du corps du robot.

Les équations du mouvement obtenues par la méthode de Lagrange s'écrivent

$$\begin{cases} (x^2 + z_c^2)\ddot{\theta} + \ddot{x}z_c - g(z_c \sin\theta + x\cos\theta) + 2x\dot{x}\dot{\theta} = \tau/M \\ \ddot{x} + \ddot{z}_c - \dot{\theta}^2 x + g\sin\theta = f/M \end{cases} \tag{4.85}$$

[19] Dans leur travail original, ils ont utilisé différentes procédures pour dériver la loi de commande équivalente. Napoleon et al. ont montré une autre interprétation de leur loi de commande en terme de théorie de la commande à zéro dynamique [57].

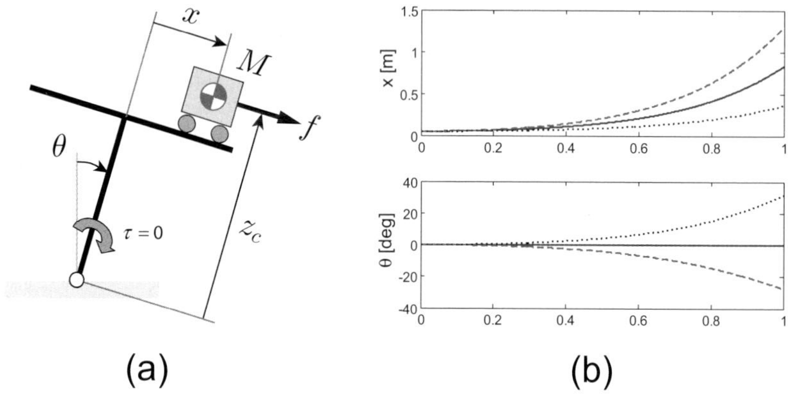

Figure 4.47 – (a) un modèle chariot-table doté d'une rotation libre. θ prend des valeurs positives dans le sens trigonométrique indirect ; (b) accélération du chariot et inclinaison de la table. Lignes continues : la table reste verticale si l'accélération est régulière ($\ddot{\theta} = 0$) ; lignes pointillées : avec une accélération trop grande, la table se redresse ($\ddot{\theta} < 0$) ; lignes en tirets : avec une accélération trop petite, la table tombe ($\ddot{\theta} > 0$). La commande par modèle de ZMP utilise ce phénomène.

où τ est le couple agissant au pied de la table, f est la force permettant d'accélérer le chariot sur la table. En linéarisant la première équation autour de $\theta, \dot{\theta} \approx 0$ et en substituant $\tau = 0$, nous obtenons l'équation suivante :

$$(x^2 + z_c^2)\ddot{\theta} = gx + gz_c\theta - z_c\ddot{x} \tag{4.86}$$

Ensuite, nous considérons que la position désirée du chariot x_d (la cible) est générée par la dynamique suivante :

$$\ddot{x}_d = \frac{g}{z_c}(x_d - p_d) \tag{4.87}$$

où p_d est le ZMP cible. Intuitivement, lorsque le ZMP cible est placé en amont ($p_d < 0$), le chariot accélère fortement. Lorsque le ZMP cible est placé en aval ($p_d > 0$), L'accélération devient faible. L'équation 4.87 représente donc un modèle pour générer l'accélération dans lequel le ZMP cible *peut être défini en dehors du polygone de sustentation.*

Supposons maintenant que nous puissions contrôler l'accélération comme nous le désirons. En substituant $x = x_d$ et l'équation 4.87 dans l'équation 4.86, nous obtenons :

$$\ddot{\theta} = \frac{gz_c}{x_d^2 + z_c^2}\theta + \frac{g}{x_d^2 + z_c^2}\, p_d \tag{4.88}$$

À partir de ce résultat, nous pouvons voir que l'inclinaisons de la table θ peut être contrôlée par le ZMP cible p_d, et sa dynamique est déterminée par la position du chariot et l'accélération de la gravité.

6 Absorption des impacts par recul angulaire

On peut réaliser un système virtuel ressort-amortisseur en instrumentant la plate-forme d'un capteur de couple articulaire et en décrivant une position de référence comme une fonction de la mesure de couple. Takanishi et al. ont utilisé un tel système pour absorber les vibrations liées à l'impact de reprise de contact avec le sol [76]. Lorsque l'articulation possède un faible rapport de réduction, approximativement de 1/1 à 1/50, elle subit un recul dû aux forces extérieures du contact avec l'environnement. De ce fait, il est nécessaire que la commande en position elle-même se comporte comme un ressort-amortisseur. Kenkyaku 1, robot bipède développé par Furusho et al., a utilisé cette approche pour la commande de la marche [15]. Sorao, Murakami et Ohnishi ont mentionné une absorption d'impacts au moment du changement de support par l'utilisation d'un contrôleur d'impédance basé sur la moindre mesure du capteur de couple à partir d'un *observateur de perturbation* [72].

7 Stabilisation par commande LQ

Un robot marcheur peut être modélisé comme un système multi-entrées-multi-sorties (multi-input-multi-output : MIMO) utilisant en entrée le vecteur des couples articulaires $\boldsymbol{u}$ et en sortie l'état de toutes les articulations. Définissons un vecteur d'état $\boldsymbol{x}$ contenant la configuration et les vitesses de toutes les articulations, et linéarisons l'équation du mouvement de $\boldsymbol{u}$ à $\boldsymbol{x}$. Par une application directe de la théorie de la commande LQ, nous obtenons une loi de commande par retour d'effort :

$$\boldsymbol{u} = -\boldsymbol{K}\boldsymbol{x}$$

où $\boldsymbol{K}$ est un gain de retour consistant en une matrice de très grandes dimensions $N \times 2N$ où N est le nombre d'articulations. Cette approche a été appliquée à un bipède de 6 DDL, CW-2 développé par Mita et al. [49], ainsi qu'à un bipède de 12 DDL développé par Yoshino [91]. Les travaux effectués rapportent que le robot a pu marcher convenablement à une vitesse de 3 km/h sur un sol présentant des inégalités de 6 mm.

4.5.2 Stabilisation du robot humanoïde Honda

Un système efficace de stabilisation a été construit en combinant plusieurs des principes de commande mentionnés précédemment. Nous allons décrire une des implémentations réussies.

La figure 4.48 montre le robot humanoïde P2 développé par Honda Motor Co., Ltd et présenté officiellement en 1996. La qualité de son système de commande est encore compétitive de nos jours[20] et sa technologie est bien divulguée [77, 25, 24].

[20]Nous supposons que le même type de commande est utilisé pour d'autres robots Honda, comme ses deux successeurs les humanoïdes P3 et ASIMO.

Figure 4.48 – Le robot humanoïde P2 (1996) (autorisation de Honda Motor Co., Ltd).

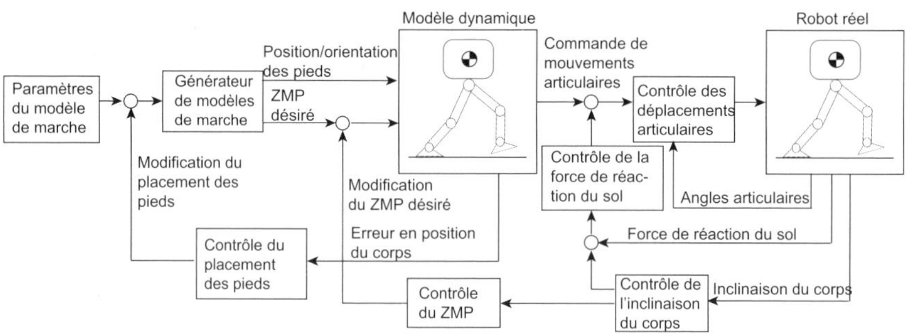

Figure 4.49 – Le système de commande de la marche du Honda P2.

Le système de commande de la marche du P2 est illustrée par la figure 4.49. La boucle de retour qui passe par l'inclinaison du corps et les forces de réaction du sol correspond à la commande en couple de la cheville décrite dans **1**. Remarquons que les mécanismes passifs insérés dans les pieds du P2 facilitent l'implémentation de sa commande. Lorsque le corps du robot subit une inclinaison excessive, la commande à modèle ZMP **5** prend le relais pour rétablir la posture. L'erreur de déplacement horizontal qui en découle est corrigée par la modification du placement du pied **2** qui se prépare à atterrir. Comme on peut le voir, une commande robuste de la marche du P2 est assurée par la combinaison ingénieuse de plusieurs schémas de commande.

4.6 Les pionniers de la technologie en marche dynamique

Nous allons effectuer un retour dans le temps pour exposer l'histoire de la commande dynamique de la marche bipède. Depuis les débuts de la recherche en robotique, la marche bipède a été reconnue comme un challenge de grande difficulté. Les travaux de recherche les plus anciens pour développer le hardware des plate-formes bipèdes ont commencé avec Ichiro Kato de l'université de Waseda en 1966, et avec D.C. Witt de l'université d'Oxford en 1968. Comme expliqué dans le chapitre 1, en 1973, Kato et ses collègues ont construit le premier robot humanoïde WABOT-1, avec deux bras et deux jambes, et commandé par un ordinateur. Ce travail était un exploit, bien que WABOT-1 ne puisse effectuer qu'une marche statique. Vers 1980, il y eut un effort énorme dans la recherche pour réaliser la marche bipède en dynamique, et beaucoup de chercheurs japonais ont développé des théories et des plate-formes humanoïdes. En 1986, il existait déjà de nombreux robots bipèdes pouvant réaliser la marche dynamique comme le montre la figure 4.50 [1, 14, 42, 50].

Pendant la même année, un groupe de chercheurs de Honda Motor Co., Ltd. a lancé un projet secret de robot marcheur. Après un silence absolu de 10 années[21], leurs efforts ont abouti au robot humanoïde P2. Ce robot est soudainement apparu avec une conception mécanique d'excellente qualité, ainsi qu'une technologie de marche particulièrement aboutie (et toujours d'actualité !). Cela a découragé de nombreux chercheurs actifs du domaine, et en même temps inspiré de nombreux autres chercheurs en leur montrant les incroyables possibilités qu'offraient les robots humanoïdes. En l'occurrence, un projet national japonais de recherche et développement a été inauguré à la suite de cette révélation : le *Humanoid Robotics Project*[22] (1998-2000).

On peut penser, en s'habituant à des robots comme ASIMO ou QRIO, que les robots de la figure 4.50 sont d'aspect primitif. Il faut cependant garder en mémoire que les chercheurs qui les ont développés avec si peu de moyens, des ordinateurs et des moteurs non performants, sont réellement les pionniers de la technologie de la marche bipède actuelle. En effet, la plupart des techniques de commande de la marche bipède proviennent de cette époque. Il est de plus difficile de croire que le projet de recherche de Honda a été mené indépendamment des publications déjà parues en 1986. Les pas de géants produits pour atteindre ce niveau de qualité dans le progrès ne peuvent être effectués par un seul génie en une nuit, et il n'y a pas de percée spectaculaire indépendamment des recherches qui l'ont précédée. De ce fait, le vrai progrès ne peut se faire que par des échanges d'idées et des collaborations de beaucoup de chercheurs, quels que soient leurs entreprises d'appartenance respectives ou leurs pays d'accueil.

[21]Le budget investi, ainsi que l'investissement humain pendant cette période, est estimé à plus de cent fois supérieur à celui des universités. Comme, à cette époque, la communauté robotique avait une approche plutôt négative à l'encontre des robots bipèdes, la vision à long terme des membres de Honda doit être grandement respectée !

[22]Projet robotique humanoïde

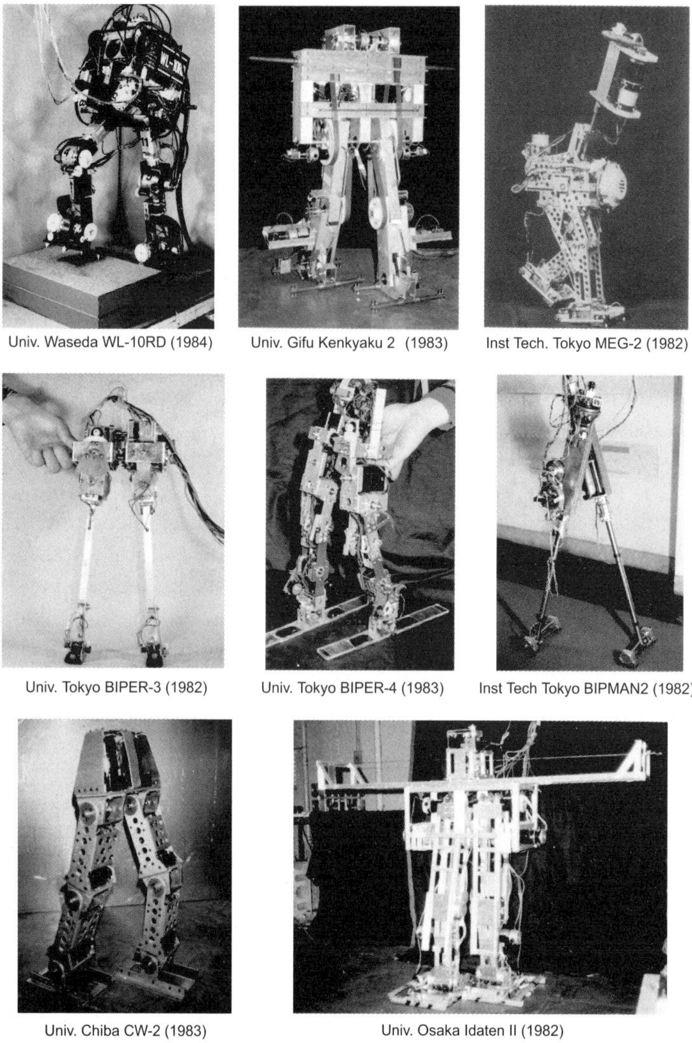

Univ. Waseda WL-10RD (1984) — Univ. Gifu Kenkyaku 2 (1983) — Inst Tech. Tokyo MEG-2 (1982)

Univ. Tokyo BIPER-3 (1982) — Univ. Tokyo BIPER-4 (1983) — Inst Tech Tokyo BIPMAN2 (1982)

Univ. Chiba CW-2 (1983) — Univ. Osaka Idaten II (1982)

Figure 4.50 – Les robots bipèdes qui pouvaient marcher dynamiquement avant 1986 [1, 14, 42, 50].

4.7 Autres méthodes pour la commande bipède

Nous avons présenté précédemment les concepts les plus utilisés pour la commande dynamique bipède. Nous allons nous attarder dans cette partie sur d'autres commandes existantes et qui diffèrent totalement des précédentes.

4.7.1 Marche dynamique passive

Un marcheur dynamique passif est un robot qui descend une pente douce en n'utilisant que son énergie potentielle. Des jouets utilisant cette technique sont connus de longue date. Cependant, Tad McGeer a intensément analysé la dynamique de ce mouvement et a montré qu'un marcheur passif équipé d'articulations libres aux genoux peut marcher sans moteurs ni commande... et présenter un mouvement extraordinairement ressemblant au mouvement de marche humain. Il a montré les résultats de ses analyses aussi bien en simulation qu'en expérimentation [47, 48]. Il a suggéré que son marcheur passif deviendrait un robot très efficace si l'on y ajoute des petits moteurs lui permettant de marcher sur sol horizontal. Cette pensée raisonnable a rappelé les débuts de l'aviation où des planeurs furent motorisés pour aboutir à l'aviation lourde que nous connaissons. Des chercheurs du monde entier se sont par la suite joints à son idée et de nombreux projets de robots marcheurs semi-passifs ont vu le jour [3, 5, 64].

4.7.2 Oscillateurs non linéaires et CPG

Certains chercheurs considèrent que la marche bipède ne devrait pas être planifiée de manière analytique, mais devrait être représentée par des oscillations non linéaires issues des retours et des interactions dynamiques entre le système et son environnement.

Katoh et Mori ont construit le robot échassier BIPMAN2 qui utilise un cycle limite stable généré par un oscillateur non linéaire basé sur les équations couplées de Van der Pol. Ce robot a pu effectuer un pas dynamique en avant [41].

Taga et al. ont simulé un système musculaire humain avec des oscillateurs non linéaires distribués (générateur de modèles central, *Central Pattern Generator* : CPG) et ont observé que le robot peut naturellement générer un mouvement de marche ou de course de manière robuste par rapport aux perturbations [75].

Inspirés par le travail de Taga, Hase et al. ont simulé un modèle humain 3D précis contrôlé par un système CPG hiérarchique. Ils ont effectué une marche et une course 3D stables [20, 21], et aussi utilisé l'algorithme d'escalade pour optimiser les paramètres CPG pour de nombreux indices de performance. Ils ont conclu que les modèles de marche basé sur les propriétés humaines donnaient des résultats très convenables.

4.7.3 Les méthodes d'apprentissage et évolutionnaires

L'approche la plus radicale serait de construire un robot qui puisse apprendre ou auto-générer la marche de lui-même. Doya a construit un bipède simple qui consiste en trois articulations et un algorithme d'apprentissage dans la boucle de contrôle. Le système a généré un modèle de marche aléatoire et a appris par l'algorithme d'escalade en utilisant la distance parcourue comme évaluation de sa performance [8]. Le robot a pu ainsi acquérir une variété de modèles de marche y compris par sautillements et par acrobaties, ce qui n'était pas du tout attendu. De Garis a conçu une commande de marche basée sur un réseau de neurones dont les poids sont automatiquement définis par un algorithme génétique. Il a simulé un bipède pendant la marche [7].

Tedrake et al. ont réalisé un bipède 3D semi-passif équipé de quatre moteurs dont les mouvements peuvent être obtenus par renfort d'apprentissage en ligne. Il est rapporté que le robot a pu apprendre à marcher convenablement sur des sols de conditions différentes en vingt minutes environ [79].

Chapitre 5

Mouvements de l'ensemble du corps

Nous maîtrisons maintenant les techniques de base pour la génération de mouvements bipèdes. Mais la caractéristique du robot humanoïde est de posséder aussi des bras lui permettant, le cas échéant, de manipuler des objets. Nous allons expliquer dans ce chapitre comment générer des mouvements qui mobilisent l'ensemble des articulations du robot humanoïde. De nombreux travaux de recherche sont en cours dans ce domaine et une solution générique n'a toujours pas été définie : nous allons donc simplement introduire les méthodes mises en place à ce jour.

5.1 Méthodes

Considérons le mouvement illustré par la figure 5.1 : dans un premier temps, le robot se déplace de la configuration debout vers l'agenouillement, puis soulève une boîte du sol, et porte cette boîte sur 1 m. Comment vous y prendriez-vous pour générer les mouvements de l'ensemble de son corps qui permettraient de réaliser ces déplacements ? Après la lecture des chapitres précédents, une personne attentive pourrait déjà proposer une approche pour résoudre ce problème.

La génération d'un modèle pour la marche peut être réalisée par une des méthodes exposées au chapitre précédent. Le problème actuel consiste en fait à trouver un moyen de soulever la boîte. Pourquoi ne pas utiliser une méthode mise au point pour les robots manipulateurs industriels ?

Un manipulateur industriel 6 axes est habituellement fourni avec un boîtier de commande, comme par exemple celui montré à la figure 5.3. Cet accessoire permet de définir la position et l'orientation initiales de l'organe terminal, qui peut être destiné à la soudure, la peinture ou la saisie. Il est possible, par la suite, de fournir des points de passage de la trajectoire de l'organe terminal ; le

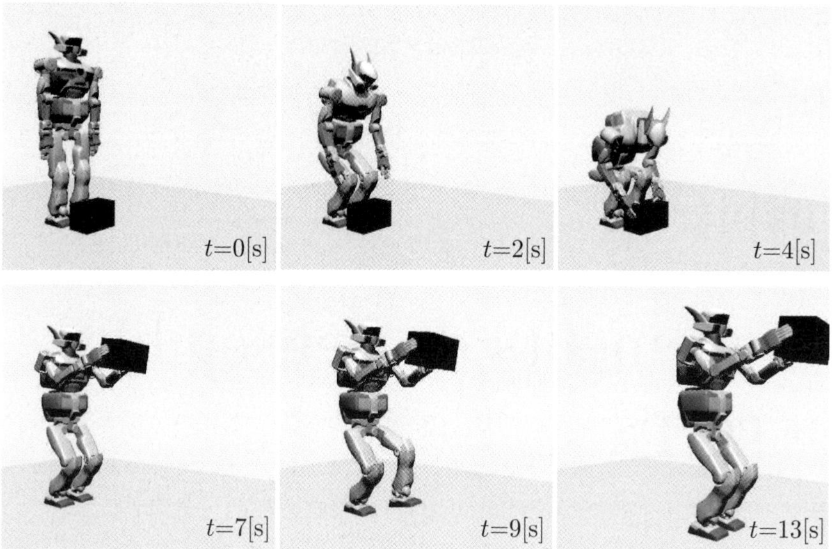

Figure 5.1 – Tâche simple réalisée par HRP-2.

contrôleur effectue ensuite une interpolation de la trajectoire entre ces points, puis génère et commande les trajectoires articulaires. Cela est possible car un robot manipulateur industriel 6 axes possède un nombre suffisant d'articulations pour lui procurer 6 degrés de liberté. De ce fait, si on connaît la position et l'orientation de l'organe terminal, on peut déterminer les angles articulaires par la cinématique inverse.

La principale différence entre un manipulateur industriel 6 axes et un robot possédant de nombreux degrés de libertés, tel un robot humanoïde, est que même lorsqu'on connaît la position et l'orientation de l'organe terminal, il n'est pas possible d'obtenir une configuration unique : le système complexe est dit *redondant.* Vous pouvez faire l'expérience de la redondance en saisissant une poignée de porte : en déplaçant votre corps dans différentes postures, vous constaterez que pour une même position et orientation de votre main restée sur la poignée, il vous est possible d'accéder à un nombre incalculable de positions différentes. Une complication supplémentaire réside dans le fait que le robot humanoïde n'est pas fixé au sol comme un manipulateur industriel. Il faut donc s'assurer que la posture initiale, la posture finale et toutes les postures intermédiaires permettront au système de conserver son équilibre. Il faut donc être sûr que le ZMP reste à tout instant compris dans le polygone de sustentation défini par les zones de contact entre le robot et le sol.

C'est à cause de cette contrainte que la plupart des méthodes présentées ci-dessous génèrent en premier lieu des mouvements brusques qui assurent la position du ZMP dans la zone de support. La figure 5.4 montre les étapes dont il faut s'affranchir pour générer des mouvements pour l'ensemble du corps : l'étape A

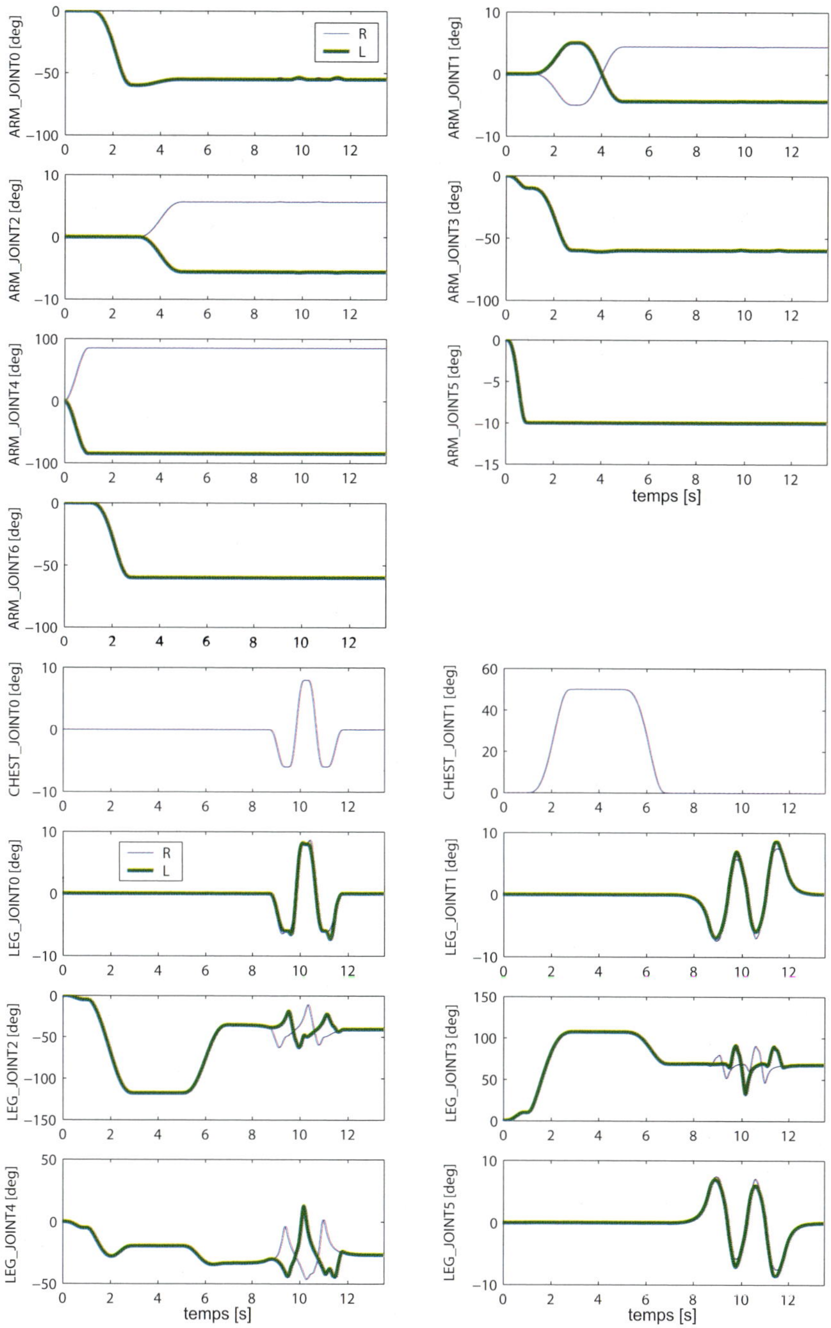

Figure 5.2 – Décomposition temporelle des trajectoires des principales articulations du HRP-2 : les 7 premières secondes sont pour le soulèvement de la boîte, de 7 à 13 s pour avancer de 1 m.

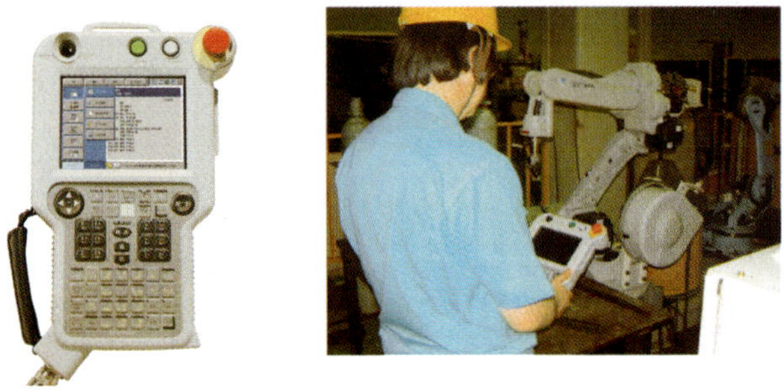

Figure 5.3 – Un boîtier de commande (gauche) et son utilisation (droite) (Photographie autorisée par Yaskawa Electric).

génère les mouvements qui satisfont les contraintes données. Les trajectoires résultantes offrent une apparence brutale des déplacements. Dans l'étape B, on effectue des réglages pour assurer l'équilibre dynamique du robot. L'étape C consiste à stabiliser le robot grâce aux boucles de retour d'information de capteurs dont la plupart des robots humanoïdes sont dotés. Ces retours d'informations assurent la stabilité du système *pendant* le mouvement ; le mouvement finalement réalisé est donc une modification supplémentaire des mouvements proposés à l'étape B[1].

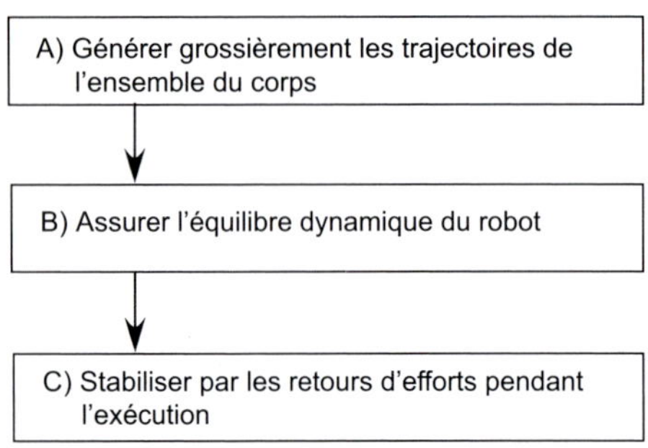

Figure 5.4 – Organigramme de la génération des mouvements de l'ensemble du corps pour un robot humanoïde.

5.2 Génération brute des mouvements

Trois méthodes ont été proposées pour générer les mouvements de l'ensemble du corps :

[1] Si les mouvements générés pendant l'étape B sont parfaits, l'étape C n'est pas absolument nécessaire. Le cas d'une parfaite génération de mouvements, prévoyant tout ce qui va se passer au cours du mouvement, est cependant très rare.

1. En utilisant la capture des mouvements humains et l'acquisition des données relatives à ces mouvements.
2. Par la création d'une GUI (pour *Graphical User Interface*, « interface utilisateur graphique ») ou l'utilisation d'un système CAO.
3. En utilisant une méthode de recherche de variables multiples.

Nous allons détailler les procédures pour ces trois méthodes dans les paragraphes suivants.

5.2.1 Capture des mouvements humains

La ressemblance structurale des robots humanoïdes et des humains nous amène naturellement à tenter d'utiliser les informations sur les mouvements humains pour animer un robot humanoïde. L'acquisition de ces informations se fait grâce à un système de capture de mouvements[2] qui permet d'extraire assez simplement des informations sur le mouvement d'un acteur. La figure 5.5 montre un exemple de données capturées sur une personne dansant le Tsugaru Jongara-bushi (danse traditionnelle du nord du Japon) [56]. Par contre, il existe des différences subtiles entre un robot humanoïde et un humain. Cela signifie qu'il n'est pas possible de transférer directement les données du mouvement humain vers le mouvement humanoïde : une conversion tenant compte de ces différences est nécessaire.

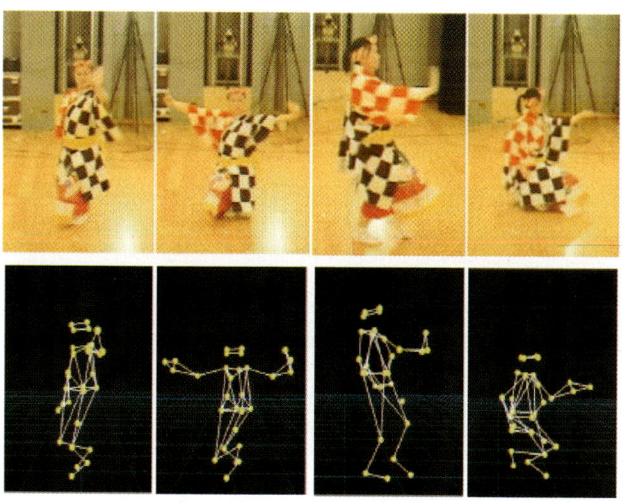

Figure 5.5 – Échantillon de données issues d'une capture de mouvements d'un danseur de Tsugaru Jongara-bushi [56].

[2]Ce système peut suivre les trajectoires de points dans l'espace localisés par des marqueurs spécifiques. Cette information est numérisée et enregistrée sur un ordinateur.

5.2.2 *Graphical User Interface* (GUI)

Les animations réalisées par ordinateur permettent de voir des gens, des animaux ou des robots humanisés se déplacer comme s'ils appartenaient au monde réel. Les méthodes utilisées pour l'animation graphique sont aussi valides pour la génération des mouvements des robots humanoïdes, et l'une des plus connues est l'interface *pin/drag* (« épinglé/tiré ») [86].

Figure 5.6 – Concept de base de l'interface *pin/drag* (reproduction autorisée par Nakamura - Yamane Lab., université de Tokyo).

Le concept de base de cette méthode est illustré par la figure 5.6. On *épingle* (« *pin* ») les segments qui doivent rester immobiles, puis on *tire* (« *drag* ») comme on désire déplacer les points aux extrémités des chaînes. En utilisant l'interface *pin/drag*, il est possible de créer un mouvement de l'ensemble du corps d'apparence naturelle[3].

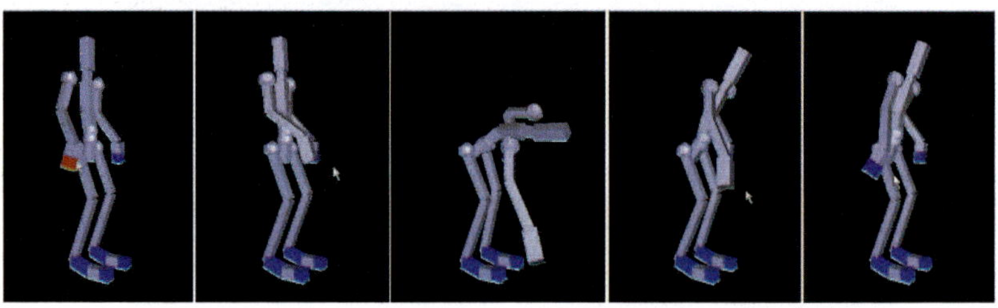

Figure 5.7 – Séquences illustrant les mouvements de l'ensemble du corps générés par l'interface *pin/drag* (photographie autorisée par Nakamura-Yamane Lab., université de Tokyo).

La figure 5.7 montre un mouvement généré en considérant que les orteils et talons des deux jambes, ainsi que la main droite, sont épinglés. La main gauche est alors manipulée de bas en haut, en la tirant sur l'écran pendant quatre secondes, comme pour ramasser quelque chose sur le sol. On peut observer un mouvement d'allure naturelle de l'avatar humain dans son ensemble.

[3]La méthode consiste en fait à choisir la solution qui minimise la somme du second ordre.

Cependant, ce mouvement considère seulement l'aspect géométrique des déplacements. Il ne vérifie pas, par exemple, une contrainte dynamique du type ZMP. Il y a donc de fortes chances que l'utilisation de cette méthode de génération de mouvements sur un système réel n'aboutisse qu'à un échec.

5.2.3 Méthodes rapides de recherche multidimensionnelle

Les méthodes basées sur la capture du mouvement ou sur l'interface GUI sont particulièrement intuitives, et présentent les inconvénients d'être grossières et gourmandes en temps de calcul. Une troisième approche consiste à utiliser les RRT [43] qui permettent de réaliser une recherche multidimensionnelle rapide. Le mouvement est généré en cherchant une solution qui satisfait un ensemble de contraintes données dans l'espace vectoriel contenant l'ensemble des articulations du robot [44].

Figure 5.8 – Séquence illustrant un mouvement de saisie d'un objet sous une chaise généré par une méthode de recherche RRT (reproduction autorisée par James Kuffner, the Robotics Institute, CMU/Digital Human Research Center, AIST).

Il est possible, en fournissant des données 3D du robot humanoïde et de son environnement immédiat, de générer automatiquement en moins de 6 secondes les mouvements de l'ensemble du corps pour des tâches diverses comme celle illustrée par la séquence de saisie d'un objet sous une chaise sans entrer en collision avec celle-ci (figure 5.8).

La recherche consiste à déterminer des postures stables qui satisfont les contraintes physiques données, puis à générer des trajectoires souples pour connecter ces postures. Il ne s'agit donc pas d'une génération de mouvements dynamiquement stables.

5.3 Mouvements dynamiquement stables

Les mouvements créés par l'une des méthodes présentées dans la partie 5.2 ne sont pas dynamiquement stables : il n'est donc pas possible de les envoyer directement à la commande du robot. L'étape suivante consiste à convertir les trajectoires composées d'une série de postures statiquement stables en un ensemble de trajectoires dynamiquement stables (étape B de la figure 5.4). Nous allons introduire dans ce qui suit trois approches permettant cette opération : le filtre dynamique, l'auto-équilibreur et la compilation restreinte des mouvements du tronc. La méthode de filtrage dynamique utilisant le précontrôle présenté dans le chapitre précédent est aussi une approche de conversion pertinente.

5.3.1 Filtre dynamique

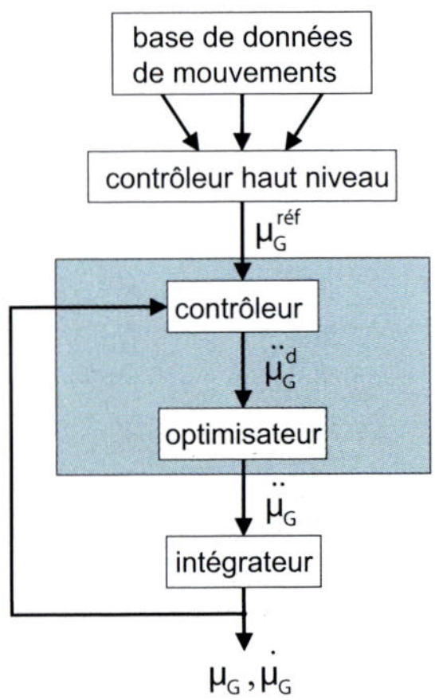

Figure 5.9 – Concept du filtre dynamique [88].

La méthode de filtrage dynamique consiste à utiliser un algorithme (« filtre ») qui convertit un mouvement physiquement irréalisable en un mouvement physiquement réalisable [88, 86]. Cette approche utilise un contrôleur et un module d'optimisation (Fig 5.9). Le contrôleur récupère en entrées la trajectoire brute non testée θ_G^{ref} ainsi que l'état du robot θ_G, $\dot{\theta}_G$. Il utilise une boucle de retour locale et globale pour calculer l'accélération généralisée désirée $\ddot{\theta}_G^d$. Dans un premier temps, cette accélération n'est pas forcément réalisable. Le module d'optimisation recherche une solution minimale compatible avec les contraintes physiques du robot (maintien sur le sol, direction de la force aux points de contact avec le sol) et qui conserve les valeurs des accélérations articulaires désirées $\ddot{\theta}_G$.

Deux séquences d'un mouvement identique sont montrées sur la figure 5.10 : celle de la partie supérieure résulte d'une capture de mouvement humain. Celle de la partie inférieure montre le mouvement converti à l'aide du filtrage dynamique. On peut remarquer au premier regard que l'apparence générale du mouvement pris en modèle est respectée. Nous pouvons observer, en étant plus attentif aux différences, que la position des pieds a été modifiée selon des tra-

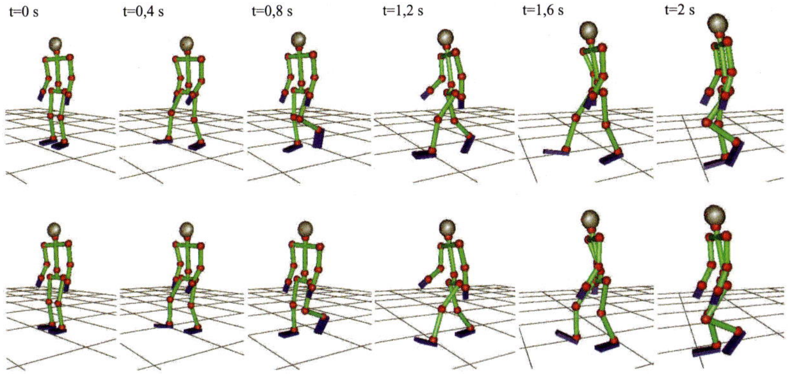

Figure 5.10 – Conversion basée sur le filtre dynamique (reproduction autorisée par Nakamura-Yamane Lab., université de Tokyo).

jectoires plus réalistes (c'est-à-dire permettant de conserver l'équilibre pendant la réalisation du mouvement).

5.3.2 Auto-équilibreur

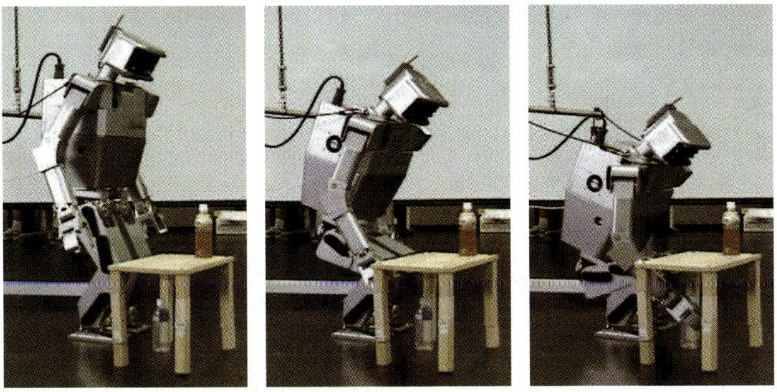

Figure 5.11 – Conversion utilisant l'auto-équilibreur (photographie autorisée par JSK Lab., université de Tokyo).

L'auto-équilibreur[4] réalise une optimisation du second ordre des angles articulaires à chaque pas de temps [78]. Cette méthode met l'accent sur la stabilité statique. Elle ne peut donc pas être utilisée pour la marche, mais c'est une

[4]Cette appellation a été originalement utilisée dans une bande dessinée appelée « Patlabor » (Shogakukan) de Yuki Masami. Le système qui permettait aux robots (appelés travailleurs dans la BD) de conserver leur équilibre était appelé l'auto-équilibreur. Tamiya et al., inspirés de cette bande dessinée pour leurs travaux, en ont aussi conservé le nom pour leur système.

approche valide pour stabiliser un mouvement au cours duquel le polygone de sustentation n'est pas modifié[5]. L'auto-équilibreur permet au robot de conserver son équilibre en réalisant successivement les actions suivantes :

1. Conserver la position du centre de masse du robot selon un axe passant par un point donné du polygone de sustentation ;
2. conserver la composante du moment selon cet axe à une valeur donnée.

La valeur autorisée du moment autour de l'axe est calculée à partir des contraintes à satisfaire pour conserver le ZMP à l'intérieur du polygone de sustentation et de celles permettant de conserver le couple négatif jusqu'au pas de temps suivant. Cette méthode de compensation d'équilibre est essentiellement un problème de recherche de solutions du second ordre et la solution pour l'ensemble du corps est aussi proche que possible des contraintes initiales. L'auto-équilibreur réalise ces calculs à chaque pas de temps.

La figure 5.11 montre un cas où les mouvements de l'ensemble du corps ont été générés par l'approche RRT de la figure 5.8, stabilisés par l'auto-équilibreur puis réalisés par le robot humanoïde H6 [44].

5.3.3 Compilation restreinte des mouvements du tronc

L'algorithme de compensation fondé sur les mouvements de la base du corps (le bassin) génère la trajectoire de la base à partir des trajectoires des jambes, du ZMP et des mains. Les résultats du calcul sont utilisés pour générer les trajectoires des mouvements de l'ensemble du corps [85].

La figure 5.12 montre l'organigramme de cet algorithme. Les hypothèses effectuées pour la linéarisation, la détection et l'évitement de collisions sont les suivants : la hauteur des hanches ne change pas, le modèle simplifié des bras ne se déplace que dans le plan horizontal et la position du centre de masse de la partie supérieure du corps reste fixe selon l'axe z. Par une transformation de Fourier (FFT, *Fast Fourier Transform*) des moments selon les trois axes et autour du ZMP désiré, puis par une transformation FFT inverse, il est possible d'obtenir une bonne estimation des mouvements du tronc. En utilisant ces résultats sur l'état actuel du robot, on peut calculer l'erreur sur les moments autour du ZMP. Celle-ci est due au fait que les calculs utilisaient une approximation au lieu du système réel. L'addition et l'intégration de ces valeurs est ensuite utilisée pour recalculer une meilleure estimation. Une procédure itérative intègre toutes ces étapes, et l'algorithme converge vers une solution analytique.

La solution analytique fournie est extrêmement précise. L'inconvénient majeur de cette méthode réside dans le besoin d'un grand nombre d'itérations pour atteindre une précision suffisante. Des améliorations ont été proposées afin de réduire les besoins itératifs : certaines permettent de les réduire à 1/100.

[5]Il est possible d'appliquer cette méthode à la marche, mais uniquement dans le cas statique, c'est-à-dire à faible vitesse [29].

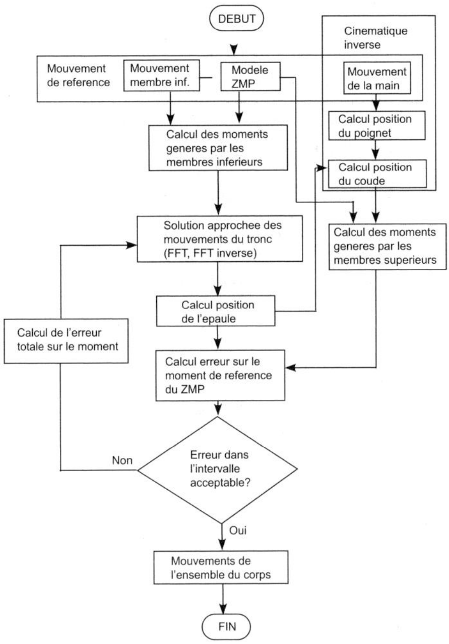

Figure 5.12 – Organigramme de l'algorithme à haute précision de compensation des mouvements de la base du corps [85].

Pour générer les mouvements non répétitifs, comme l'initiation ou l'arrêt, il est possible de créer des données correspondant à une longue période immobile, avant et après le mouvement désiré, puis d'appliquer le même algorithme. La compilation restreinte des mouvements du tronc [85] est utilisée pour générer les mouvements du robot humanoïde WABIAN montré à la figure 5.13.

5.4 Téléopération des robots humanoïdes

Lorsqu'on fait danser un robot humanoïde, ou lorsqu'on le fait jouer d'un instrument, on dispose de suffisamment de temps pour préparer les données articulaires : la génération des trajectoires est faite *hors-ligne*. Le cas d'une utilisation sur site inconnu nécessite une génération de trajectoires *en-ligne* et l'obtention des mouvements en *temps réel*. La conscience de l'environnement du robot et ses possibilités de planification sont malheureusement très éloignées de celles de l'homme, et les méthodes présentées précédemment ont été appliquées afin de se rapprocher autant que possible des capacités humaines.

La génération d'un mouvement humanoïde en-ligne suit le même principe que la méthode hors-ligne présentée à la figure 5.4. Il faut dans un premier temps générer une approximation grossière du mouvement (étape A), puis l'adapter de manière à respecter les contraintes d'équilibre (étape B), enfin

Figure 5.13 – Le robot humanoïde WABIAN (photographie autorisée par Takanishi Lab, université de Waseda).

l'adapter à nouveau pour compenser les effets dynamiques (étape C). Mais la réalisation de ces étapes doit être grandement modifiée pour pouvoir être réalisée immédiatement et en temps réel. Même pour obtenir des mouvements grossiers, la génération de comportements en temps réel est loin d'être facile. Donc, lorsqu'on désire effectuer une action télé-opérée avec un robot humanoïde, il faut corriger les étapes A et B ci-dessus de la manière suivante : au cours de l'étape A, on génère les trajectoires d'une partie du corps et au cours de l'étape B, on génère les trajectoires de l'ensemble du corps qui permettent au robot de conserver son équilibre. Au cours de l'étape C, on utilise un stabilisateur permettant au robot de conserver cet équilibre par l'utilisation des retours d'efforts et la modification des trajectoires précédentes.

Nous allons expliquer plus précisément chaque étape pour la télé-opération de l'ensemble du corps d'un robot humanoïde dans ce qui suit : pour l'étape A, il faut effectuer une « télégénération[6] des mouvements de l'ensemble du corps par la méthode de permutation du centre opératoire ». L'étape B comporte un algorithme de « génération des trajectoires de l'ensemble du corps par la décomposition de la méthode de contrôle du moment cinétique ». Reportez-vous au chapitre précédent pour la stabilisation du robot (étape C).

5.4.1 Télégénération des mouvements

Comme les robots humanoïdes sont dotés d'un grand nombre de degrés de liberté, la génération en temps réel des mouvements de l'ensemble du corps nécessite de grosses installations, comme celle d'un système de capture du mou-

[6]Étymologiquement : génération à distance

vement. Mais comme les robots ne sont pas identiques aux humains, les trajectoires acquises par capture ne peuvent pas être utilisées sans conversion.

Réfléchissons donc à la manière dont nous utilisons notre corps au quotidien : nous nous concentrons sur certaines parties de notre corps en fonction de ce que nous sommes en train de faire. Si nous changeons d'action, notre attention saute vers la nouvelle partie de notre corps nécessaire à la réalisation consciente de la tâche actuelle. Pendant ce temps, les parties du corps non essentielles du point de vue de la tâche en cours sont contrôlées sur le plan inconscient. Ce contrôle permet de conserver l'équilibre ou d'assurer une position confortable qui facilite la concentration.

En l'occurrence, lorsque vous désirez saisir une bouteille sur une table, votre attention se porte sur la main qui doit assurer la saisie. Lorsque vous désirez vous asseoir, vous vous concentrez sur le positionnement de votre bassin par rapport à la chaise. Pour taper dans une balle, vous portez votre attention sur le pied qui doit frapper la balle. Ces exemples sont illustrés sur la figure 5.14.

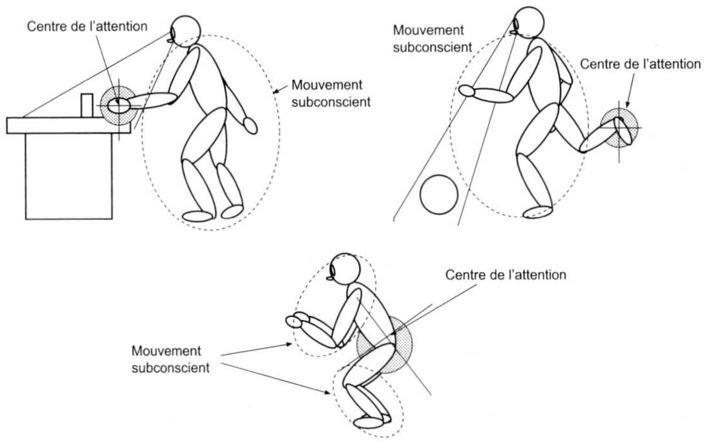

Figure 5.14 – L'attention se concentre sur les parties du corps importantes pour la réalisation de la tâche en cours.

La partie sur laquelle nous fixons notre attention ne nécessite que quelques degrés de liberté pour être déplacée. Il est donc possible d'utiliser un outil simple du type joystick pour réaliser un mouvement donné. De l'autre côté, les parties qui ne nécessitent pas une attention consciente peuvent être utilisées pour conserver l'équilibre. Cela permet de commander un robot sans avoir à penser aux différences géométriques et dynamiques entre l'humain et l'humanoïde. Cette réflexion est la base de la méthode de permutation du centre opératoire [58].

À titre d'exemple, nous allons expliquer de quelle manière s'y prendre pour générer les mouvements de l'ensemble du corps d'un robot humanoïde à l'aide de deux joysticks. Dans un premier temps, il faut allouer une fonction précise aux huit boutons comme montré sur la figure 5.15. Les fonctions correspondront à des actions réalisables par la tête, la main gauche et la main droite, le poignet gauche et le poignet droit, le corps, le pied gauche et le pied droit, ainsi qu'un moyen de permuter entre les différents référentiels (monde, base ou local).

L'opérateur presse le bouton qui représente la coordonnée sur laquelle il désire agir, et utilise le joystick pour indiquer la direction du mouvement pour générer les trajectoires de l'ensemble du corps en fonction des position et orientation désirées de la partie retenant l'attention.

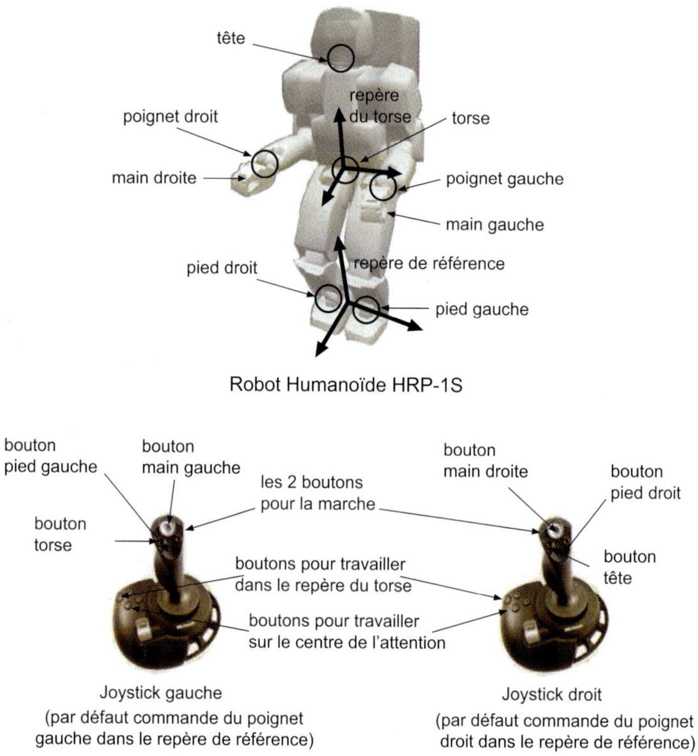

Figure 5.15 – Exemple d'affectation des boutons d'un joystick pour la sélection des parties du corps du robot humanoïde et de leurs coordonnées opérationnelles.

5.4.2 Contrôle décomposé du torseur cinétique

Lorsqu'on peut accéder aux données précises des paramètres physiques du robot humanoïde, on peut générer les mouvements de l'ensemble du corps en précisant les valeurs de la quantité de mouvement et du moment cinétique afin de calculer les vitesses articulaires correspondantes. Cette méthode est le **contrôle décomposé du torseur cinétique** [32].

Il faut dans un premier temps modéliser le robot humanoïde par l'assemblage d'un corps à 6 degrés de liberté et de quatre chaînes cinématiques ouvertes, comme illustré sur la figure 5.16.

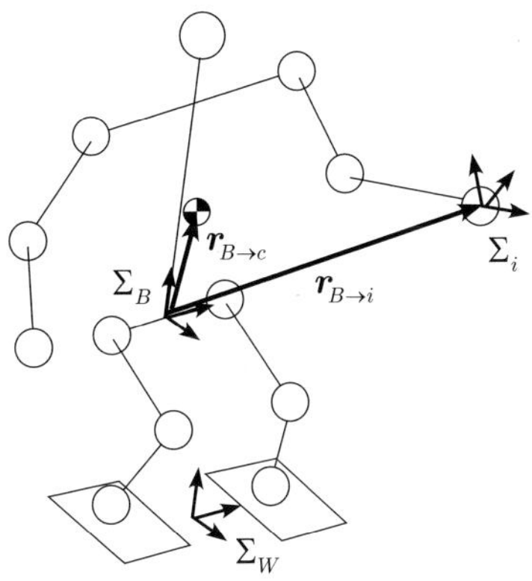

Figure 5.16 – Modèle du robot humanoïde.

En réalisant cette opération, les équations qui suivent peuvent être utilisées pour calculer les vitesses désirées $\boldsymbol{v}_i^{ref}$, les vitesses angulaires désirées $\boldsymbol{\omega}_i^{ref}$, les coordonnées du corps Σ_B, sa vitesse $\boldsymbol{v}_B^{trg}$ et sa vitesse angulaire $\boldsymbol{\omega}_B^{trg}$.

Lorsque la vitesse $\boldsymbol{v}_i^{ref}$ et la vitesse angulaire $\boldsymbol{\omega}_i^{ref}$ des extrémités des membres sont données dans leur référentiel local Σ_i, défini dans le référentiel du monde Σ_W fixé au sol, ainsi que la vitesse désirée du corps $\boldsymbol{v}_B^{trg}$ et sa vitesse angulaire $\boldsymbol{\omega}_B^{trg}$, exprimées dans le référentiel local de la base Σ_B, nous pouvons exprimer les angles articulaires du i-ième membre par les relations suivantes :

$$\dot{\boldsymbol{\theta}}_i^{ref} = \boldsymbol{J}_i^{-1}\left\{\begin{bmatrix} \boldsymbol{v}_i^{ref} \\ \boldsymbol{\omega}_i^{ref} \end{bmatrix} - \begin{pmatrix} \boldsymbol{E} & -\widehat{\boldsymbol{r}}_{B\to i} \\ 0 & \boldsymbol{E} \end{pmatrix}\begin{bmatrix} \boldsymbol{v}_B^{trg} \\ \boldsymbol{\omega}_B^{trg} \end{bmatrix}\right\} \tag{5.1}$$

où $\boldsymbol{J}_i^{-1}$ représente l'inverse généralisée de la matrice jacobienne du i-ième membre. $\boldsymbol{E}$ est un vecteur unitaire 3×3, $\boldsymbol{r}_{B\to i}$ est le vecteur dont l'origine est située sur l'origine du référentiel de la base et l'extrémité pointe vers le référentiel local Σ_i du i-ième corps. L'opérateur «ˆ» est la matrice antisymétrique équivalente à un produit vectoriel.

Les termes $\boldsymbol{v}_i^{ref}$ et $\boldsymbol{\omega}_i^{ref}$ de l'équation 5.1 sont définis par l'action de téléopération. Par exemple, si l'opérateur désire effectuer un mouvement de translation par le poignet, il utilise les leviers du télécontrôleur pour définir explicitement la variation du mouvement escomptée pour définir le vecteur vitesse de translation $\boldsymbol{v}_1^{ref}$. Pendant cette opération, toutes les composantes du vecteur vitesse de rotation de la main droite, $\boldsymbol{\omega}_1^{ref}$, sont laissées à zéro, ainsi que celles de tous les autres vecteurs vitesses de translation et de rotation des autres membres[7], $\boldsymbol{v}_i^{ref}$ et $\boldsymbol{\omega}_i^{ref}$.

[7]Dans le modèle du contrôle distribué des composantes cinétiques, il est possible de faire

$\boldsymbol{v}_B^{trg}$ et $\boldsymbol{\omega}_B^{trg}$ peuvent être calculées par le contrôle distribué des composantes cinétiques en utilisant les équations qui suivent. Leur expression repose sur la quantité de mouvement $\mathcal{P}^{ref}$ et le moment cinétique autour du centre de masse $\mathcal{L}^{ref}$ désirés du robot, et sur $\boldsymbol{v}_B^{ref}$ et $\boldsymbol{\omega}_B^{ref}$ qui sont calculés de manière autonome ou fixés à distance par l'opérateur.

$$\begin{aligned}\begin{bmatrix} \boldsymbol{v}_B^{trg} \\ \boldsymbol{\omega}_B^{trg} \end{bmatrix} &= \boldsymbol{A}^\dagger \boldsymbol{S} \left\{ \begin{bmatrix} \mathcal{P}^{ref} \\ \mathcal{L}^{ref} \end{bmatrix} - \sum_{i=1}^{4} \begin{pmatrix} \boldsymbol{M}_i \\ \boldsymbol{H}_i \end{pmatrix} \boldsymbol{J}_i^{-1} \begin{bmatrix} \boldsymbol{v}_i^{ref} \\ \boldsymbol{\omega}_i^{ref} \end{bmatrix} \right\} \\ &\quad + (\boldsymbol{E}_6 - \boldsymbol{A}^\dagger \boldsymbol{A}) \begin{bmatrix} \boldsymbol{v}_B^{ref} \\ \boldsymbol{\omega}_B^{ref} \end{bmatrix} \end{aligned} \tag{5.2}$$

$$\boldsymbol{A} \equiv \boldsymbol{S} \left\{ \begin{pmatrix} M\boldsymbol{E} & -M\widehat{\boldsymbol{r}}_{B\to c} \\ 0 & \boldsymbol{I} \end{pmatrix} - \sum_{i=1}^{4} \begin{pmatrix} \boldsymbol{M}_i \\ \boldsymbol{H}_i \end{pmatrix} \boldsymbol{J}_i^{-1} \begin{pmatrix} \boldsymbol{E} & -\widehat{\boldsymbol{r}}_{B\to i} \\ 0 & \boldsymbol{E} \end{pmatrix} \right\}$$

$\boldsymbol{M}_i$ et $\boldsymbol{H}_i$ sont des matrices d'inertie qui fournissent des indications sur les effets produits par les composantes cinétiques résultantes du robot sur le i-ième segment. M est la masse totale du robot, $\boldsymbol{I}$ est le tenseur d'inertie en son centre de masse, $\boldsymbol{r}_{B\to C}$ est un vecteur potentiel exprimé dans le référentiel de la base Σ_B. $\boldsymbol{E}_6$ est une matrice identité 6×6 et $\dagger$ fait référence à la pseudo-inverse. $\boldsymbol{S}$ indique quelle composante cinétique doit être modifiée. C'est une matrice de sélection $n \times 6$ $(0 \leq n \leq 6)$ décrite ci-dessous :

$$\boldsymbol{S} \equiv \begin{bmatrix} \boldsymbol{e}_{S_1} & \ldots & \boldsymbol{e}_{S_n} \end{bmatrix}^T$$

Où $\boldsymbol{e}_{S_i}$ est un vecteur colonne 6×1, dont les composantes sont fixées à 1 si elles font référence à un élément que l'on désire contrôler, ou à 0 si elles font référence à un élément que l'on ne désire pas contrôler[8].

Dans l'équation 5.2, les vitesses $\boldsymbol{v}_I^{ref}$ et $\boldsymbol{\omega}_I^{Ref}$ sont fixées par l'opérateur. $\mathcal{P}^{ref}$, $\mathcal{L}^{ref}$, $\boldsymbol{v}_B^{ref}$ et $\boldsymbol{\omega}_B^{ref}$ peuvent être calculés de manière autonome par le contrôleur du robot. Par exemple, $\mathcal{P}^{ref}$ et $\mathcal{L}^{ref}$ peuvent être utilisés pour conserver l'équilibre du robot. Si on définissait un système de coordonnées Σ_F comme étant parallèle au référentiel du monde Σ_W, et dont l'origine serait placée au centre du polygone de sustentation du robot, la relation entre la quantité de mouvement totale $\mathcal{P}$ et la vitesse de translation $\dot{\boldsymbol{r}}_{F\to c}$ exprimée dans le référentiel Σ_F, serait la suivante :

$$\mathcal{P} = M\dot{\boldsymbol{r}}_{F\to c} \tag{5.3}$$

faire des mouvements à tous les membres pour obtenir un mouvement plus complexe. Par contre, cela mène généralement à des comportements imprévisibles du robot, aussi est-il habituel de les conserver immobiles.

[8]Si vous cherchez à contrôler toutes les composantes cinétiques en même temps, $A^\dagger$ ne contiendra aucune composante nulle, donc $\boldsymbol{v}_B^{ref}$ et $\boldsymbol{\omega}_B^{ref}$ ne pourront pas être commandées par les équations 5.1 et 5.2.

Ainsi, en calculant la quantité de mouvement désirée $\mathcal{P}^{ref}$ par l'équation ci-dessous, le centre de masse $\boldsymbol{r}_{F\to c}$ peut être déplacé à une position désirée $\boldsymbol{r}^{ref}_{F\to c}$.

$$\mathcal{P}^{ref} = Mk(\boldsymbol{r}^{ref}_{F\to c} - \boldsymbol{r}_{F\to c}) \tag{5.4}$$

Le paramètre k ci-dessus est un gain prédéfini. En additionnant l'équation 5.4 au contrôleur autonome du robot, l'opérateur peut, alors que le robot conserve son équilibre de manière indépendante, se concentrer entièrement sur le mouvement du membre qui réalise la tâche sans se soucier des différences cinétiques et dynamiques[9].

5.4.3 Expérimentations avec le robot humanoïde HRP-2

La figure 5.17 montre un exemple d'implémentation du système de téléopération présenté ci-avant pour générer les mouvements de l'ensemble du corps du robot HRP-2. Le système de contrôle consiste principalement en trois sous-systèmes : le serveur de périphériques d'entrées, le générateur de mouvements, et le stabilisateur [59].

Le **serveur de périphériques d'entrées** génère les mouvements pour une partie du robot humanoïde en utilisant les entrées issues de la méthode de permutation du centre opératoire par télé-opération. L'implémentation est faite sur un PC sous Linux. L'utilisateur génère un mouvement en utilisant un joystick à deux ou trois degrés de liberté, ainsi que les boutons disponibles, pour fixer les vitesses de translation et rotation désirées du référentiel de la base Σ_B et du segment télé-opéré Σ_i.

Le **générateur de mouvements** est un système embarqué qui utilise la méthode du contrôle distribué des paramètres cinétiques pour générer un mouvement stable qui utilise toutes les articulations du robot. Les mouvements générés sont envoyés aux contrôles I/O du PC, puis aux contrôles des servomoteurs.

Le **stabilisateur** utilise les retours d'informations des capteurs pour assurer au robot un état d'équilibre stable.

La figure 5.18 montre des images du HRP-2 en train de saisir une canette placée aléatoirement sur une table, puis la jeter dans une poubelle. Toute cette action est réalisée à distance, c'est-à-dire par télé-opération. La réalisation chronologique des opérations est la suivante :

1. Le robot HRP-2 se tient debout à environ 3 m de la table ;
2. L'opérateur utilise le joystick pour orienter la tête vers la table et localiser la position de la canette ;
3. Lorsque la cible est repérée, le robot s'approche de la table. L'opérateur indique la direction et la vitesse de la marche grâce au joystick ;

[9]Pour la précision, utiliser l'équation 5.4 seule ne fera que garantir que le centre de masse du robot reste dans le polygone de sustentation. Cependant, il est possible de conserver l'équilibre du robot en maintenant le moment cinétique désiré $\mathcal{L}^{ref}$ à zéro, ou en gardant l'accélération désirée du référentiel de la base ($\dot{\boldsymbol{v}}^{ref}_B$, $\dot{\boldsymbol{\omega}}^{ref}_B$) à des valeurs suffisamment petites.

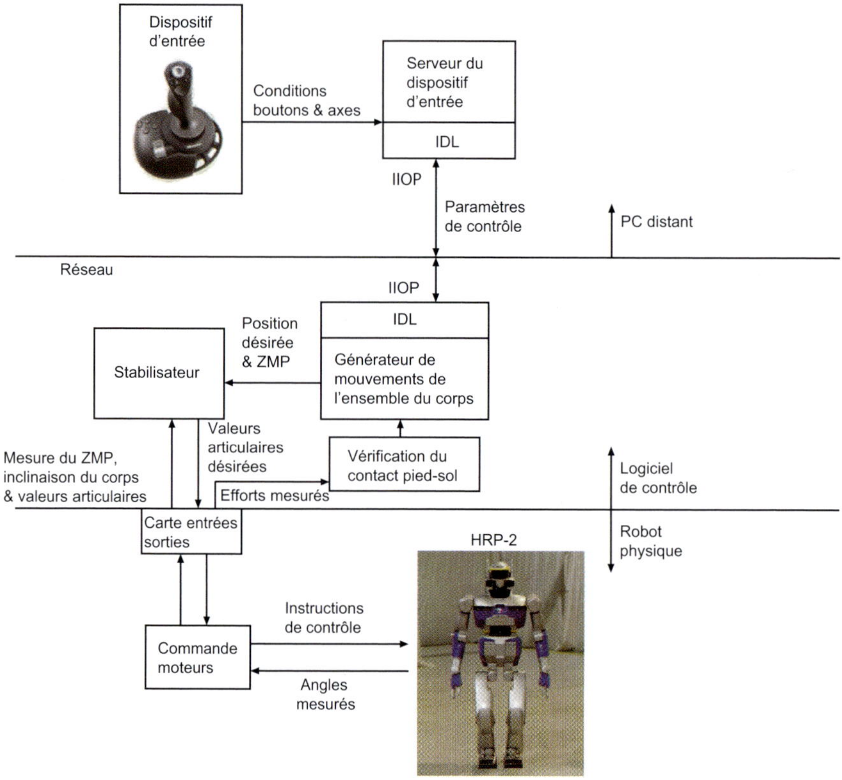

Figure 5.17 – Système de télé-opération pour mouvements de l'ensemble du corps d'un robot humanoïde. Ce système utilise une architecture normalisée distribuée, CORBA, pour la connexion des instruments.

4. Le robot s'arrête et utilise le système de vision 3D [74] pour positionner précisément la canette (mesure la distance) ;
5. À partir de la position détectée, le robot calcule la trajectoire de la main et saisit automatiquement la canette ;
6. L'opérateur utilise la télé-opération pour lever la canette, et vérifie que la saisie est stable ;
7. Le robot se dirige vers la poubelle et y jette la canette. Cette opération est totalement réalisée par télé-opération.

Il est arrivé que le robot saisisse la canette trop fort et que celle-ci se trouve bloquée dans sa main. L'opérateur a été capable de secouer la main du robot à distance et faire tomber la canette. Un des avantages de la télé-opération est de pouvoir rétablir facilement ce genre de situation nécessitant un contrôle de haut niveau.

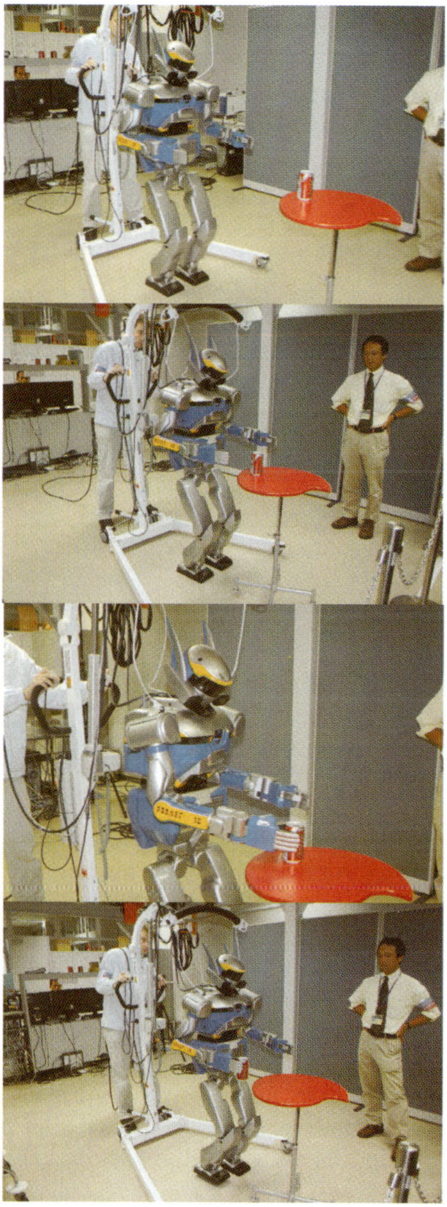

Figure 5.18 – Une expérience de télé-opération.

5.5 Chute du robot : réduction des chocs

Tout ce qui n'est pas soudé au sol peut tomber. Comme le montre la figure 5.19, la stabilité de l'équilibre du robot est très fortement liée à la hauteur du centre de masse et à la taille du polygone de sustentation : un objet qui possède un centre de masse élevé pour une petite surface de sustentation, comme un robot humanoïde, devient rapidement instable même lorsque la perturbation est faible.

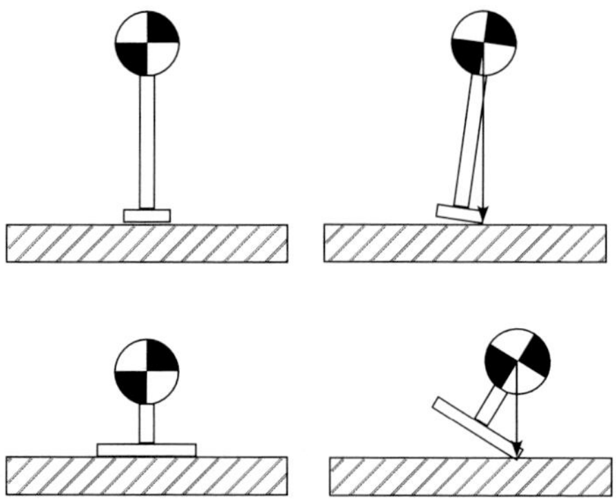

Figure 5.19 – Relation entre équilibre, hauteur du CoM et polygone de sustentation.

Dans tous les cas étudiés précédemment, nous nous sommes appliqués à proposer des modèles pour empêcher la chute du robot. D'expérience, on sait que même les humains peuvent parfois tomber. Il n'est pas très réaliste de penser que l'on peut prévenir le robot de toute chute. Il est donc important de lui apprendre comment tomber, de manière à réduire l'endommagement lorsque cela arrive. Prenons comme exemple basé sur la commande à impacts réduits (*Impact Reduction Control*) mise en place pour le HRP-2P [13].

Le HRP-2P (figure 5.20) est le modèle prototype du HRP-2. C'est un robot de 158 cm et 58 kg [38]. Au niveau des « fessiers » du robot sont attachés des coussins qui permettent d'absorber les chocs[10]. Les forces d'impacts étant liées à la vitesse de contact avec le sol, il est cependant souhaitable d'assurer une vitesse de contact aussi petite que possible de manière à réduire au maximum les risques d'endommagement du robot lors de la chute. Nous allons décrire dans ce qui suit la manière dont nous pouvons procéder pour réduire cette vitesse. Dans un premier temps, divisons la chute en cinq phases commandées différemment et illustrées par la séquence d'images de la figure 5.22.

1. **La phase d'accroupissement** : c'est la phase initiale de la chute en arrière. Cette phase se déclenche automatiquement et est prioritaire sur toute commande dès que le centre de masse du robot est détecté hors du

[10]Dans l'expérience de la chute en arrière, d'autres coussins ont été ajoutés sur le dos pour augmenter l'absorption des chocs.

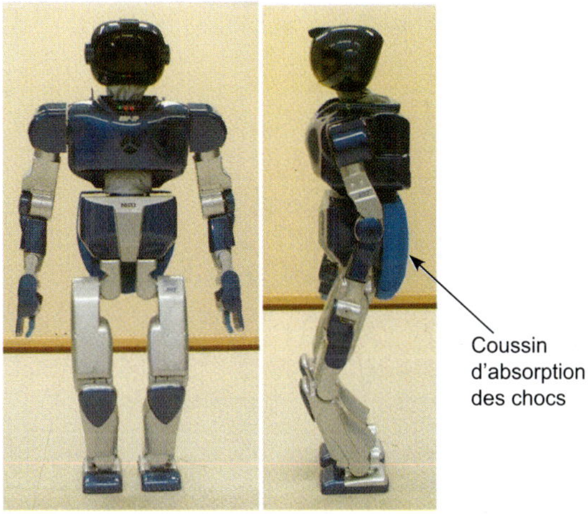

Figure 5.20 – Le robot humanoïde HRP-2P.

polygone de sustentation. Cette phase a pour objectif de plier les genoux, la taille, le cou et les bras du robot afin qu'il puisse tomber sur les hanches (figure 5.21).

2. **La phase 1 d'élongation** : la chute se produit. Lorsque l'angle θ entre le sol et la droite passant par les talons et le point de contact prévu devient inférieur à une valeur donnée (figure 5.21), le robot étend ses jambes pour réduire la vitesse de contact avec le sol. Cette action assure aussi une prise de contact au niveau des hanches.
3. **La phase de contact** : lorsque l'angle θ atteint une autre valeur donnée, le robot se prépare à l'impact et stoppe le contrôle des servomoteurs.
4. **La phase 2 d'élongation** : après un temps donné suivant la chute, le robot étend ses jambes pour éviter de rouler sur sa tête du fait des caractéristiques cinétiques de la chute.
5. **La phase finale** : après un temps suffisant et la détection d'un état stable, le corps est déplié en vu de se relever (ce mouvement est décrit par la suite).

La succession de ces phases permettent la réduction des forces d'impact sur le HRP-2P, et lui autorise de se relever ensuite, comme le montre la figure 5.22. Regardons maintenant comment faire pour que le robot se relève effectivement.

5.6 Faire se lever un robot humanoïde

Nous venons de montrer comment réduire le choc dû à une chute en arrière, de manière à limiter l'ampleur des dégâts sur le robot. Il nous faut maintenant déterminer la manière dont le robot doit procéder pour se relever. Au départ

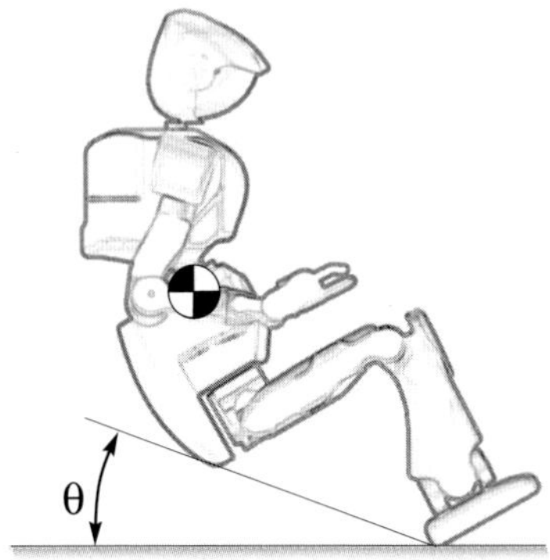

Figure 5.21 – Définition de l'angle de chute θ.

de ce mouvement, le robot est allongé sur le sol, sur le dos ou sur le ventre[11]. Pour se lever, il lui faut conserver l'équilibre tout au long du mouvement, mais le mouvement n'est pas réalisable sans passer par une période non stable qui traduit le passage de la position horizontale à la position verticale [37]. Donc, pour se lever, il faut effectuer une décomposition du mouvement en phases distinctes comme l'illustre la figure 5.23.

Toutes les étapes intermédiaires entre les phases, excepté la transition entre les phases 2 et 3, sont statiquement stables, c'est-à-dire que la projection du centre de masse sur le sol est à l'intérieur du polygone de sustentation défini par les corps en contact avec le sol. Ces mouvements statiquement stables peuvent être générés hors-ligne et réalisés sur demande.

Du fait de la contrainte sur les débattements articulaires, la transition entre les phases 2 et 3 nécessite une commande dynamique car la projection du centre de masse sur le sol sort du polygone de sustentation. C'est une transition qui permet de passer d'une posture stable avec les pieds à plat, à une autre posture stable sur les orteils et les genoux. La modification radicale du polygone de sustentation, à ce moment, empêche toute possibilité de mouvement statique. L'angle de tangage des articulations des hanches est contrôlé de manière à déstabiliser légèrement le robot, vers l'avant si l'on passe de la phase 2 à la phase 3, ou vers l'arrière si l'on passe de la phase 3 à la phase 2. Nous utilisons une commande compliante du torse [54] pour prévenir les chutes dues à la vitesse d'entraînement en avant dans le premier cas, ou en arrière dans le second.

Nous avons expérimenté ce modèle de comportement sur le HRP-2P. Les figures 5.24 et 5.25 montrent des séquences de photographies de l'expérience du robot se levant dans le cas où il part allongé sur le ventre ou sur le dos

[11]Nous avons expliqué précédemment comment tomber sur le dos. Il est tout aussi important que le robot puisse tomber vers l'avant. Dans ce cas, à l'état final de la chute, le robot est allongé sur le ventre.

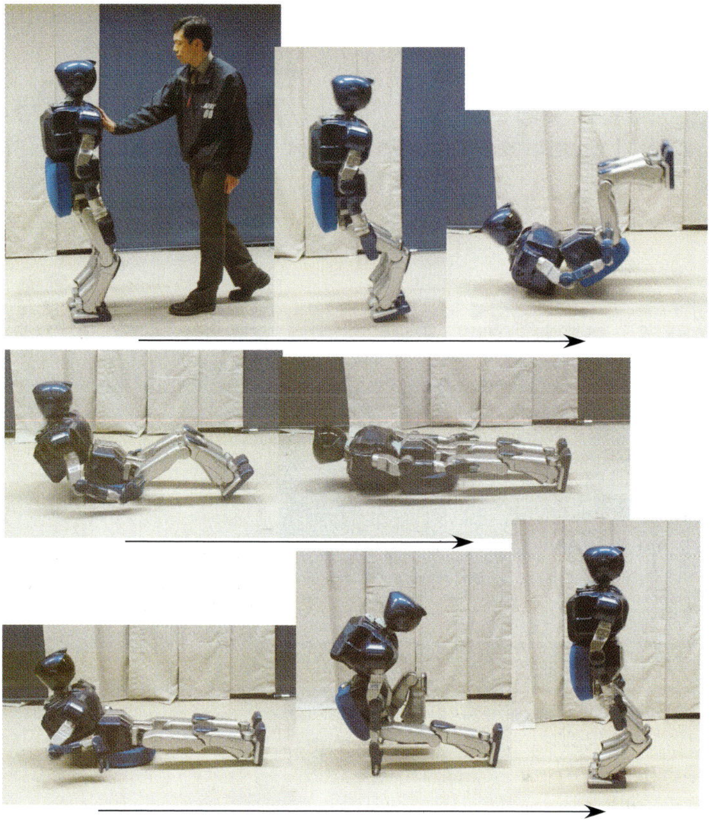

Figure 5.22 – Tomber et se relever.

respectivement. Le temps passé est indiqué sur les photographies (« $t =$ »). La commande illustrée sur la figure 5.25 est celle que nous avons appliqué au robot HRP-2P suite à sa chute (figure 5.22). En inversant les transitions d'états montrés sur la figure 5.23, il est possible de faire s'allonger le robot selon un principe similaire aux allongements des figures 5.24 et 5.25. Une fois que le robot est en mesure de s'allonger et se relever, les possibilités en terme de mobilité, ou de complexité de comportements, comme s'allonger pour ramper sous un obstacle puis se lever pour reprendre la marche, se trouvent grandement augmentées.

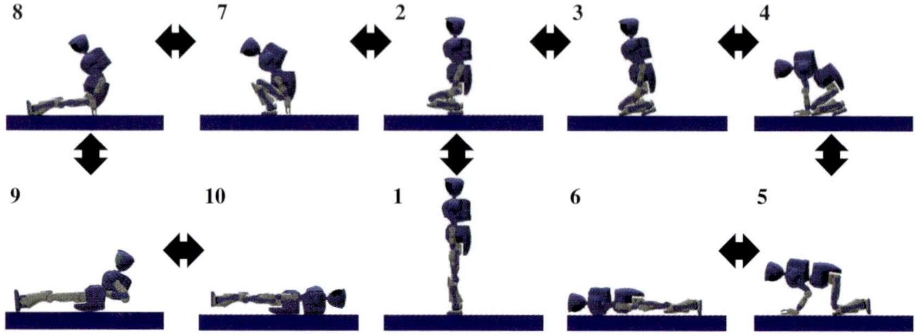

Figure 5.23 – Organigramme d'états du mouvement permettant de se lever à partir de la position allongée sur le dos ou sur le ventre.

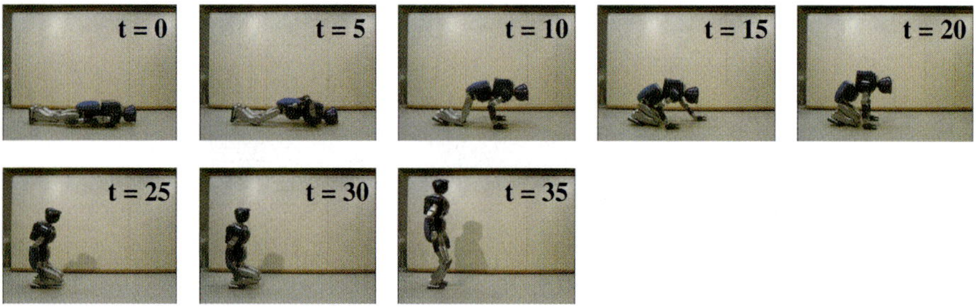

Figure 5.24 – HRP-2 se lève à partir d'une position allongée sur le ventre [37].

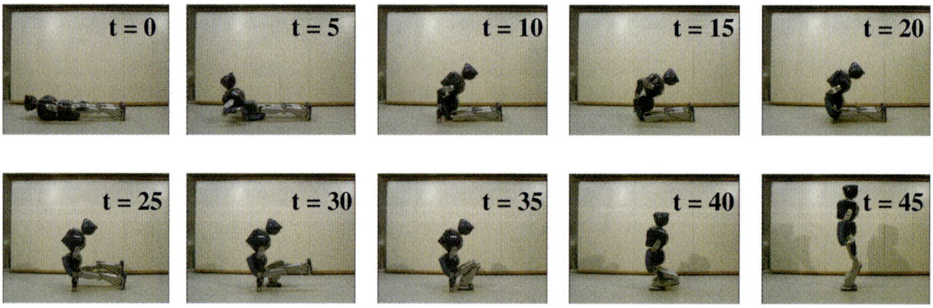

Figure 5.25 – HRP-2 se lève à partir d'une position allongée sur le dos [37].

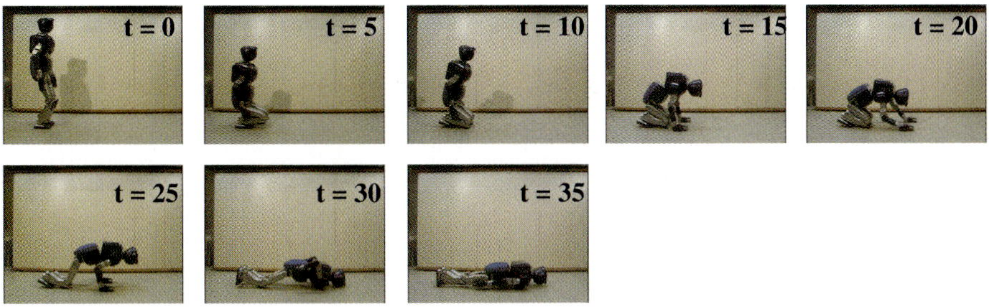

Figure 5.26 – HRP-2 s'allonge sur le ventre [37].

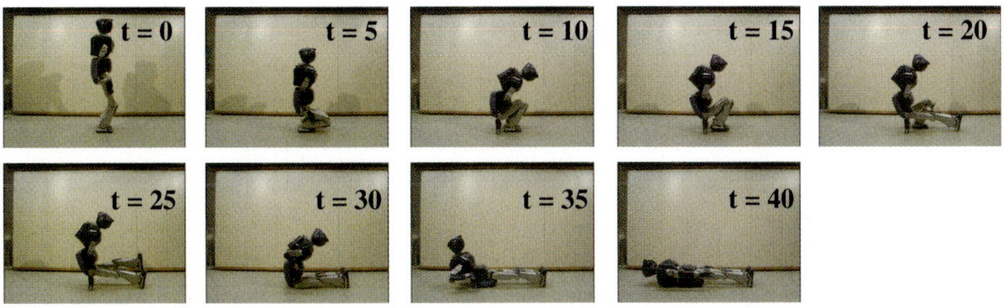

Figure 5.27 – HRP-2 s'allonge sur le dos [37].

Chapitre 6

Simulation dynamique

La figure 6.1 montre une expérience de chute sur le dos du robot HRP-2P. En effectuant une **simulation dynamique**, nous pouvons prédire quand et avec quelle force le robot touchera le sol *avant* de réaliser l'expérience. La simulation dynamique est un outil puissant pour développer des commandes à risques, minimiser les impacts ou développer des mécanismes durables.

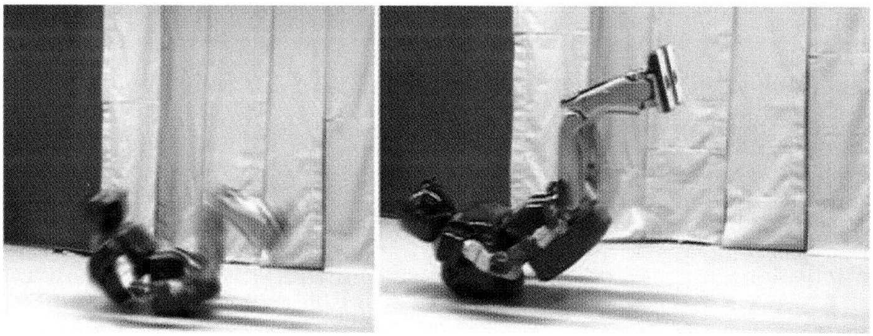

Figure 6.1 – Expérience de chute du HRP-2P [13].

L'objectif de ce chapitre est d'exposer la théorie et la méthodologie de réalisation d'une simulation dynamique. Dans un premier temps, nous dérivons les équations du mouvement pour un objet tournant dans l'espace zéro-G[1]. En développant un simulateur lié à ce problème, nous aurons une première idée de la manière dont il faut procéder pour mettre en place la future simulation dynamique qui permettra de prévisualiser des mouvements humanoïdes complexes. Dans les parties qui suivent, nous développerons un simulateur complet pour les mouvements de translation des corps rigides soumis à la gravité et à des forces extérieures de contact avec l'environnement. Pour démontrer le caractère spectaculaire des mouvements en trois dimensions, nous appliquerons notre technique à la simulation d'une toupie.

[1]Hors gravité.

La simulation dynamique d'un robot est identique à celle d'un système multicorps dont les éléments sont connectés par des liaisons. Un algorithme de calcul très performant à été proposé par Featherstone, et nous l'expliquerons à la fin de ce chapitre.

6.1 Dynamique des corps rigides en rotation

Le programme de la simulation est basé sur la dérivation des équations du mouvement d'un corps tournant autour de son centre de masse. Avant d'expliquer ce programme, nous devons décrire la dérivation. Dans toute cette partie, nous supposons que le CoM du corps rigide est stationnaire sur un point confondu avec l'origine du référentiel lié au monde.

6.1.1 Équations du mouvement d'Euler

Rappelons les bases de la dynamique mentionnées au chapitre 3. La quantité de mouvement $\mathcal{P}$ d'un objet est modifiée par la résultante des forces extérieures $\boldsymbol{f}$: $\dot{\mathcal{P}} = \boldsymbol{f}$. En intégrant dans cette relation la définition de la quantité de mouvement $\mathcal{P} = m\dot{\boldsymbol{p}}$, nous obtenons les équations du mouvement de Newton :

$$\boldsymbol{f} = \frac{d}{dt}\mathcal{P} \quad \Rightarrow \quad \boldsymbol{f} = m\ddot{\boldsymbol{p}}$$

De la même manière, le moment cinétique $\mathcal{L}$ d'un objet est modifié par le moment extérieur résultant $\boldsymbol{\tau}$:

$$\boldsymbol{\tau} = \frac{d}{dt}\mathcal{L} \tag{6.1}$$

Connaissant le vecteur vitesse $\boldsymbol{\omega}$ et le tenseur d'inertie $\boldsymbol{I}$, le moment cinétique d'un corps rigide, exprimé en son centre de masse, est obtenu par la relation

$$\mathcal{L} = \boldsymbol{I}\boldsymbol{\omega} \tag{6.2}$$

Un corps rigide orienté selon $\boldsymbol{R}$ possède le tenseur d'inertie suivant :

$$\boldsymbol{I} = \boldsymbol{R}\bar{\boldsymbol{I}}\boldsymbol{R}^T \tag{6.3}$$

où $\bar{\boldsymbol{I}}$ est le tenseur d'inertie exprimé dans le repère local. Nous pouvons maintenant écrire l'équation d'un corps rigide en rotation. En intégrant les équations 6.2 et 6.3 dans l'équation 6.1, nous obtenons

$$\begin{aligned}\boldsymbol{\tau} &= \frac{d}{dt}(\boldsymbol{R}\bar{\boldsymbol{I}}\boldsymbol{R}^T\boldsymbol{\omega}) \\ &= \dot{\boldsymbol{R}}\bar{\boldsymbol{I}}\boldsymbol{R}^T\boldsymbol{\omega} + \boldsymbol{R}\bar{\boldsymbol{I}}\dot{\boldsymbol{R}}^T\boldsymbol{\omega} + \boldsymbol{R}\bar{\boldsymbol{I}}\boldsymbol{R}^T\dot{\boldsymbol{\omega}}\end{aligned}$$

Utilisons la définition de l'équation de rotation $\dot{\boldsymbol{R}} = \widehat{\boldsymbol{\omega}}\boldsymbol{R}$. Nous avons alors

$$\boldsymbol{\tau} = \boldsymbol{\omega} \times (\boldsymbol{R}\bar{\boldsymbol{I}}\boldsymbol{R}^T\boldsymbol{\omega}) + (\boldsymbol{R}\bar{\boldsymbol{I}}\boldsymbol{R}^T)\dot{\boldsymbol{\omega}}$$

Finalement, en remplaçant le tenseur d'inertie par la relation 6.3, nous obtenons l'équation suivante, appelée équation d'Euler :

$$\boldsymbol{\tau} = \boldsymbol{I}\dot{\boldsymbol{\omega}} + \boldsymbol{\omega} \times \boldsymbol{I}\boldsymbol{\omega} \tag{6.4}$$

6.1.2 Simulation de la rotation des corps rigides

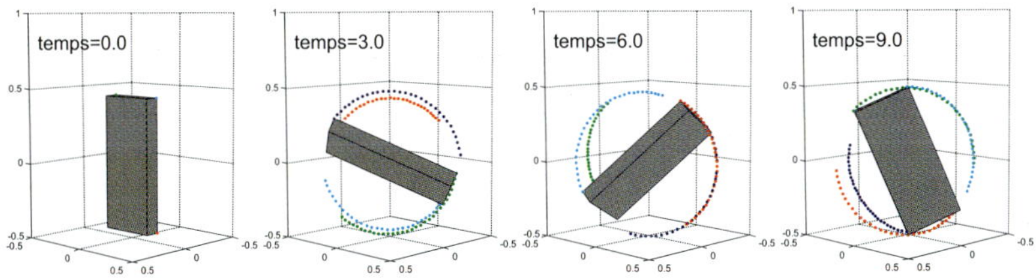

Figure 6.2 – Rotation libre d'un corps rigide hors gravité. En général, la rotation libre en 3 dimensions ne se fait pas autour d'un axe fixe.

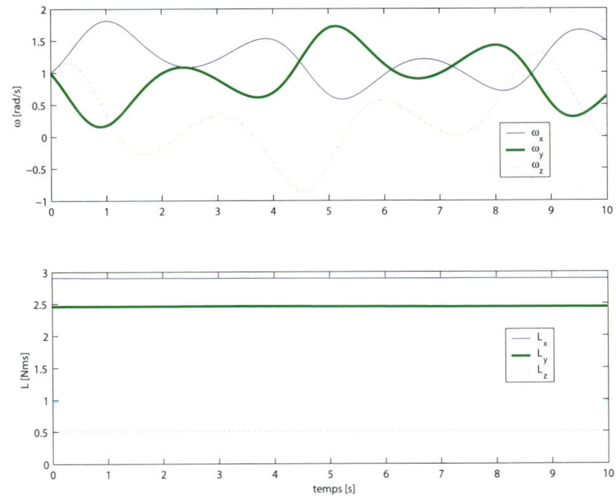

Figure 6.3 – Vitesse angulaire et moment cinétique d'un corps rigide en rotation. La vitesse angulaire peut changer alors que le moment cinétique reste constant.

L'équation d'Euler est un peu plus compliquée que celle de Newton. Pour comprendre sa nature, nous allons effectuer la simulation simple d'une dalle de $0.1 \times 0.4 \times 0.9$ m^3 tournant librement hors gravité autour de son centre de masse. La vitesse angulaire $\boldsymbol{\omega}$ est modifiée selon l'équation d'Euler 6.4, et sa configuration $\boldsymbol{R}$ selon l'équation de rotation 2.32 est expliquée au chapitre 2.

$$\begin{aligned} \dot{\boldsymbol{\omega}} &= -\boldsymbol{I}^{-1}(\boldsymbol{\omega} \times \boldsymbol{I}\boldsymbol{\omega}) && (6.5) \\ \dot{\boldsymbol{R}} &= \widehat{\boldsymbol{\omega}}\boldsymbol{R} && (6.6) \end{aligned}$$

Nous pouvons intégrer ces équations différentielles numériquement, en faisant l'hypothèse que l'accélération angulaire $\dot{\boldsymbol{\omega}}$ et la vitesse angulaire $\boldsymbol{\omega}$ sont constantes pendant une courte période Δt.

$$\begin{cases} \boldsymbol{\omega}(t+\Delta t) = \boldsymbol{\omega}(t) + \dot{\boldsymbol{\omega}}\Delta t \\ \boldsymbol{R}(t+\Delta t) = e^{\widehat{\omega}\Delta t}\boldsymbol{R}(t) \end{cases}$$

Le résultat de la simulation est montré sur la figure 6.2. Lorsqu'il n'existe aucune force extérieure, l'objet tourne d'une manière compliquée. Le graphique en haut de la figure 6.3 montre que les changements en vitesse angulaire commencent dès sa valeur initiale $\boldsymbol{\omega} = [1\,1\,1]^T$ rad/s. En parallèle, les valeurs du moment cinétique montrées sur le graphe inférieur de la figure 6.3 restent constantes. Cela met en évidence la loi de conservation du moment cinétique, et garantit la validité de la simulation.

```
function L = EulerDynamics(j)
global uLINK

I = uLINK(j).R * uLINK(j).I * uLINK(j).R';          % Tenseur d'inertie
L = I * uLINK(j).w;                                  % Moment cinetique
uLINK(j).dw  = I  (-cross(uLINK(j).w, L));           % Equation d'Euler
```

Figure 6.4 – `EulerDynamics.m` calcule l'équation d'Euler.

Comme dans le cas de cette simulation, la rotation d'un corps rigide flottant dans l'espace 3D est compliquée et se produit autour d'un axe généralement non fixe[2]. Les modifications de la vitesse angulaire sont dûes à l'équation 6.5, qui exprime la modification de l'accélération angulaire hors gravité et sans couple extérieur. L'origine de la modification de l'accélération angulaire est la modification du tenseur d'inertie, c'est-à-dire la redistribution de la masse autour d'un point, à la suite de la rotation.

Les figures 6.4 et 6.5 donnent le code Matlab pour simuler la rotation d'un objet dans l'espace hors gravité.

6.2 Vitesse spatiale

6.2.1 Vitesse d'un corps rigide

En robotique, nous utilisons deux méthodes différentes pour représenter la vitesse de translation d'un corps rigide dans l'espace à trois dimensions.

[2]C'est un des problèmes qui rend nécessaire le nettoyage des débris en orbite autour de la Terre, qui pourraient du fait de leur mouvements endommager les véhicules spatiaux.

```
global uLINK
lx  = 0.1; ly  = 0.4; lz  = 0.9;          % Profondeur, Largeur, Hauteur (m)
mass = 36.0;                              % Masse (kg)
MakeRigidBody(1, [lx ly lz], mass);       % Creation du corps rigide

uLINK.p = [0.0, 0.0, 0]';                 % Position initiale (m)
uLINK.R = eye(3);                         % Posture initiale
uLINK.w = [1, 1, 1]';                     % Vitesse angulaire initiale (rad/s)
Dtime   = 0.02;                           % Pas de temps (s)
EndTime = 5.0;                            % Fin de la simulation (s)
time    = 0:Dtime:EndTime;
figure
AX=[-0.5 0.5]; AY=[-0.5 0.5]; AZ=[-0.5 1.0]; % Espace de visualisation 3D
for n = 1:length(time)
    L = EulerDynamics(1);                 % Equation d'Euler
    uLINK(1).R = Rodrigues(uLINK(1).w, Dtime) * uLINK(1).R;  % Rodrigues
    uLINK(1).w = uLINK(1).w + Dtime * uLINK(1).dw;           % Euler
    ShowObject;                           %  Montrer l'object
end
```

Figure 6.5 – Code de simulation pour la rotation libre d'un corps rigide. Voir la partie 6.6.2 pour les sous-programmes `MakeRigidBody` et `ShowObject`.

(A) Vitesse du point de référence : fixer un point de référence approprié $\boldsymbol{p}_1$ sur le corps rigide (par exemple, le centre de masse ou le centre de l'articulation). Sa vitesse $\boldsymbol{v}_1$, exprimée dans le référentiel du monde, est considérée comme la vitesse du corps rigide. Par rapport à ce point de référence, la vitesse d'un point arbitraire $\boldsymbol{p}$ appartenant au corps rigide est donnée par la relation dite *de transfert* :

$$\boldsymbol{v}(\boldsymbol{p}) = \boldsymbol{v}_1 + \boldsymbol{\omega} \times (\boldsymbol{p} - \boldsymbol{p}_1)$$

(B) Vitesse spatiale : le vecteur suivant est vu comme la vitesse de translation d'un corps rigide [9] :

$$\boldsymbol{v}_o = \boldsymbol{v}_1 - \boldsymbol{\omega} \times \boldsymbol{p}_1 \tag{6.7}$$

Pour un état instantané donné de ce corps rigide, il existe un vecteur $\boldsymbol{v}_o$ unique quel que soit le choix de $\boldsymbol{p}_1$ comme montré sur la figure 6.6. Nous pouvons donc considérer $\boldsymbol{v}_o$ comme une caractéristique intrinsèque de la vitesse de translation d'un corps rigide. La vitesse absolue d'un point $\boldsymbol{p}$ appartenant à un corps rigide de vitesse $(\boldsymbol{v}_o, \boldsymbol{\omega})$ est donnée par

$$\boldsymbol{v}(\boldsymbol{p}) = \boldsymbol{v}_o + \boldsymbol{\omega} \times \boldsymbol{p} \tag{6.8}$$

Le vecteur de dimension 6, formé par $(\boldsymbol{v}_o, \boldsymbol{\omega})$, est appelé **vitesse spatiale** du corps rigide [9, 52].

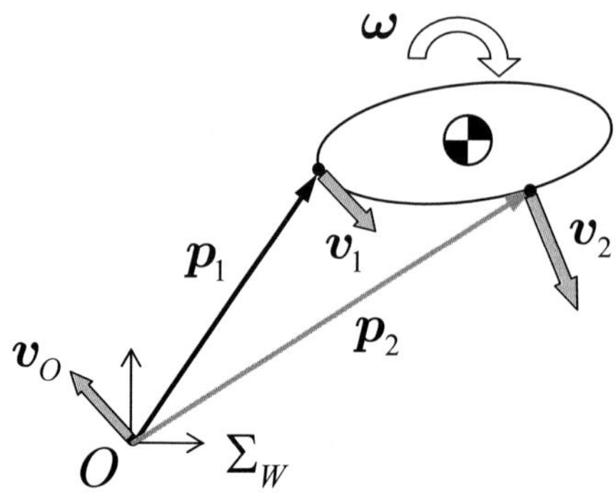

Figure 6.6 – Définition de la vitesse spatiale : $\boldsymbol{v}_o = \boldsymbol{v}_1 - \boldsymbol{\omega} \times \boldsymbol{p}_1$. Si nous choisissons un autre point $\boldsymbol{p}_2$ du corps rigide, $\boldsymbol{v}_o = \boldsymbol{v}_2 - \boldsymbol{\omega} \times \boldsymbol{p}_2$ donne la même valeur.

La vitesse de translation d'un corps rigide est habituellement représentée par (A). En effet, dans le chapitre 2, nous avons défini cette vitesse par (A) en prenant l'origine du repère local comme point de référence.

D'un autre côté, l'utilisation de la représentation de la vitesse spatiale présentée en (B) simplifie grandement le traitement de l'accélération. Cela mène aux calculs rapides de dynamique de Featherstone que nous exposerons par la suite. Nous utiliserons dans l'avenir la représentation des mouvements des corps rigides par la méthode (B).

6.2.2 Intégration de la vitesse spatiale

Comment faire pour actualiser la position et l'orientation d'un corps rigide en mouvement à partir de sa vitesse spatiale ? Il existe une méthode de calcul un peu compliquée qui permet d'intégrer la vitesse spatiale. Récrivons dans un premier temps l'équation 6.8 sous une forme matricielle :

$$\begin{bmatrix} \dot{\boldsymbol{p}} \\ 0 \end{bmatrix} = \begin{bmatrix} \widehat{\boldsymbol{\omega}} & \boldsymbol{v}_o \\ 0\,0\,0 & 0 \end{bmatrix} \begin{bmatrix} \boldsymbol{p} \\ 1 \end{bmatrix} = \boldsymbol{\Xi} \begin{bmatrix} \boldsymbol{p} \\ 1 \end{bmatrix} \tag{6.9}$$

où $\boldsymbol{\Xi}$ est une matrice 4×4 définie par

$$\boldsymbol{\Xi} \equiv \begin{bmatrix} \widehat{\boldsymbol{\omega}} & \boldsymbol{v}_o \\ 0\,0\,0 & 0 \end{bmatrix}$$

Si $\boldsymbol{\Xi}$ est constante, la solution de l'équation différentielle 6.9 est donnée par

$$\begin{bmatrix} \boldsymbol{p}(t) \\ 1 \end{bmatrix} = e^{\Xi t} \begin{bmatrix} \boldsymbol{p}(0) \\ 1 \end{bmatrix} \tag{6.10}$$

La matrice exponentielle $e^{\Xi t}$ peut être approximée par une série infinie (développement limité), comme la matrice de rotation décrite au chapitre 2.

$$e^{\Xi t} = \boldsymbol{E} + \Xi t + \frac{(\Xi t)^2}{2!} + \frac{(\Xi t)^3}{3!} + \ldots \tag{6.11}$$

Pour simplifier cette série, nous allons dans un premier temps normer la vitesse spatiale :

$$\begin{aligned}\boldsymbol{\omega}_n &= \boldsymbol{\omega}/\|\boldsymbol{\omega}\| \\ \boldsymbol{v}_{on} &= \boldsymbol{v}_o/\|\boldsymbol{\omega}\| \\ t' &= \|\boldsymbol{\omega}\|t\end{aligned}$$

Cette opération permet d'obtenir l'équation suivante[3] :

$$e^{\Xi t} = \begin{bmatrix} e^{\widehat{\omega}_n t'} & (\boldsymbol{E} - e^{\widehat{\omega}_n t'})(\boldsymbol{\omega}_n \times \boldsymbol{v}_{on}) + \boldsymbol{\omega}_n \boldsymbol{\omega}_n^T \boldsymbol{v}_{on} t' \\ 0\,0\,0 & 1 \end{bmatrix} \quad (6.12)$$

Nous ne pouvons pas établir la norme de la vitesse spatiale si la vitesse angulaire $\boldsymbol{\omega}$ est nulle. Quoi qu'il en soit, ce cas traduirait une translation pure dont la solution s'écrirait

$$e^{\Xi t} = \begin{bmatrix} \boldsymbol{E} & \boldsymbol{v}_o t \\ 0\,0\,0 & 1 \end{bmatrix} \quad (6.13)$$

En conclusion, si la configuration[4] d'un corps rigide connu est $(\boldsymbol{p}(t), \boldsymbol{R}(t))$ à l'instant t, pour une vitesse spatiale Ξ donnée, alors sa configuration à l'instant $t + \Delta t$ est donnée par

$$\begin{bmatrix} \boldsymbol{R}(t+\Delta t) & \boldsymbol{p}(t+\Delta t) \\ 0\,0\,0 & 1 \end{bmatrix} = e^{\Xi \Delta t} \begin{bmatrix} \boldsymbol{R}(t) & \boldsymbol{p}(t) \\ 0\,0\,0 & 1 \end{bmatrix} \quad (6.14)$$

Les équations 6.12, 6.13 et 6.14 peuvent être programmées en Matlab, selon le code proposé à la figure 6.7. Dans ce programme, une nouvelle variable uLINK.vo est introduite pour décrire la partie linéaire de la vitesse spatiale $\boldsymbol{v}_o$.

La figure 6.8 illustre les mouvements d'un corps rigide doté d'une vitesse spatiale constante, calculés par le programme de la figure 6.7.

6.3 Dynamique des corps rigides

La représentation spatiale étant acquise, nous pouvons à présent nous concentrer sur la dynamique des mouvements d'un corps rigide dans l'espace en trois dimensions, et donner une méthode de simulation de cette dynamique.

6.3.1 Équations de Newton-Euler

Nous savons que la description des mouvements d'un corps rigide peut être divisée entre la translation du centre de masse et la rotation autour de celui-ci. La dynamique d'un corps rigide dans l'espace à trois dimensions est donc complètement représentée par les équations de Newton (translation du CoM)

[3] Pour une dérivation plus détaillée, consulter le livre de Murray, Li et Sastry [52] (pages 39 à 42).

[4] La configuration d'un corps groupe sa position et son orientation

```
function [p2, R2] = SE3exp(j, dt)
global uLINK
norm_w = norm(uLINK(j).w);
if norm_w < eps
   p2 = uLINK(j).p + dt * uLINK(j).vo;
   R2 = uLINK(j).R;
else
   th = norm_w*dt;
   wn = uLINK(j).w/norm_w; % Normalisation du vecteur
   vo = uLINK(j).vo/norm_w;
   rot= Rodrigues(wn, th);
   p2 = rot * uLINK(j).p +(eye(3)-rot)*cross(wn, vo) + wn * wn' * vo * th;
   R2 = rot * uLINK(j).R;
end
```

Figure 6.7 – `SE3exp.m` actualise la position et l'orientation par l'utilisation de la vitesse spatiale.

et par les équations d'Euler (rotation autour de celui-ci). L'ensemble de ces équations est appelé **équations de Newton-Euler** :

$$\boldsymbol{f} = m\ddot{\boldsymbol{c}} \tag{6.15}$$

$$\boldsymbol{\tau}^{(c)} = \boldsymbol{I}\dot{\boldsymbol{\omega}} + \boldsymbol{\omega} \times \boldsymbol{I}\boldsymbol{\omega} \tag{6.16}$$

où $\boldsymbol{f}$ est la résultante des efforts extérieurs agissant sur le CoM, m la masse du corps rigide, et $\boldsymbol{c}$ la position du CoM exprimée dans le référentiel du monde. $\boldsymbol{\tau}^{(c)}$ est le moment résultant extérieur autour du CoM, $\boldsymbol{I}$ et $\boldsymbol{\omega}$ sont respectivement le tenseur d'inertie et la vitesse de rotation exprimés dans le référentiel du monde.

6.3.2 Représentation par la vitesse spatiale

Récrivons les équations de Newton-Euler en utilisant la représentation spatiale. Pour cela, nous supposons que nous observons un corps rigide dont le centre de masse se déplace à la vitesse $\dot{\boldsymbol{c}}$ et qui tourne autour du centre de masse à la vitesse $\boldsymbol{\omega}$. Sa vitesse spatiale est obtenue à partir de l'équation 6.7 :

$$\boldsymbol{v}_o = \dot{\boldsymbol{c}} - \boldsymbol{\omega} \times \boldsymbol{c} \tag{6.17}$$

Dérivons cette équation. Nous obtenons

$$\dot{\boldsymbol{v}}_o = \ddot{\boldsymbol{c}} - \dot{\boldsymbol{\omega}} \times \boldsymbol{c} - \boldsymbol{\omega} \times \dot{\boldsymbol{c}} \tag{6.18}$$

À partir des équations 6.17 et 6.18, l'accélération du CoM vaut

$$\ddot{\boldsymbol{c}} = \dot{\boldsymbol{v}}_o - \boldsymbol{c} \times \dot{\boldsymbol{\omega}} + \boldsymbol{\omega} \times (\boldsymbol{v}_o + \boldsymbol{\omega} \times \boldsymbol{c}) \tag{6.19}$$

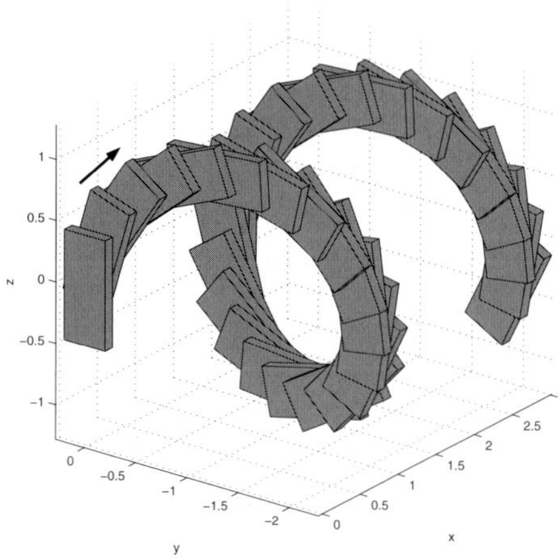

Figure 6.8 – Mouvements d'un corps rigide à vitesse spatiale constante $\boldsymbol{v}_o = [0, 3\,0\,1]^T$ m/s, $\boldsymbol{\omega} = [1\,0\,0]^T$ rad/s. L'état est affiché toutes les 0,3 s pendant 10 s et montre une trajectoire en spirale.

Nous substituons cette expression dans l'équation de Newton 6.15, et obtenons la représentation spatiale de l'équation du mouvement de translation :

$$\boldsymbol{f} = m(\dot{\boldsymbol{v}}_o - \boldsymbol{c} \times \dot{\boldsymbol{\omega}} + \boldsymbol{\omega} \times (\boldsymbol{v}_o + \boldsymbol{\omega} \times \boldsymbol{c})) \tag{6.20}$$

D'un autre côté, la force $\boldsymbol{f}$ agissant sur le CoM et le moment $\boldsymbol{\tau}^{(c)}$ autour du CoM créent un moment dont la valeur à l'origine du référentiel du monde est

$$\boldsymbol{\tau} = \boldsymbol{\tau}^{(c)} + \boldsymbol{c} \times \boldsymbol{f} \tag{6.21}$$

Comme précédemment, nous substituons cette expression dans l'équation d'Euler 6.16, puis l'expression de l'équation 6.20 dans l'équation 6.21. Nous obtenons alors la représentation spatiale de la dynamique de rotation.

$$\boldsymbol{\tau} = \boldsymbol{I}\dot{\boldsymbol{\omega}} + \boldsymbol{\omega} \times \boldsymbol{I}\boldsymbol{\omega} + m\boldsymbol{c} \times (\dot{\boldsymbol{v}}_o - \boldsymbol{c} \times \dot{\boldsymbol{\omega}} + \boldsymbol{\omega} \times (\boldsymbol{v}_o + \boldsymbol{\omega} \times \boldsymbol{c})) \tag{6.22}$$

Les équations 6.20 et 6.22 peuvent être réorganisées sous la forme d'une équation matricielle, qui est la représentation spatiale de l'équation du mouvement d'un corps rigide :

$$\begin{bmatrix} \boldsymbol{f} \\ \boldsymbol{\tau} \end{bmatrix} = \boldsymbol{I}^S \begin{bmatrix} \dot{\boldsymbol{v}}_o \\ \dot{\boldsymbol{\omega}} \end{bmatrix} + \begin{bmatrix} \widehat{\boldsymbol{\omega}} & \boldsymbol{0} \\ \widehat{\boldsymbol{v}}_o & \widehat{\boldsymbol{\omega}} \end{bmatrix} \boldsymbol{I}^S \begin{bmatrix} \boldsymbol{v}_o \\ \boldsymbol{\omega} \end{bmatrix} \tag{6.23}$$

La matrice $\boldsymbol{I}^S$, appelée la matrice inertielle spatiale, est une matrice 6×6 symétrique définie de la manière suivante :

$$\boldsymbol{I}^S \equiv \begin{bmatrix} m\boldsymbol{E} & m\widehat{\boldsymbol{c}}^T \\ m\widehat{\boldsymbol{c}} & m\widehat{\boldsymbol{c}}\widehat{\boldsymbol{c}}^T + \boldsymbol{I} \end{bmatrix} \tag{6.24}$$

Le vecteur $[\dot{\boldsymbol{v}}_o^T, \dot{\boldsymbol{\omega}}^T]^T$ de dimension 6 est appelé accélération spatiale. Remarquons que les représentations spatiales de la quantité de mouvement et du moment cinétique s'écrivent

$$\begin{bmatrix} \mathcal{P} \\ \mathcal{L} \end{bmatrix} = \boldsymbol{I}^S \begin{bmatrix} \boldsymbol{v}_o \\ \boldsymbol{\omega} \end{bmatrix} \tag{6.25}$$

6.3.3 Représentation spatiale

En utilisant la représentation spatiale des équations du mouvement 6.23, nous pouvons calculer l'accélération spatiale d'un corps rigide soumis à une force et un moment extérieurs donnés, notés $\boldsymbol{f}$ et $\boldsymbol{\tau}$ respectivement.

$$\begin{bmatrix} \dot{\boldsymbol{v}}_o \\ \dot{\boldsymbol{\omega}} \end{bmatrix} = (\boldsymbol{I}^S)^{-1} \left(\begin{bmatrix} \boldsymbol{f} \\ \boldsymbol{\tau} \end{bmatrix} - \begin{bmatrix} \widehat{\boldsymbol{\omega}} & \boldsymbol{0} \\ \widehat{\boldsymbol{v}}_o & \widehat{\boldsymbol{\omega}} \end{bmatrix} \boldsymbol{I}^S \begin{bmatrix} \boldsymbol{v}_o \\ \boldsymbol{\omega} \end{bmatrix} \right) \tag{6.26}$$

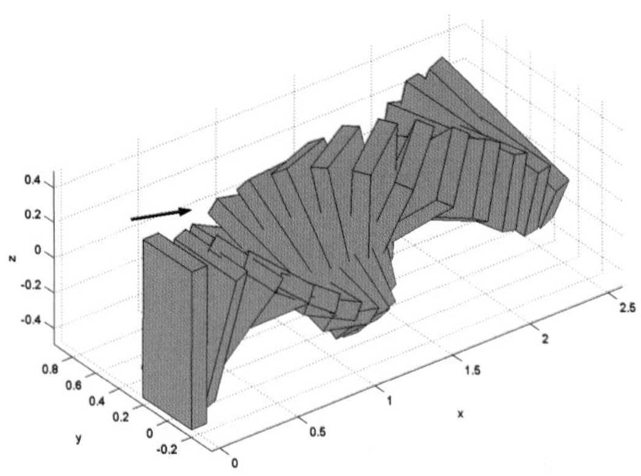

Figure 6.9 – Simulation de la dynamique d'un corps rigide hors gravité. Les mouvements sont affichés toutes les 0.3 s pendant 5 s, avec les conditions initiales $\boldsymbol{v}_o = [0.5\,0.1\,0]^T$ m/s et $\boldsymbol{\omega} = [1\,0\,1]^T$ rad/s, sans force ni moment extérieurs.

La figure 6.9 montre les résultats de simulation de cette équation pour un corps rigide flottant hors gravité et non soumis à des forces et moments extérieurs : $\boldsymbol{f} = \boldsymbol{\tau} = 0$. Le centre de masse de l'objet se déplace à une vitesse constante et subit la rotation libre observée au chapitre 6.1.2.

La vitesse spatiale $\boldsymbol{v}_o$ et la quantité de mouvement calculées par la simulation sont montrées sur la figure 6.10. La vitesse spatiale est modifiée avec le temps, du fait de la rotation libre, alors que celle du centre de masse reste constante. En conséquence, la quantité de mouvement reste elle aussi constante.

Il est beaucoup plus simple d'utiliser les équations originales de Newton-Euler 6.15 et 6.16 pour simuler le mouvement simple d'un seul corps rigide, comme dans le cas que nous venons de décrire. À la lecture du chapitre 6.4,

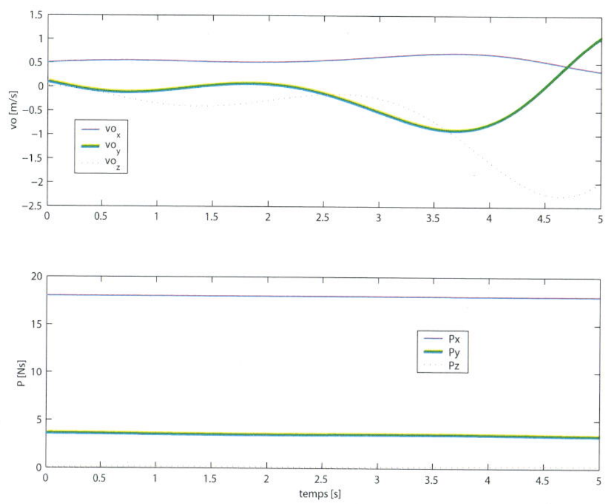

Figure 6.10 – La vitesse spatiale $\boldsymbol{v}_o$ et la quantité de mouvement $\mathcal{P}$ correspondant à la simulation de la figure 6.9. $\boldsymbol{v}_o$ est modifiée avec le temps alors que $\mathcal{P}$ reste constante car la vitesse du centre de masse est constante.

vous pourrez constater tous les avantages qu'offre la représentation spatiale dans le cadre de la simulation des mouvements multicorps.

Le code Matlab de la simulation est donné à la figure 6.11. La nouvelle variable uLINK.dvo qui est introduite contient l'accélération spatiale $\dot{\boldsymbol{v}}_o$.

6.3.4 Simulation d'une toupie

Nous allons utiliser les résultats précédents pour réaliser la simulation du mouvement d'une toupie dans l'espace 3D. Les forces qui agissent sur la toupie sont (1) la gravité $\boldsymbol{f}_g$ appliquée au CoM et (2) la réaction du sol appliquée au point de contact entre la toupie et le sol. La gravité est définie dans le référentiel terrestre par

$$\boldsymbol{f}_g = [0\ 0\ \ -mg]^T$$

La réaction du sol n'agit que lorsque la toupie est en contact avec le sol. Sa composante verticale peut être calculée par une représentation ressort-amortisseur, et ses composantes horizontales représentant les forces de friction sont calculées par un amortisseur comme montré ci-après.

$$\boldsymbol{f}_c = \begin{cases} [-D_f\dot{p}_x,\ -D_f\dot{p}_y,\ -K_f p_z - D_f\dot{p}_z]^T & (\text{si } p_z < 0) \\ [0,\ 0,\ 0]^T & (\text{si } p_z > 0) \end{cases}$$

où $\boldsymbol{p} \equiv [p_x\ p_y\ p_z]^T$ est le point inférieur de la toupie. D_f est un coefficient d'amortissement et K_f une raideur qui définissent les caractéristiques du sol. Ces forces génèrent un moment extérieur $\boldsymbol{\tau}$ à l'origine du référentiel du monde, qui est décrit par la relation

$$\boldsymbol{\tau} = \boldsymbol{c} \times \boldsymbol{f}_g + \boldsymbol{p} \times \boldsymbol{f}_c$$

```
function [P,L] = SE3dynamics(j)
global uLINK
w_c = uLINK(j).R * uLINK(j).c + uLINK(j).p;          % Centre de masse
w_I = uLINK(j).R * uLINK(j).I * uLINK(j).R';         % Tenseur d'inertie
c_hat = wedge(w_c);
Iww = w_I + uLINK(j).m * c_hat * c_hat';
Ivv = uLINK(j).m * eye(3);
Iwv = uLINK(j).m * c_hat;
P = uLINK(j).m * (uLINK(j).vo + cross(uLINK(j).w,w_c));     % Qte de mouv.
L = uLINK(j).m * cross(w_c,uLINK(j).vo) + Iww * uLINK(j).w; % Moment cin.
pp = [cross(uLINK(j).w,P);
      cross(uLINK(j).vo,P) + cross(uLINK(j).w,L)];
a0 = -[Ivv, Iwv'; Iwv, Iww]  pp;                      % Acceleration spatiale
uLINK(j).dvo = a0(1:3);
uLINK(j).dw  = a0(4:6);
```

Figure 6.11 – `SE3dynamics.m` calcule l'équation du mouvement d'un corps rigide.

Reportez-vous au chapitre 6.6.1 pour vous remettre en mémoire les détails de ce calcul. Le programme du calcul de la force de contact entre la toupie et le sol est donné à la figure 6.12.

```
function [f,t] = TopForce(j)
global uLINK G Kf Df
w_c = uLINK(j).R * uLINK(j).c + uLINK(j).p;              % Centre de masse
f = [0 0 -uLINK(j).m * G]';                              % Gravite
t = cross(w_c, f);                        % Moment a l'origine du a la gravite

if uLINK(j).p(3) < 0.0                                   % Contact detecte
   v = uLINK(j).vo + cross(uLINK(j).w,uLINK(j).p);       % Vitesse de contact
   fc = [-Df*v(1)  -Df*v(2)  -Kf*uLINK(j).p(3)-Df*v(3)]';
   f  = f + fc;
   t  = t + cross(uLINK(j).p, fc);
end
```

Figure 6.12 – `TopForce.m` calcule la force et le moment extérieurs agissant sur la toupie.

La simulation d'une toupie tombant sous une gravité de 1G, et possédant une vitesse de rotation initiale donnée, est montrée sur la figure 6.13. Observez les mouvements circulaires de l'extrémité supérieure de l'axe de la toupie tout au long de la simulation : ce phénomène est appelé **précession**[5].

[5]La précession est le nom donné au changement graduel d'orientation de l'axe de rotation d'un objet ou, de façon plus générale, d'un vecteur sous l'action de l'environnement. Par

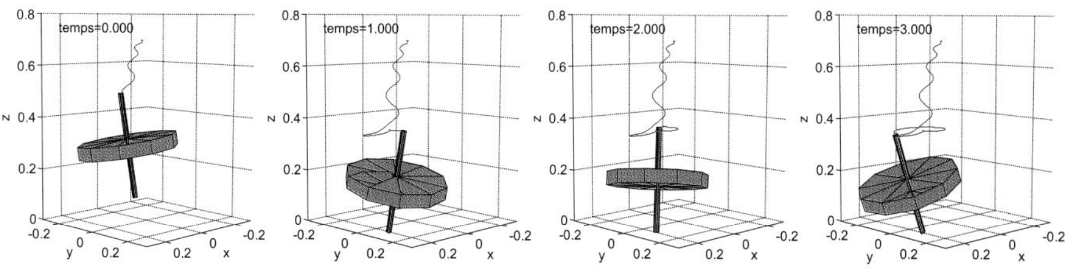

Figure 6.13 – Simulation d'une toupie tombant sur le sol avec la vitesse de rotation initiale $[0\,0\,50]^T$ rad/s.

Le code de la simulation est donné à la figure 6.14. L'accélération spatiale est calculée par l'équation 6.26 et la vitesse spatiale par les équations suivantes :

$$\begin{cases} \boldsymbol{v}_o(t+\Delta t) = \boldsymbol{v}_o(t) + \dot{\boldsymbol{v}}_o \Delta t \\ \boldsymbol{\omega}(t+\Delta t) = \boldsymbol{\omega}(t) + \dot{\boldsymbol{\omega}} \Delta t \end{cases}$$

La position et l'orientation de la toupie est actualisée grâce au programme présenté à la figure 6.7 qui utilise l'équation 6.14. L'affichage est réalisé simultanément.

6.4 Dynamique d'un système articulé

Examinons maintenant la dynamique d'un robot humanoïde en le considérant comme un système articulé constitué de plusieurs corps rigides. Comme chaque corps rigide se comporte comme nous venons de le décrire, nous pouvons obtenir la dynamique du système complet par l'analyse et le regroupement des mouvements de chaque corps.

6.4.1 Cinématique directe avec accélération

Soient deux corps rigides en contact par une liaison, notés « segment1 » et « segment2 ». Cet assemblage représente un élément minimal du robot humanoïde.

Considérons le cas illustré par la figure 6.15, où segment1 est connecté à segment2 par une articulation pivot. Lorsque segment1 est immobile, la rotation autour de l'axe $\boldsymbol{a}_2$ à la vitesse $\dot{q}_2$ génère pour segment2 la vitesse angulaire suivante :

$$\boldsymbol{\omega}_2 = \boldsymbol{a}_2 \dot{q}_2 \tag{6.27}$$

La vitesse linéaire de segment2, calculée en utilisant la représentation spatiale présentée au paragraphe 6.2, vaut

$$\boldsymbol{v}_{o2} = \dot{\boldsymbol{p}}_2 - \boldsymbol{\omega}_2 \times \boldsymbol{p}_2$$

exemple, dans le cas de l'axe de rotation d'un objet quand un couple lui est appliqué. Ce phénomène est aisément observable avec une toupie mais tous les objets en rotation subissent la précession.

```
global uLINK G Kf Df
G = 9.8;
Kf = 1.0E+4; Df = 1.0E+3;    % Rigidite (N/m), viscosite (N/(m/s)) du sol
r = 0.2; a = 0.05; c = 0.2;  % Rayon sup., epaisseur, longueur d'axe/2 (m)
MakeTop(1, r,a,c);

uLINK(1).p = [0 0 0.3]';                    % Position initiale (m)
uLINK(1).R = Rodrigues([1 0 0],pi/50);      % Configuration initiale
uLINK(1).vo= [0 0 0]';                      % Vitesse initiale (m/s)
uLINK(1).w = [0 0 50]';                     % Rotation initiale (rad/s)
Dtime   = 0.002;
EndTime = 2.0;
time    = 0:Dtime:EndTime;

figure
frame_skip = 3;
AX=[-0.2 0.4];  AY=[-0.3 0.3]; AZ=[0 0.8];        % Visualisation 3D
for n = 1:length(time)
   [f,tau] = TopForce(1);                         % Force exterieure
   [P,L]   = SE3dynamics(1,f,tau);                % Acceleration
   [uLINK.p, uLINK.R] = SE3exp(1, Dtime);         % Actual. configuration
   uLINK(1).w = uLINK(1).w + Dtime * uLINK(1).dw;  % Actual. vit. rotation
   uLINK(1).vo= uLINK(1).vo+ Dtime * uLINK(1).dvo; % Actual. vit. lineaire
   if mod(n,frame_skip) == 0
      ShowObject;                                 % Afficher
   end
end
```

Figure 6.14 – Code Matlab pour simuler une toupie et visualiser le résultat. Voir la partie 6.6.2 pour les sous-programmes `MakeTop` et `ShowObject`.

où $\boldsymbol{p}_2$ est l'origine de segment2.

L'hypothèse que segment1 est immobile implique $\dot{\boldsymbol{p}}_2 = 0$. En substituant l'équation 6.27 dans celle ci-dessus, nous obtenons

$$\boldsymbol{v}_{o2} = \boldsymbol{p}_2 \times \boldsymbol{a}_2 \dot{q}_2 \tag{6.28}$$

Les équations 6.28 et 6.27 donnent la vitesse relative $(\boldsymbol{v}_{o2}, \boldsymbol{\omega}_2)$ de segment2 par rapport à segment1.

Lorsque segment1 possède la vitesse spatiale $(\boldsymbol{v}_{o1}, \boldsymbol{\omega}_1)$, nous pouvons simplement l'additionner au résultat précédent pour obtenir la vitesse de segment2 suivante :

$$\begin{bmatrix} \boldsymbol{v}_{o2} \\ \boldsymbol{\omega}_2 \end{bmatrix} = \begin{bmatrix} \boldsymbol{v}_{o1} \\ \boldsymbol{\omega}_1 \end{bmatrix} + \begin{bmatrix} \boldsymbol{p}_2 \times \boldsymbol{a}_2 \\ \boldsymbol{a}_2 \end{bmatrix} \dot{q}_2 \tag{6.29}$$

Nous allons modifier nos notations de manière à simplifier l'apparence des équations et pouvoir les manipuler plus facilement. Effectuons le changement de variable suivant :

$$\boldsymbol{\xi}_2 = \boldsymbol{\xi}_1 + \boldsymbol{s}_2 \dot{q}_2 \tag{6.30}$$

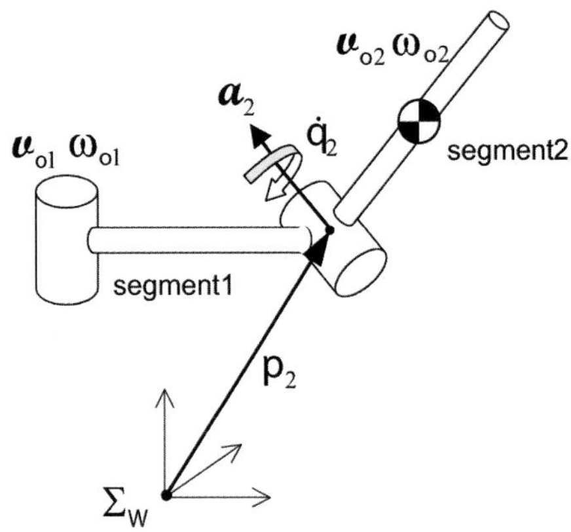

Figure 6.15 – Propagation de la vitesse spatiale : segment2 obtient une vitesse relative à segment1 lorsqu'on active la rotation de la liaison autour de l'axe $\boldsymbol{a}_2$ à la vitesse $\dot{q}_2$.

$$\boldsymbol{\xi}_j \equiv \begin{bmatrix} \boldsymbol{v}_{oj} \\ \boldsymbol{\omega}_j \end{bmatrix}, \ \boldsymbol{s}_j \equiv \begin{bmatrix} \boldsymbol{p}_j \times \boldsymbol{a}_j \\ \boldsymbol{a}_j \end{bmatrix}$$

où $\boldsymbol{\xi}_j$ est la vitesse spatiale du corps j et $\boldsymbol{s}_j$ la vitesse spatiale générée par l'actionnement de la liaison. Ces deux vecteurs sont de dimension 6.

En différentiant l'équation 6.30, nous obtenons la loi de propagation de l'accélération spatiale[6].

$$\dot{\boldsymbol{\xi}}_2 = \dot{\boldsymbol{\xi}}_1 + \dot{\boldsymbol{s}}_2\dot{q}_2 + \boldsymbol{s}_2\ddot{q}_2 \tag{6.31}$$

où $\dot{\boldsymbol{s}}_2$ peut être calculée de la manière suivante :

$$\dot{\boldsymbol{s}}_2 = \begin{bmatrix} \widehat{\boldsymbol{\omega}}_1 & \widehat{\boldsymbol{v}}_{o1} \\ \boldsymbol{0} & \widehat{\boldsymbol{\omega}}_1 \end{bmatrix} \boldsymbol{s}_2 \tag{6.32}$$

Si la position, l'orientation, la vitesse et l'accélération spatiales de la base du robot sont connues, ainsi que l'ensemble des angles, vitesses et accélérations articulaires, il est possible de calculer la vitesse et l'accélération spatiales de tous les corps constituant le robot par l'application des équations 6.30 et 6.31. Ce calcul peut être facilement programmé par un algorithme récursif, par exemple celui donné à la figure 6.16.

6.4.2 Dynamique inverse d'un système articulé

Considérons maintenant les forces et moments agissant sur chaque corps. Pour nous préparer aux calculs qui vont suivre, récrivons dans un premier temps

[6]La représentation par la vitesse spatiale permet d'obtenir une expression simple de l'accélération. Dans le cas d'une représentation conventionnelle, avec calcul de la vitesse par rapport à un point de référence, la loi de propagation de l'accélération apparaît particulièrement complexe [11].

```
function ForwardAllKinematics(j)
global uLINK G
if j == 0 return; end
if j ~= 1
   mom = uLINK(j).mother;
   %% Position et orientation
   uLINK(j).p = uLINK(mom).R * uLINK(j).b + uLINK(mom).p;
   uLINK(j).R = uLINK(mom).R * Rodrigues(uLINK(j).a, uLINK(j).q);
   %% Vitesse spatiale
   sw = uLINK(mom).R * uLINK(j).a;  % Vecteur d'axe (referentiel du monde)
   sv = cross(uLINK(j).p, sw);      % p_i * axe
   uLINK(j).w  = uLINK(mom).w  + sw * uLINK(j).dq;
   uLINK(j).vo = uLINK(mom).vo + sv * uLINK(j).dq;
   %% Acceleration spatiale
   dsv = cross(uLINK(mom).w, sv) + cross(uLINK(mom).vo, sw);
   dsw = cross(uLINK(mom).w, sw);
   uLINK(j).dw  = uLINK(mom).dw  + dsw * uLINK(j).dq + sw * uLINK(j).ddq;
   uLINK(j).dvo = uLINK(mom).dvo + dsv * uLINK(j).dq + sv * uLINK(j).ddq;
   uLINK(j).sw = sw;             % Garder h1 et h2 pour calculs ulterieurs
   uLINK(j).sv = sv;
end
ForwardAllKinematics(uLINK(j).sister);    % Propagation a la soeur
ForwardAllKinematics(uLINK(j).child);     % Propagation a l'enfant
```

Figure 6.16 – `ForwardAllKinematics.m` calcule les vitesses et accélérations spatiales de tous les corps du robot.

l'équation du mouvement d'un corps rigide obtenue dans le chapitre 6.3 par la représentation spatiale utilisant $\boldsymbol{\xi}$.

$$\begin{bmatrix} \boldsymbol{f} \\ \boldsymbol{\tau} \end{bmatrix} = \boldsymbol{I}^S \dot{\boldsymbol{\xi}} + \boldsymbol{\xi} \times \boldsymbol{I}^S \boldsymbol{\xi} \tag{6.33}$$

où l'opérateur $\times$ représente le calcul suivant :

$$\boldsymbol{\xi} \times = \begin{bmatrix} \boldsymbol{v}_o \\ \boldsymbol{\omega} \end{bmatrix} \times \equiv \begin{bmatrix} \widehat{\boldsymbol{\omega}} & \boldsymbol{0} \\ \widehat{\boldsymbol{v}}_o & \widehat{\boldsymbol{\omega}} \end{bmatrix} \tag{6.34}$$

La figure 6.17 illustre le bilan des forces et des moments qui agissent sur le corps j. $\boldsymbol{f}_j$ et $\boldsymbol{\tau}_j$ sont les forces et moments du corps de base (le parent) et les forces et moments de l'environnement agissant directement sur le corps sont notées $\boldsymbol{f}_j^E$ et $\boldsymbol{\tau}_j^E$. Les effets des actions du corps parent, de l'environnement et la réaction du corps enfant créent le mouvement du corps j. Les équations du mouvement deviennent

$$\begin{bmatrix} \boldsymbol{f}_j \\ \boldsymbol{\tau}_j \end{bmatrix} + \begin{bmatrix} \boldsymbol{f}_j^E \\ \boldsymbol{\tau}_j^E \end{bmatrix} - \begin{bmatrix} \boldsymbol{f}_{j+1} \\ \boldsymbol{\tau}_{j+1} \end{bmatrix} = \boldsymbol{I}_j^S \dot{\boldsymbol{\xi}}_j + \boldsymbol{\xi}_j \times \boldsymbol{I}_j^S \boldsymbol{\xi}_j \tag{6.35}$$

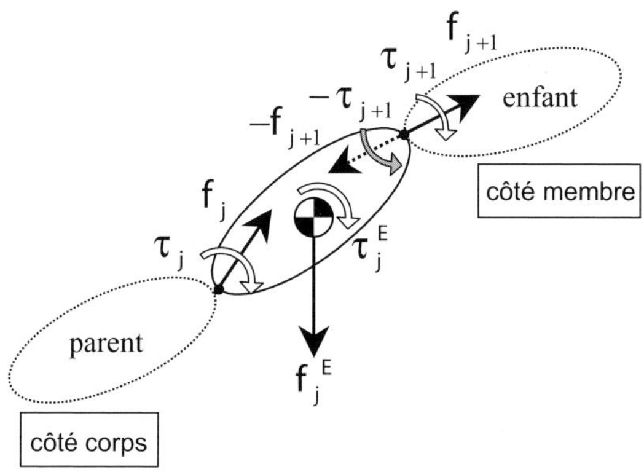

Figure 6.17 – Forces et moments agissant sur le j-ième corps.

En récrivant ces équations de la manière suivante, nous obtenons une équation récurrente de la loi de propagation de la force et du moment :

$$\begin{bmatrix} \boldsymbol{f}_j \\ \boldsymbol{\tau}_j \end{bmatrix} = \boldsymbol{I}_j^S \dot{\boldsymbol{\xi}}_j + \boldsymbol{\xi}_j \times \boldsymbol{I}_j^S \boldsymbol{\xi}_j - \begin{bmatrix} \boldsymbol{f}_j^E \\ \boldsymbol{\tau}_j^E \end{bmatrix} + \begin{bmatrix} \boldsymbol{f}_{j+1} \\ \boldsymbol{\tau}_{j+1} \end{bmatrix} \tag{6.36}$$

Lorsque le corps j est à l'extrémité de la chaîne, $\boldsymbol{f}_{j+1}$ et $\boldsymbol{\tau}_{j+1}$ sont nuls et nous pouvons calculer $\boldsymbol{f}_j$ et $\boldsymbol{\tau}_j$. Nous pouvons donc initier les calculs à partir des extrémités des chaînes afin d'obtenir les forces et moments agissant sur chaque corps. Enfin, le couple u_j peut être calculé pour chaque articulation :

$$u_j = \boldsymbol{s}_j^T \begin{bmatrix} \boldsymbol{f}_j \\ \boldsymbol{\tau}_j \end{bmatrix} \tag{6.37}$$

Ces équations sont programmées selon l'algorithme récursif donné à la figure 6.18. Ce programme fonctionne correctement même lorsque le corps, dans la structure arborescente, possède plusieurs branches.

Les calculs décrits ci-avant sont appelés **dynamique inverse**. En appliquant la technique du *feedforwarding* aux couples articulaires calculés par dynamique inverse, nous pouvons générer des mouvements rapides et précis pour le robot. Une commande basée sur cette approche est appelée *computed torque method*. Pour appliquer cette méthode, le premier corps doit être fixé sur le sol de manière à générer une force et un moment arbitraires. Cela est essentiellement le cas des manipulateurs industriels.

La base du robot humanoïde n'est pas fixée sur le sol. De ce fait, il n'y a aucune garantie que le robot réussisse à appliquer les forces et couples nécessaires pour conserver la posture désirée. Si le modèle de comportement n'est pas adapté à ses capacités, les positions et orientations réelles ne suivront pas les consignes. On peut simuler cela par intégration de l'accélération des corps. Dans la section suivante, nous discutons d'une variation particulière de la simulation de la dynamique directe. Dans le simulateur dynamique d'OpenHRP,

```
function [f,t] = InverseDynamics(j)
global uLINK
if j == 0
    f=[0,0,0]';
    t=[0,0,0]';
    return;
end
c = uLINK(j).R * uLINK(j).c + uLINK(j).p;     % Centre de masse
I = uLINK(j).R * uLINK(j).I * uLINK(j).R';    % Tenseur d'inertie
c_hat = hat(c);
I = I + uLINK(j).m * c_hat * c_hat';
P = uLINK(j).m * (uLINK(j).vo + cross(uLINK(j).w,c));     % Qte de mouvement
L = uLINK(j).m * cross(c,uLINK(j).vo) + I * uLINK(j).w; % Moment cinetique
f0 = uLINK(j).m * (uLINK(j).dvo + cross(uLINK(j).dw,c)) ...
     + cross(uLINK(j).w,P);
t0 = uLINK(j).m * cross(c,uLINK(j).dvo) + I * uLINK(j).dw ...
     + cross(uLINK(j).vo,P) + cross(uLINK(j).w,L);

[f1,t1] = InverseDynamics(uLINK(j).child);    % Force et moment de l'enfant
f = f0 + f1;
t = t0 + t1;
if j ~= 1
    uLINK(j).u = uLINK(j).sv' * f + uLINK(j).sw' * t;  % Couple articulaire
end
[f2,t2] = InverseDynamics(uLINK(j).sister);  % Force et moment de la soeur
f = f + f2;
t = t + t2;
```

Figure 6.18 – `InverseDynamics.m` calcule la dynamique inverse.

développé lors du Projet robotique humanoïde, cette variation est appelée *mode grand-gain* [36]. Dans beaucoup de cas, une telle simulation est suffisante pour confirmer la stabilité d'un modèle de marche.

6.4.3 Dynamique directe d'un système articulé

La figure 6.19 montre le résultat d'une simulation pour laquelle tous les couples articulaires du HRP-2 sont mis à zéro. Dans ce cas, le robot s'effondre sur le sol.

À l'image de cette simulation, un robot réalise différents mouvements en fonction des forces et couples provenant aussi bien de l'environnement que de ses propres moteurs. Le calcul des mouvements du robot selon des couples donnés et des efforts extérieurs est appelé **dynamique directe**. Dans cette partie, nous allons expliquer les calculs de base de la dynamique directe en utilisant le savoir acquis dans les sections précédentes.

D'une manière générale, un robot humanoïde ayant n articulations possède $n+6$ degrés de liberté car sa base est un corps libre dans l'espace 3D. Son

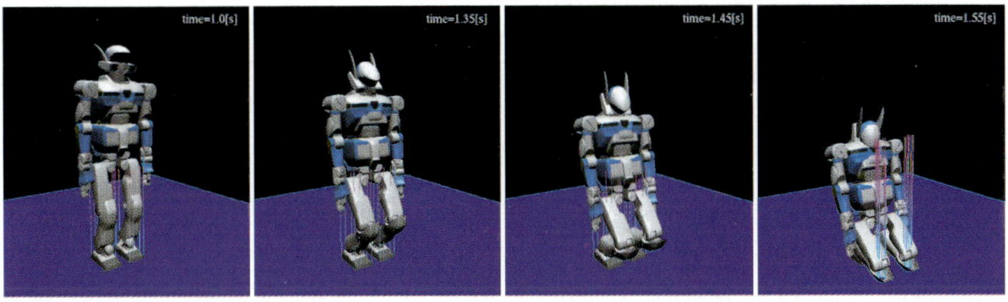

Figure 6.19 – Effets des couples articulaires nuls.

équation du mouvement a la forme suivante [12, 55] :

$$\boldsymbol{u}_G = \boldsymbol{A}_G \ddot{\boldsymbol{x}}_G + \boldsymbol{b}_G \tag{6.38}$$

où $\boldsymbol{A}_G \in R^{(n+6)\times(n+6)}$ est une matrice d'inertie, $\boldsymbol{b}_G \in R^{(n+6)}$ est un vecteur groupant les forces de Coriolis, les forces centrifuges et gravitationnelles. $\boldsymbol{u}_G$ représente les entrées sur la commande du robot, $\ddot{\boldsymbol{x}}_G$ est l'accélération. Ces paramètres sont définis de la manière suivante :

$$\boldsymbol{u}_G \equiv \begin{bmatrix} \boldsymbol{f}_B \\ \boldsymbol{\tau}_B \\ \boldsymbol{u} \end{bmatrix} \qquad \ddot{\boldsymbol{x}}_G \equiv \begin{bmatrix} \dot{\boldsymbol{v}}_{oB} \\ \dot{\boldsymbol{\omega}}_B \\ \ddot{\boldsymbol{q}} \end{bmatrix}$$

où

$(\boldsymbol{f}_B, \boldsymbol{\tau}_B)$: force et moment agissant sur la base (hors gravité)

$(\dot{\boldsymbol{v}}_{oB}, \dot{\boldsymbol{\omega}}_B)$: accélération spatiale de la base

$\boldsymbol{u}$: couples articulaires ($\boldsymbol{u} \in R^n$)

$\ddot{\boldsymbol{q}}$: accélérations généralisées ($\ddot{\boldsymbol{q}} \in R^n$)

Si $\boldsymbol{A}_G \in R^{(n+6)\times(n+6)}$ et $\boldsymbol{b}_G \in R^{(n+6)}$ sont connus, alors l'accélération pour une entrée donnée $\boldsymbol{u}_G$ peut être calculée de la manière suivante :

$$\ddot{\boldsymbol{x}}_G = \boldsymbol{A}_G^{-1}(\boldsymbol{u}_G - \boldsymbol{b}_G) \tag{6.39}$$

Ce calcul est l'objectif de la dynamique directe.

Définissons maintenant une fonction $InvDyn()$ qui calcule les couples articulaires en fonction d'un vecteur accélérations généralisées donné, et qui utilisent l'algorithme de dynamique inverse décrit dans la section précédente.

$$\boldsymbol{u}_G = InvDyn(\ddot{\boldsymbol{x}}_G) \tag{6.40}$$

En comparant les équations 6.38 et 6.40, nous voyons que $\boldsymbol{b}_G$ peut être calculé à partir de $InvDyn()$ avec le vecteur accélération $\ddot{\boldsymbol{x}}_G = \boldsymbol{0}$:

$$\boldsymbol{b}_G = InvDyn(\boldsymbol{0}) \tag{6.41}$$

Nous considérons par la suite que le vecteur $\boldsymbol{\delta}_i$, de dimension $n+6$, a toutes ses composantes nulles excepté la i-ème égale à 1. En posant $\ddot{\boldsymbol{x}}_G = \boldsymbol{\delta}_i$, nous obtenons

$$\boldsymbol{A}_G\boldsymbol{\delta}_i = InvDyn(\boldsymbol{\delta}_i) - \boldsymbol{b}_G \tag{6.42}$$

Le membre de gauche de cette équation représente la i-ème ligne de la matrice $\boldsymbol{A}_G$. Si nous répétons l'opération pour i variant de 1 à $n+6$, toutes les composantes de $\boldsymbol{A}_G$ peuvent être obtenues. Cette méthode est appelée **méthode du vecteur unitaire** et a été proposée par Walker et Orin [84].

Une fois les matrices $\boldsymbol{A}_G$ et $\boldsymbol{b}_G$ connues, il est aisé de calculer l'accélération en utilisant l'équation 6.39. Nous pouvons alors réaliser une simulation dynamique du robot.

La figure 6.20 donne le code Matlab qui calcule l'accélération du corps et les accélérations généralisées par la méthode du vecteur unitaire. Le programme `InvDyn` permettant de calculer la dynamique inverse est donné figure 6.29, en annexe à la fin de ce chapitre.

```
nDoF = length(uLINK)-1+6;
A    = zeros(nDoF,nDoF);
b    = InvDyn(0);
for n=1:nDoF
   A(:,n) = InvDyn(n) - b;
end

% Prise en compte de l'inertie des moteurs
for n=7:nDoF
   j = n-6+1;
   A(n,n) = A(n,n) + uLINK(j).Ir * uLINK(j).gr^2;
end
u   = [0 0 0 0 0 0 u_joint(2:end)']';
ddq = A (-b + u);
uLINK(1).dvo = ddq(1:3);
uLINK(1).dw  = ddq(4:6);
for j=1:length(uLINK)-1
    uLINK(j+1).ddq = ddq(j+6);
end
```

Figure 6.20 – Dynamique directe calculée par la méthode du vecteur unitaire.

Bien que la méthode du vecteur unitaire soit facile à comprendre et à implémenter, ses performances décroissent rapidement lorsque le nombre d'articulations du robot augmentent. Le premier problème vient de la manière de calculer la matrice d'inertie : pour un robot à n articulations, la méthode du vecteur unitaire réalise $n+7$ calculs de dynamique inverse pour obtenir les matrices $\boldsymbol{A}_G$ et $\boldsymbol{b}_G$. Comme le temps de calcul de la dynamique inverse est proportionnel à n, le temps de calcul total est fonction de $n*(n+7)$. Ce problème peut être contourné par l'introduction d'un algorithme qui calcule directement la matrice d'inertie [84, 9].

Le second problème, plus intrinsèque, concerne la résolution de l'équation 6.39 qui est un très grand système d'équations linéaires. Il existe des algorithmes de résolution efficaces, comme l'élimination de Gauss-Jordan ou la décomposition LU [65, 27]. Mais le temps de calcul nécessaire est proportionnel à $(n+6)^3$, et le temps est un problème sérieux dans les calculs de dynamique directe. Nous allons présenter dans ce qui suit une méthode qui permet de faire face à ce problème.

6.4.4 Méthode de Featherstone

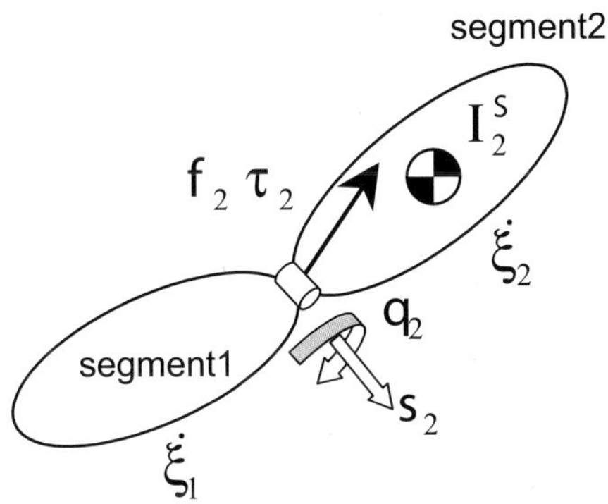

Figure 6.21 – Deux corps dans l'espace.

Soient deux corps liés par une liaison pivot flottant dans l'espace à trois dimensions, comme illustré par la figure 6.21. Si nous avons déjà calculé l'accélération spatiale de segment1, nous désirons connaître l'accélération articulaire $\ddot{q}_2$ pour un couple donné u_2. L'accélération spatiale de segment2 est donnée par

$$\dot{\boldsymbol{\xi}}_2 = \dot{\boldsymbol{\xi}}_1 + \dot{\boldsymbol{s}}_2\dot{q}_2 + \boldsymbol{s}_2\ddot{q}_2 \tag{6.43}$$

À partir de l'accélération, nous pouvons calculer les forces et moments en utilisant l'équation du mouvement :

$$\begin{bmatrix} \boldsymbol{f}_2 \\ \boldsymbol{\tau}_2 \end{bmatrix} = \boldsymbol{I}_2^S\dot{\boldsymbol{\xi}}_2 + \boldsymbol{\xi}_2 \times \boldsymbol{I}_2^S\boldsymbol{\xi}_2 \tag{6.44}$$

De plus, le couple articulaire u_2 représente une projection de la force et du moment :

$$u_2 = \boldsymbol{s}_2^T \begin{bmatrix} \boldsymbol{f}_2 \\ \boldsymbol{\tau}_2 \end{bmatrix} \tag{6.45}$$

En substituant les équations 6.43 et 6.44 dans la précédente, nous obtenons l'expression de l'accélération articulaire recherchée :

$$\ddot{q}_2 = \frac{u_2 - \boldsymbol{s}_2^T(\boldsymbol{I}_2^S(\dot{\boldsymbol{\xi}}_1 + \dot{\boldsymbol{s}}_2\dot{q}_2) + \boldsymbol{\xi}_2 \times \boldsymbol{I}_2^S\boldsymbol{\xi}_2)}{\boldsymbol{s}_2^T\boldsymbol{I}_2^S\boldsymbol{s}_2} \tag{6.46}$$

Par cette équation, nous pouvons immédiatement calculer l'accélération généralisée $\ddot{q}_2$ pour un couple articulaire donné u_2 sans avoir à manipuler la matrice d'inertie qui apparaît dans l'équation 6.39.

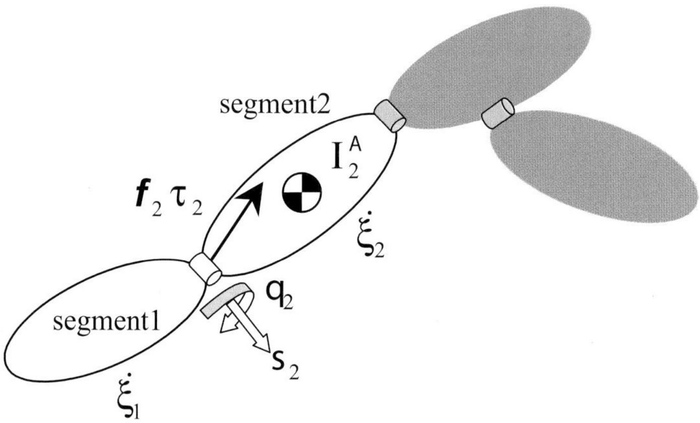

Figure 6.22 – Inertie des corps articulés : $\boldsymbol{I}_2^A$ représente la relation entre l'accélération généralisée et la force appliquée sur segment2. Les effets dynamiques dûs aux mouvements du mécanisme situé après segment2 (la partie grisée) sont pris en considération.

Cependant, nous ne pouvons utiliser l'équation 6.46 que dans le cas où segment2 est à l'extrémité de la chaîne. S'il existe d'autres segments après segment2, comme dans le cas présenté sur la figure 6.22, l'équation 6.44 n'est plus valide du point de vue des contraintes dynamiques. D'un autre côté, les contraintes dynamiques sont issues des inerties des corps suivants. Nous devrions donc être en mesure de définir un nouveau tenseur d'inertie, noté $\boldsymbol{I}_2^A$, contenant tous les effets dûs aux mouvements des corps qui suivent segment2, selon l'équation suivante :

$$\begin{bmatrix} \boldsymbol{f}_2 \\ \boldsymbol{\tau}_2 \end{bmatrix} = \boldsymbol{I}_2^A\dot{\boldsymbol{\xi}}_2 + \boldsymbol{b}_2 \tag{6.47}$$

$\boldsymbol{I}_2^A$ est appelée **inertie du corps articulé**. La matrice d'inertie d'un corps articulé représente la relation entre l'accélération et la force agissant sur le corps considéré. $\boldsymbol{b}_2$ est la force de sollicitation, qui contient les forces de Coriolis, les forces centrifuges et de gravité, ainsi que les forces liées aux couples agissant sur le mécanisme suivant segment2.

Featherstone a montré que l'inertie d'un corps articulé peut être calculée par une équation récursive de la manière suivante :

$$\boldsymbol{I}_j^A = \boldsymbol{I}_j^S + \boldsymbol{I}_{j+1}^A - \frac{\boldsymbol{I}_{j+1}^A \boldsymbol{s}_{j+1} \boldsymbol{s}_{j+1}^T \boldsymbol{I}_{j+1}^A}{\boldsymbol{s}_{j+1}^T \boldsymbol{I}_{j+1}^A \boldsymbol{s}_{j+1}} \tag{6.48}$$

La force de sollicitation peut aussi être calculée selon une autre équation similaire.

Supposons que nous ayons déjà calculé l'inertie du corps articulé et les forces de sollicitation pour tous les corps. En substituant les équations 6.47 et 6.43 dans l'équation 6.45, nous obtenons l'expression suivante :

$$\ddot{q}_2 = \frac{u_2 - \boldsymbol{s}_2^T (\boldsymbol{I}_2^A (\dot{\boldsymbol{\xi}}_1 + \dot{\boldsymbol{s}}_2 \dot{q}_2) + \boldsymbol{b}_2)}{\boldsymbol{s}_2^T \boldsymbol{I}_2^A \boldsymbol{s}_2} \tag{6.49}$$

Cette relation calcule directement l'accélération généralisée pour un couple articulaire donné. Elle est le cœur de la théorie de Featherstone, qui aboutit à un calcul de dynamique directe en trois étapes :

1. calculer la position, l'orientation et la vitesse spatiale de tous les corps, de la base vers les extrémités (cinématique directe) ;
2. calculer l'inertie du corps articulé et la force de sollicitation pour tous les corps, des extrémités vers la base ;
3. calculer les accélérations généralisées par l'équation 6.49 et l'accélération spatiale des corps par l'équation 6.43, de la base vers les extrémités.

Comme chaque étape est calculée selon un temps proportionnel au nombre d'articulations n, le temps de calcul total est aussi proportionnel à n. On dit d'un tel algorithme qu'il a une vitesse d'ordre n, aussi noté $O(n)$. Comme autre exemple, la méthode du vecteur unitaire précédemment introduite utilise un algorithme $O(n^3)$ puisque sa vitesse de calcul est fonction de n au cube. Nous avons implémenté l'algorithme de Featherstone sous Matlab. Pour le HRP-2 ($n = 30$), le temps de calcul est vingt fois plus rapide par l'algorithme de Featherstone que par la méthode du vecteur unitaire.

6.5 Histoire des calculs de dynamique directe

Les bases de la théorie du mouvement d'un objet ont été établies aux XVIIe et XVIIIe siècles par Newton, Euler et d'autres scientifiques de cette période. Leurs travaux n'ont pas constitué la fin de la recherche dans ce domaine : il y a une vingtaine d'années, un étudiant de troisième cycle universitaire a tenté de simuler un robot bipède de 12 degrés de liberté. Il a donc commencé par calculer les équations du mouvement à la main. Ce calcul lui a pris tout l'été et un cahier complet fut nécessaire pour y écrire les équations résultantes. Il existait déjà, à cette époque, des logiciels commerciaux de simulation pouvant manipuler des systèmes mécaniques complexes. Ils étaient cependant très chers et uniquement utilisables sur des ordinateurs appelés *stations de travail*, dont les prix flambaient. L'utilisation de ces logiciels prenait de toutes façons des heures pour la simulation simple d'un bipède effectuant quelques pas.

Cette situation a été bouleversée par les calculs dynamiques élégants et efficaces comme ceux introduits par Featherstone. Ces algorithmes ont été développés par les chercheurs et ingénieurs en robotique et en aéronautique dans les années 1980-1990. Les possibilités technologiques actuelles permettent de réaliser une simulation dynamique en temps réel. Les recherches continuent dans ce domaine et un algorithme $O(\log(n))$ basé sur la programmation parallèle a été proposé récemment [10, 87].

6.6 Annexes

6.6.1 Manipulation des forces et des moments

Toutes les équations du mouvement qui précèdent sont représentées dans le référentiel du monde. Les forces et moments doivent donc aussi être exprimés dans le référentiel du monde. Par exemple, pour la force de gravité agissant au centre de masse d'un objet, nous devons considérer le moment transféré à l'origine du référentiel du monde. Ceci peut sembler compliqué, mais c'est l'approche qui permet de calculer correctement les interactions entre les corps rigides constituant le mécanisme.

Voici les règles de base pour convertir les forces et moments dans le référentiel du monde :

Règle 1 : Une force $\boldsymbol{f}$ agissant en un point $\boldsymbol{p}$ équivaut à une force $\boldsymbol{f}$ et un moment $\boldsymbol{p} \times \boldsymbol{f}$ dans le référentiel du monde (figure 6.23(a)).

Règle 2 : Un moment $\boldsymbol{\tau}$ agissant en un point $\boldsymbol{p}$ est le même $\boldsymbol{\tau}$ dans le référentiel du monde (figure 6.23(b)).

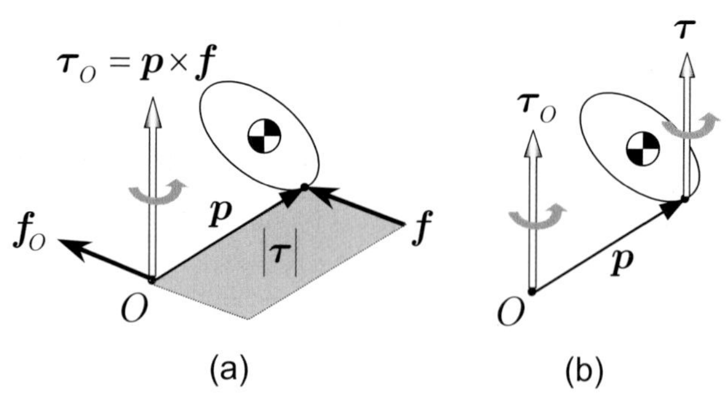

Figure 6.23 – (a) Représentation d'une force agissant en son point d'application vue du référentiel du monde ; (b) représentation d'un moment agissant en un point vue du référentiel du monde

En général, quand une force $\boldsymbol{f}_p$ et un moment $\boldsymbol{\tau}_p$ agissent simultanément en un point d'application $\boldsymbol{p}$, ils sont convertis en une force et un moment $\boldsymbol{f}_o, \boldsymbol{\tau}_o$ exprimés à l'origine du référentiel du monde, selon l'addition simple des deux règles précédentes. On parle de transfert des forces et moments.

$$\begin{bmatrix} \boldsymbol{f}_o \\ \boldsymbol{\tau}_o \end{bmatrix} = \begin{bmatrix} \boldsymbol{f}_p \\ \boldsymbol{p} \times \boldsymbol{f}_p + \boldsymbol{\tau}_p \end{bmatrix} \tag{6.50}$$

On pourrait trouver ces règles évidentes, mais d'étranges erreurs peuvent venir de ces calculs très simples. Le petit test de la figure 6.24 aide à comprendre ce problème.

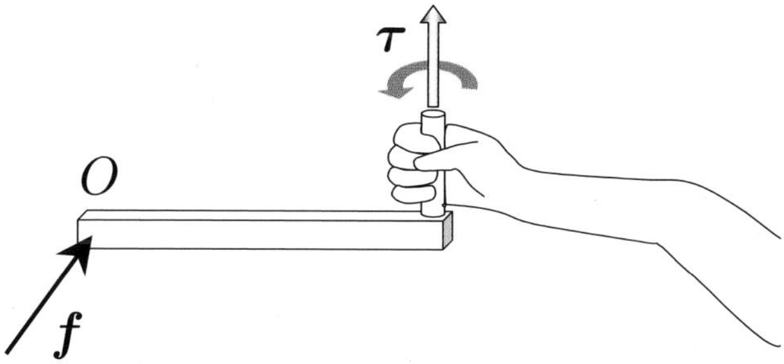

Figure 6.24 – Une personne applique un moment $\boldsymbol{\tau}$ en saisissant la poignée d'une manivelle. Pour empêcher la rotation de la barre, l'application d'une force appropriée $\boldsymbol{f}$ à l'extrémité du levier devrait suffire. Si on considère ce point comme l'origine du référentiel du monde O, est-ce que cette situation n'est pas en violation de la seconde règle stipulant que le même moment apparaîtra à l'origine ? Réponse page 203.

6.6.2 Sous-programmes

```
vert = uLINK(1).R * uLINK(1).vertex;                              % rotation
for k = 1:3
    vert(k,:) = vert(k,:) + uLINK(1).p(k);                        % translation
end
newplot
h = patch('faces',uLINK(1).face','vertices',vert','FaceColor',[0.5 0.5 0.5]);
axis equal; view(3); grid on; xlim(AX); ylim(AY); zlim(AZ);
text(0.25, -0.25, 0.8, ['time=',num2str(time(n),'%5.3f')])
drawnow
```

Figure 6.25 – `ShowObject.m` montre l'animation de l'objet.

```
function MakeRigidBody(j, wdh, mass)
global uLINK
uLINK(j).m = mass;                                      % masse
uLINK(j).c = [0 0 0]';                                  % centre de masse
uLINK(j).I = [ 1/12*(wdh(2)^2 + wdh(3)^2) 0 0; 0 1/12*(wdh(1)^2 + wdh(3)^2)  0;
            0 0 1/12*(wdh(1)^2 + wdh(2)^2)] * uLINK.m;       % tenseur d'inertie
uLINK(j).vertex = 0.5*[-wdh(1) -wdh(2) -wdh(3); -wdh(1)  wdh(2) -wdh(3);
                        wdh(1)  wdh(2) -wdh(3);  wdh(1) -wdh(2) -wdh(3);
                       -wdh(1) -wdh(2)  wdh(3); -wdh(1)  wdh(2)  wdh(3);
                        wdh(1)  wdh(2)  wdh(3);  wdh(1) -wdh(2)  wdh(3);]';
uLINK(1).face = [1 2 3 4; 2 6 7 3; 4 3 7 8; 1 5 8 4; 1 2 6 5; 5 6 7 8; ]';
```

Figure 6.26 – `MakeRigidBody.m` définit et crée un monolithe.

```
function MakeTop(j, r,a,c)
global uLINK
[vertex1,face1] = MakeZcylinder([0 0 c]',r,a);           % forme du disque
[vertex2,face2] = MakeZcylinder([0 0 c]',0.01,2*c);      % forme de l'axe
uLINK(j).vertex = [vertex1 vertex2];
face2 = face2 + size(vertex1,2);
uLINK(j).face   = [face1 face2];
density = 2.7E+3;                            % densite de l'aluminum (kg/m^2)
uLINK(j).m = pi*r^2*a*density;               % masse du disque (kg)
uLINK(j).I = [(a^2 + 3*r^2)/12 0 0; 0 (a^2 + 3*r^2)/12  0;
             0 0 r^2/2] * uLINK.m;           % tenseur d'inertie du disque
uLINK(j).c = [0 0 c]';                       % centre de masse
```

Figure 6.27 – `MakeTop.m` définit et crée une toupie.

```
function [vert,face] = MakeZcylinder(pos,radius,len)
a = 10;                                    % polygone regulier pour un cercle
theta = (0:a-1)/a * 2*pi;
x  = radius * cos(theta);
y  = radius * sin(theta);
z1 = len/2 * ones(1,a);
z2 = -z1;
vert    = [x x 0 0; y y 0 0; z1 z2 len/2 -len/2];           % sommets
for n = 1:3
   vert(n,:) = vert(n,:) + pos(n);
end
face_side = [1:a; a+1:2*a; a+2:2*a a+1; 2:a 1];
face_up   = [1:a; 2:a 1];
face_up(3:4,:) = 2*a+1;                    % indice face superieure
face_down = [a+2:2*a a+1; a+1:2*a];
face_down(3:4,:) = 2*a+2;                  % indice face inferieure
face = [face_side face_up face_down];
```

Figure 6.28 – `MakeZcylinder.m` crée une forme cylindrique.

```
function ret = InvDyn(j)
global uLINK
uLINK(1).dvo = [0 0 0]';
uLINK(1).dw  = [0 0 0]';
if j >= 1 & j <= 3
    uLINK(1).dvo(j) = 1;
elseif j >= 4 & j <= 6
    uLINK(1).dw(j-3) = 1;
end
for n=1:length(uLINK)-1
    if n == j-6
        uLINK(n+1).ddq = 1;
    else
        uLINK(n+1).ddq = 0;
    end
end
ForwardAllKinematics(1);
[f,tau] = InverseDynamics(1);
ret = [f',tau',uLINK(2:end).u]';
```

Figure 6.29 – `InvDyn.m` calcule la dynamique inverse (méthode du vecteur unitaire).

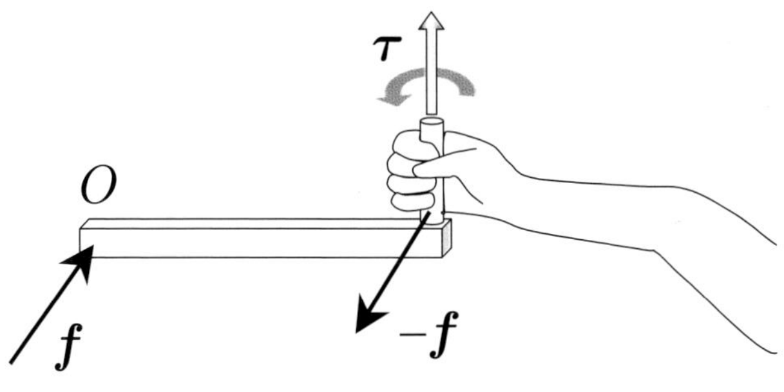

Figure 6.30 – **Réponse à la question de la page 201 :** pour que la manivelle reste immobile, une personne doit appliquer la force $-\boldsymbol{f}$ et le moment $\boldsymbol{\tau}$. Si la personne tenant la manivelle est sur un bateau, elle commencera à se déplacer selon la direction du vecteur $\boldsymbol{f}$.

Bibliographie

[1] S. Arimoto, S. Kawamura, and F. Miyazaki. Bettering operation of robots by learning. *Journal of Robotic Systems*, 1(2), pages 123–140, 1984.

[2] S. Arimoto and F. Miyazaki. A hierarchical control scheme for biped robots. *Journal of the Robotics Society of Japan*, 1(3), pages 167–175, 1983. En japonais.

[3] F. Asano, Z.W. Luo, and M. Yamakita. Gait generation and control for biped robots based on passive dynamic walking. *Journal of Robotics Society of Japan*, 22(1), pages 130–139, 2004. En japonais.

[4] G. Auliac, J. Avignant, and E. Azoulay. *Techniques mathématiques pour la physique*. 2000.

[5] S.H. Collins, M. Wisse, and A. Ruina. A three-dimensional passive-dynamic walking robot with two legs and knees. *The International Journal of Robotics Research*, 20(7), pages 607–615, 2001.

[6] J. J. Craig. *Introduction to robotics : mechanics and control*. Don Mills, Ontario, Addison-Wesley, 2005. Troisième édition.

[7] H. de Garis. Gennets : Genetically programmed neural net. In *Proceedings of the International Joint Conference on Neural Networks*, pages 1391–1396, 1991.

[8] K. Doya. Walking pattern learning robot. *Journal of the Robotics Society of Japan*, 8(3), pages 117, 1990. En japonais.

[9] R. Featherstone. *Robot Dynamics Algorithms*. Kluwer Academic Publishers, 1987.

[10] R. Featherstone. A divide-and-conquer articulated-body algorithm for parallel $o(log(n))$ calculation of rigid-body dynamics. *International Journal of Robotics Research*, 18(9), pages 867–892, 1999.

[11] R. Featherstone. The acceleration vector of a rigid body. *International Journal of Robotics Research*, 20(11), pages 841–846, 2001.

[12] Y. Fujimoto and A. Kawamura. Three dimensional digital simulation and autonomous walking control for eight-axis biped robot. In *IEEE International Conference on Robotics and Automation*, pages 2877–2884, 1995.

[13] K. Fujiwara, F. Kanehiro, S. Kajita, K. Yokoi, H. Saito, K. Harada, K. Kaneko, and H. Hirukawa. The first human-size humanoid that can fall over safely and stand-up again. In *IEEE/RSJ International Conference on Intelligent Robots and Systems*, pages 1920–1926, 2003.

[14] H. Funabashi, K. Ogawa, Y. Gotoh, and F. Kojima. Synthesis of leg mechanisms of biped walking machine. *Transactions of the Japan Society of Mechanical Engineers Series C*, 50(455), pages 1292–1297, 1984. En japonais.

[15] J. Furusho. A control study of dynamical locomotion model and a hierarchical control strategy. *Journal of the Robotics Society of Japan*, 1(3), pages 182–190, 1983.

[16] T. Furuta, T. Tawara, Y. Okumura, M. Shimizu, M. Shimomura, K. Endo, S. Yamanaka, and H. Kitano. morph3 : A compact-size humanoid robot system with acrobatic behavior capability. In *JSME ROBOMEC'03*, pages 2P2–1F–E6, 2003. En japonais.

[17] H. Goldstein. *Classical Mechanics (seconde édition)*. Addison-Wesley, 1980.

[18] A. Goswami. Posturel stability of biped robots and the foot-rotation indicator(fri) point. *International Journal of Robotics Research*, 18(6), pages 523–533, 1999.

[19] K. Hara, R. Yokogawa, and K. Sadao. Dynamic control of biped locomotion robot for disturbance on lateral plane. In *The Japan Society of Mechanical Engineers*, pages 37–38, 1997. En japonais.

[20] K. Hase, J. Nishiguchi, and N. Yamazaki. A model of human walking with a three-dimensional musculo-skeletal system and a hierarchical neuronal system. *Biomechanism*, 15, pages 187–198, 2000. ed. Society of Biomechanisms Japan, Univ. Tokyo Press.

[21] K. Hase and N. Yamazaki. Computer simulation study of human locomotion with a three-dimensional entire-body neuro-musculo-skeletal model. *JSME International Journal, Series C*, 45(4), pages 1040–1072, 2002.

[22] M. Hayase and K. Hichikawa. Optimal servosystem utilizing future value of desired function. *Transactions of the Society of Instrument and Control Engineers*, 5(1), pages 86–94, 1969. En japonais.

[23] H. H.Hirukawa, S. Hattori, K. Harada, S. Kajita, K. Kaneko, F. Kanehiro, Fujiwara K., and M. Morisawa. A universal stability criterion of the foot contact of legged robots - adios zmp. In *IEEE International Conference on Robotics and Automation*, pages 1976–1983, 2006.

[24] K. Hirai, M. Hirose, Y. Haikawa, and T. Takenaka. The development of honda humanoid robot. In *Proceedings of IEEE International Conference on Robots and Automation*, pages 1321–1326, 1998.

[25] M. Hirose, T. Takenaka, H. Gomi, and N. Ozawa. Humanoid robot. *Journal of the Robotics Society of Japan*, 15(7), pages 983–985, 1997. En japonais.

[26] http ://www.gnu.org/software/octave/. Site officiel du logiciel Octave.

[27] M. Iri and Y. Fujino. *Common Sense for Numerical Calculation.* Kyoritsu, Tokyo, 1985. En japonais.

[28] T. Isozumi, K. Akachi, M. Hirata, K. Kaneko, S. Kajita, and H. Hirukawa. Development of humanoid robot « HRP-2 ». *Journal of the Robotics Society of Japan*, 22(8), pages 1004–1012, 2004. En japonais.

[29] S. Kagami, F. Kanehiro, Y. Tamiya, M. Inaba, and H. Inoue. Autobalancer : An online dynamic balance compensation scheme for humanoid robots. In *Proceedings of International Workshop on Algorithmic Foundation of Robotics*, pages SA79–SA89, 2000.

[30] S. Kagami, K. Nishiwaki, and J. Kuffner. Design and implementation of software research platform for humanoid robotics : H7. In *Proceedings of IEEE-RAS International Conference on Humanoid Robots*, pages 253–258, 2001.

[31] S. Kagami, K. Okada, K. Nishiwaki, J. Kuffner, M. Inaba, and H. Inoue. Low-level autonomy of a humanoid robot using 3d vision. In *Proceedings of 2001 JSME Conference on Robotics and Mechatronics (ROBOMEC'01)*, pages 2A1–N10, 2001. En japonais.

[32] S. Kajita, F. Kanehiro, K. Fujiwara, K. Harada, K. Yokoi, and H. Hirukawa. Resolved momentum control : Humanoid motion planning based on the linear and angular momentum. In *Proceedings of IEEE/RSJ International Conference on Intelligent Robots and Systems*, pages 1644–1650, 2003.

[33] S. Kajita and K. Tani. Study of dynamic walk control of a biped robot on rugged terrain - derivation and application of the linear inverted pendulum mode. *Transactions of the Society of Instrument and Control Engineers*, 27(2), pages 177–184, 1991.

[34] S. Kajita and K. Tani. Dynamic biped walking control on rugged terrain using the linear inverted pendulum mode. *Journal of Control, Measurement and System Integration (SICE)*, 31(10), pages 1705–1714, 1995. En japonais.

[35] S. Kajita and K. Tani. Control of dynamic biped - locomotion based on realtime sensing of the ground profile. *Journal of Robotic Society of Japan*, 14(7), pages 1062–1069, 1996. En japonais.

[36] F. Kanehiro, H. Hirukawa, and S. Kajita. Openhrp : Open architecture humanoid robotics platform. *International Journal of Robotics Research*, 23(2), pages 155–165, 2004.

[37] F. Kanehiro, K. Kaneko, K. Fujiwara, K. Harada, S. Kajita, K. Yokoi, H. Hirukawa, K. Akachi, and T. Isozumi. The first humanoid robot that has the same size as a human and that can lie down and get up. In *Proceedings of IEEE International Conference on Robotics and Automation*, pages 1633–1639, 2003.

[38] K. Kaneko, F. Kanehiro, S. Kajita, K. Yokohama, K. Akachi, T. Tawasaki, S. Ota, and T. Isozumi. Design of prototype humanoid robotics platform for hrp. In *Proceedings of IEEE/RSJ International Conference on Intelligent Robots and Systems*, pages 2431–2436, 2002.

[39] T. Katayama, T. Ohki, T. Inoue, and T. Kato. Design of an optimal controller for a discrete time system subject to previewable demand. *International Journal of Control*, 41(3), pages 677–699, 1985.

[40] I. Kato. *Development of WASEDA robot - The study of biomechanisms at Kato Laboratory (troisième édition).* Dept. of Mech. Eng., Waseda University, Tokyo, 1991.

[41] R. Kato and M. Mori. Control method of biped locomotion giving asymtotic stability of trajectory. *Automatica*, 20(4), pages 405–414, 1984.

[42] R. Katoh and M. Mori. Control method of biped locomotion giving asymptotic stability of trajectory. *Automatica*, 20(4), pages 405–414, 1984.

[43] J. Kuffner and S.M. Lavalle. Rrt-connect : An efficient approach to single-query path planning. In *Proceedings of IEEE International Conference on Robotics and Automation*, pages 995–1001, 2000.

[44] J. Kuffner, K. Nishiwaki, S. Kagami, M. Inaba, and H. Inoue. Motion planning for humanoid robots under obstacle and dynamic balance constraints. In *Proceedings of IEEE International Conference on Robotics and Automation*, pages 692–698, 2001.

[45] M. Kumagai and T. Emura. Attitude control of human type biped robot on a slope whose inclination is varying. In *9th International Conference on Advanced Robotics*, pages 260–268, 1999.

[46] A. Matsushita and T. Tsuchiya. Decoupled preview control system and its application to inductionmotor drive. *IEEE Transactions on Industrial Electronics*, 42(1), pages 50–57, 1995.

[47] T. McGeer. Passive dynamic walking. *International Journal of Robotics Research*, 9(2), pages 62–82, 1990.

[48] T. McGeer. Passive walking with knees. In *Proceedings of IEEE International Conference on Robotics and Automation*, volume 3, pages 1640–1645, 1990.

[49] Mita. Digital control of fast biped locomotive robot. *Computrol*, 2, pages 76–87, 1983. En japonais.

[50] T. Mita, T. Yamaguchi, T. Kashiwase, and T. Kawase. Realization of a high speed biped using modern control theory. *International Journal on Control*, 40(1), pages 107–119, 1984.

[51] H. Miura and I. Shimoyama. Control system of stilts type biped locomotion. *Journal of Robotic Society of Japan*, 1(3), pages 176–181, 1983. En japonais.

[52] R.M. Murray, Z. Li, and S.S. Sastry. *A Mathematical Introduction to Robotics Manipulation.* CRC Press, 1994.

[53] K. Nagasaka. *The Whole-body Motion Generation for a Humanoid Robot Based on the Dyanmics Filter.* PhD thesis, Université de Tokyo, 2000. En japonais.

[54] K. Nagasaka, M. Inaba, and H. Inoue. Stabilization of dynamic walk on a humanoid using torso position compliance control. In *17th Annual Conference on Robotics Society of Japan*, pages 1193–1194, 1999. En Japonais.

[55] Y. Nakamura, K. Yamane, and F. Nagashima. Dynamics computation of structure-varying kinematic chains and its application to human figures. *Journal of Robotics Society of Japan*, 16(8), pages 1152–1159, 1998. En Japonais.

[56] S. Nakaoka, A. Nakazawa, K. Yokoi, H. Hirukawa, and K. Ikeuchi. Generating whole body motions for a biped humanoid robot from captured human dances. In *Proceedings of IEEE International Conference on Robotics and Automation*, pages 3905–3910, 2003.

[57] Napoleon, N. Shigeki, and S. Mtsuji. An analysis of zmp control problem of humanoid robot. *Journal of the Robotics Society of Japan*, 21, pages 3A17, 2003.

[58] E.S. Neo, K. Yokoi, S. Kajita, F. Kanehiro, and K. Tanie. A switching command-based whole-body operation method for humanoid robots. *IEEE/ASME Transactions on Mechatronics*, 10(5), pages 546–559, 2005.

[59] E.S. Neo, K. Yokoi, S. Kajita, and K. Tanie. A framework for remote execution of whole body motions for humanoid robots. In *Proceedings of IEEE/RAS International Conference on Humanoid Robots*, pages 58–68, 2004.

[60] K. Nishiwaki, S. Kagami, M. Kuniyoshi, M. Inaba, and H. Inoue. Online generation of desired walking motion on humanoid based on a fast generation method of motion pattern that follows desired zmp. In *19th Annual Conference on Robotics Society of Japan*, pages 985–986, 2001.

[61] K. Nishiwaki, J. Kuffner, S. Kagami, M. Inaba, and H. Inoue. The experimental humanoid robot h7 : A research platform for autonomous behavior. In *Phil. Trans. of the Royal Society (édition spéciale « Walking Machines »)*, pages 1–28. 2006.

[62] K. Nishiwaki, T. Sugihara, T. Kitagawa, S. Kagami, M. Inaba, and H. Inoue. Fast generation method of dynamically stable trajectory of humanoid motion based on the characteristics of zmp. In *18th Annual Conference on Robotics Society of Japan*, pages 721–722, 2000.

[63] Y. Okumura, T. Tawara, K. Endo, T. Furuta, and M. Shimizu. Realtime zmp compensation for biped walking robot using adaptive inertia force control. In *Proceedings of IEEE/RSJ International Conference on Intelligent Robots and Systems (IROS'03)*, pages 335–339, 2003.

[64] K. Osuka and K. Kirihara. Motion analysis and experiment of passive walking robot quartet ii. *Journal of the Robotics Society of Japan*, 18(5), pages 737–742, 2000.

[65] W.H. Press, S.A. Teukolsky, W.T. Vetterling, and B.P. Flannery. *Numerical Recipes : The Art of Scientific Computing (troisième édition).* Cambridge University Press, 2007.

[66] M.H. Raibert. *Legged robots that balance.* MIT Press : Cambridge, 1986.

[67] R.T. Rockfeller. *Convex Analysis.* Princeton University Press, 1970.

[68] A. Sano and J. Furusho. Realization of natural dynamic walking using the angular momentum information. In *IEEE International Conference on Robotics and Automation*, pages 1476–1481, 1990.

[69] T. Sato, T. Egami, and T. Tsuchiya. Digital preview sliding mode servo systems and its characteristics. *Transactions of the Institute of Systems, Control and Information Engineers*, 14(12), pages 582–592, 2001. En japonais.

[70] M. Shimomura, M. Shimizu, K. Endo, T. Furuta, Y. Okumura, T. Tawara, and H. Kitano. A foot sensor using multiple independent force sensors for compact-sized humanoid robots. In *JSME ROBOMEC'03*, 2003.

[71] I. Shimoyama. Dynamic walk of stilts type biped locomotion. *Trans. of the Japan Society of Mechanical Engineers (JSME)*, 48(433), pages 1445–1455, 1982.

[72] K. Sorao, T. Murakami, and K. Ohnishi. Walking control of a biped robot by impedance control. *IEEJ Trans. IA*, pages 1227–1233, 1997. En japonais.

[73] T. Sugihara, Y. Nakamura, and H. Inoue. Realtime humanoid motion generation through zmp manipulation based on inverted pendulum control. In *IEEE International Conference on Robotics and Automation*, pages 1404–1409, 2002.

[74] Y. Sumi, Y. Kawai, T. Yoshimi, and F. Tomita. 3d object recognition in cluttered environments by segment-based stereo vision. *International Journal of Computer Vision*, 46(1), pages 5–23, 2002.

[75] G. Taga, Y. Yamaguchi, and H. Shimizu. Self-organized control of bipedal locomotion by neural oscillators in unpredictable environment. *Biological Cybernetics*, 65, pages 147–159, 1991.

[76] A. Takanishi, M. Ishida, Y. Yamazaki, and I. Kato. The realization of dynamic walking by the biped walking robot wl-10rd. In *IEEE International Conference on Robotics and Automation*, pages 459–466, 1985.

[77] T. Takenaka. Controller for legged mobile robot. Brevet japonais public, Application No.5-318340, 1993.

[78] Y. Tamiya, M. Inaba, and H. Inoue. Realtime balance compensation for dynamic motion of full-body humanoid standing on one leg. *Journal of Robotics Society Japan*, 17(2), pages 268–274, 1999. En japonais.

[79] R. Tedrake, T.W. Zhang, and H.S. Seung. Stochastic policy gradient reinforcement learning on a simple 3d biped. In *Proceedings of the IEEE/RSJ*

International Conference on Intelligent Robots and Systems, pages 2849–2854, 2004.

[80] B.J. Torby. *Advanced Dynamics for Engineers.* Holt Rinehart & Winston, HRW Series in Mechanical Engineering, 1984.

[81] M. Vukobratović, B. Borovac, D. Surla, and D. Stokić. *Biped Locomotion : Dynamics, Stability, Control and Application.* Springer-Verlag, 1990.

[82] M. Vukobratović, B. Borovac, and D. Šurdilović. Zero-moment point - proper interpreation and new applications. In *IEEE-RAS International Conference on Humanoid Robots*, pages 237–244, 2001.

[83] M. Vukobratović and J. Stepanenko. On the stability of anthropomorphic systems. *Mathematical Biosciences*, 15, pages 1–37, 1972.

[84] M.W. Walker and D.E. Orin. Efficient dynamics computer simulation of robotic mechanisms. *Journal of Dynamic Systems, Measurement, and Control*, 104, pages 205–211, 1982.

[85] J. Yamaguchi, E. Soga, S. Inoue, and A. Takanishi. Development of a bipedal humanoid robot - control method of whole body cooperative dynamic biped walking. In *Proceedings of IEEE International Conference on Robotics and Automation*, pages 368–374, 1999.

[86] K. Yamane. *Simulating and Generating Motions of Human Figures*, volume 9 of *Springer tracks in Advanced Robotics.* Springer Verlag, 2004.

[87] K. Yamane and Y. Nakamura. Efficient parallel dynamics computation of human figures. In *IEEE International Conference on Robotics and Automation*, pages 530–537, 2002.

[88] K. Yamane and Y. Nakamura. Dynamics filter - concept and implementation of online motion generator for human figures. *IEEE Transactions on Robotics and Automation*, 19(3), pages 421–432, 2003.

[89] K. Yoneda and S. Hirose. Tumble stability criterion of. a walking machine. *Journal of Robotic Society of Japan*, 14(4), pages 517–522, 1996.

[90] T. Yoshikawa. *Foundations of Robotics : Analysis and Control.* MIT Press, 1990.

[91] R. Yoshino. Stabilizing control of high-speed walking robot by walking pattern regulator. *Journal of the Robotics Society of Japan*, 18(8), pages 1122–1132, 2000.

Index

Achevé d'imprimer sur les presses de l'Imprimerie BARNÉOUD
B.P. 44 - 53960 BONCHAMP-LÈS-LAVAL
Dépôt légal : janvier 2009 - N° d'imprimeur : 809017
Imprimé en France